Word/Excel/PPT

从新手到高手 2016

杰诚文化 编著

机械工业出版社
China Machine Press

图书在版编目（CIP）数据

Word/Excel/PPT 2016 从新手到高手 / 杰诚文化编著. —北京：机械工业出版社，2016.10

ISBN 978-7-111-54658-0

Ⅰ. ①W… Ⅱ. ①杰… Ⅲ. ①办公自动化 – 软件包 Ⅳ . ① TP317.1

中国版本图书馆 CIP 数据核字（2016）第 201197 号

本书是指导初学者学习 Office 2016 的入门书籍，详细介绍了 Office 2016 的基础知识、操作方法和高效办公技巧，并对初学者经常遇到的问题进行了专家级指导，帮助他们在从新手成长为高手的过程中少走弯路。

本书无论是理论知识的安排还是实际应用能力的训练，都充分考虑了初学者的实际需求，读者可以边学边练，最终达到理论知识与操作水平的同步提高。全书共 17 章，可分为 6 个部分。第 1 部分主要讲解 Office 2016 的共性操作及操作环境的个性化定制，第 2 ~ 4 部分则分别讲解如何运用 Word、Excel 和 PowerPoint 进行文档编排、数据处理与分析、演示文稿制作与放映，第 5 部分讲解 Word、Excel 和 PowerPoint 之间的协作，第 6 部分介绍通过局域网和 Internet 进行网络化协同办公的方法。

本书结构编排合理，图文并茂，实例丰富，既适合 Office 初级用户进行入门学习，也适合办公人员、学生及对 Office 新版本感兴趣的读者学习和掌握更多的实用技能，还可作为大专院校或社会培训机构的教材。

Word/Excel/PPT 2016 从新手到高手

出版发行：机械工业出版社（北京市西城区百万庄大街 22 号　邮政编码：100037）

责任编辑：杨 倩

印　　刷：北京天颖印刷有限公司　　　　　　版　　次：2016 年 10 月第 1 版第 1 次印刷

开　本：185mm×260mm　1/16　　　　　　印　张：20.5

书　　号：ISBN 978-7-111-54658-0　　　　　　定　价：49.00 元

凡购本书，如有缺页、倒页、脱页，由本社发行部调换

客服热线：（010）88379426　88361066　　　　投稿热线：（010）88379604

购书热线：（010）68326294　88379649　68995259　　读者信箱：hzit@hzbook.com

PREFACE 前 言

随着办公自动化技术的普及，办公自动化软件成为了办公人员提高工作效能、摆脱繁杂事务的得力助手。微软公司出品的 Office 软件套装是众多办公自动化软件中的佼佼者，掌握 Office 软件的使用方法已是现代企业员工必备的基本素养之一。本书以 Office 初学者的需求为立足点，以最新版 Office 2016 为软件平台，通过大量详尽的操作，帮助读者直观、迅速地掌握 Word、Excel 和 PowerPoint 三大 Office 组件的基础知识和操作技巧。

◎ 内容结构

全书共 17 章，可分为 6 个部分。

第 1 部分为第 1 章，主要讲解 Office 2016 的共性操作及操作环境的个性化定制。

第 2 部分为第 2～5 章，主要介绍如何使用 Word 2016 编排文档，内容包括 Word 2016 的基本操作、表格与图表制作、图文混排、Word 2016 高效办公。

第 3 部分为第 6～11 章，主要讲解如何使用 Excel 2016 处理与分析数据，内容包括 Excel 2016 的基本操作、数据的录入与编辑、公式与函数的应用、办公数据的分析与处理、图表制作、使用数据透视表分析数据等。

第 4 部分为第 12～15 章，主要讲解如何使用 PowerPoint 2016 制作与放映演示文稿，内容包括 PowerPoint 2016 的基本操作、幻灯片切换和动画效果制作、幻灯片放映控制、保护与共享演示文稿等。

第 5 部分为第 16 章，主要讲解 Word、Excel 和 PowerPoint 之间的协作。

第 6 部分为第 17 章，主要介绍通过局域网和 Internet 进行网络化协同办公的方法。

◎ 编写特色

★每个操作步骤均配有屏幕截图，直观、清晰地展示操作效果，便于理解和掌握。

★在主体内容中穿插了大量"知识进阶"和"扩展操作"，介绍扩展知识或达到相同效果的其他操作，帮助读者拓宽知识面。

★每章最后的"同步演练"让读者运用本章知识解决常见办公问题，在实际动手操作中巩固所学；接着通过"专家点拨"进一步介绍本章的知识难点或操作诀窍，开阔读者的眼界。

◎ 读者对象

本书既适合 Office 初级用户进行入门学习，也适合办公人员、学生及对 Office 新版本感兴趣的读者学习和掌握更多的实用技能，还可作为大专院校或社会培训机构的教材。

由于编者水平有限，在编写本书的过程中难免有不足之处，恳请广大读者指正批评，除了扫描二维码添加订阅号获取资讯以外，也可加入 QQ 群 137036328 与我们交流。

编者
2016 年 7 月

如何获取云空间资料

一、扫描关注微信公众号

在手机微信的"发现"页面中点击"扫一扫"功能，如左下图所示，页面立即切换至"二维码 / 条码"界面，将手机对准右下图中的二维码，即可扫描关注我们的微信公众号。

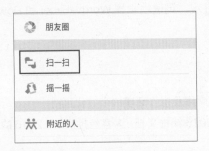

二、获取资料下载地址和密码

关注公众号后，回复本书书号的后 6 位数字"546580"，公众号就会自动发送云空间资料的下载地址和相应密码。

三、打开资料下载页面

方法 1：在计算机的网页浏览器地址栏中输入获取的下载地址（输入时注意区分大小写），按 Enter 键即可打开资料下载页面。

方法 2：在计算机的网页浏览器地址栏中输入"wx.qq.com"，按 Enter 键后打开微信网页版的登录界面。按照登录界面的操作提示，使用手机微信的"扫一扫"功能扫描登录界面中的二维码，然后在手机微信中点击"登录"按钮，浏览器中将自动登录微信网页版。在微信网页版中单击左上角的"阅读"按钮，如右图所示，然后在下方的消息列表中找到并单击刚才公众号发送的消息，在右侧便可看到下载地址和相应密码。将下载地址复制、粘贴到网页浏览器的地址栏中，按 Enter 键即可打开资料下载页面。

四、输入密码并下载资料

在资料下载页面的"请输入提取密码："下方的文本框中输入下载地址附带的密码（输入时注意区分大小写），再单击"提取文件"按钮，在新打开的页面中单击右上角的"下载"按钮，在弹出的菜单中选择"普通下载"选项，即可将云空间资料下载到计算机中。下载的资料如为压缩包，可使用 7-Zip、WinRAR 等解压软件解压。

CONTENTS 目 录

第4章　插图与文档的完美结合

第5章　Word 2016 高效办公

第6章　Excel 2016 初探

第 11 章　使用数据透视表对数据进行分析

第 12 章　PowerPoint 2016 初探

第 13 章　让幻灯片动起来

1

带你走进
Office 2016的世界

Office 软件是微软公司开发的一套办公软件，以界面友好、操作简单、功能强大等优势得到广大用户的青睐。新版本 Office 2016 更是在以前版本的基础上，新增了许多人性化的功能，并且操作起来更加方便快捷。为了让读者尽快掌握 Office 2016 的操作，本章就先从最基本的 Office 2016 安装、外观、基本操作等方面开始介绍，为接下来的学习做铺垫。

1.1　办公常用Office 组件的用途和特点
1.2　安装Office 2016软件
1.3　Office 2016的启动与退出
1.4　Office 2016界面随意变
1.5　Office 2016的基本操作

1.1 办公常用Office 组件的用途和特点

在使用 Office 进行办公的时候，其中使用得最广泛的办公组件当属 Word、Excel 和 PowerPoint 这三种。既然这三大组件是使用最广泛也是最有用的办公组件，就首先来认识一下这三大组件的用途和特点吧。

1 Word

Word 2016 是 Office 2016 系列办公组件之一，是目前世界上流行的文字编辑软件。用户可以使用 Word 2016 编排出精美的文档，方便地编辑和发送电子邮件，编辑和处理网页等。如果进行书信、公文、报告、论文、商业合同、写作排版等一些文字集中的工作时，可以使用 Word 2016 应用程序。下图所示为使用 Word 2016 创建的教师课程提纲文档。

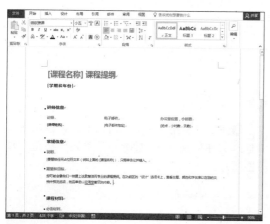

2 Excel

Excel 2016 也是 Office 2016 中的一个重要组件，通常被称为电子表格。在新的用户界面中，Excel 2016 提供了很多新的工具来扩展其强大的功能，通过许多新的方法让用户更直观地浏览数据，更轻松地分析、共享和管理数据。下图所示为运用 Excel 2016 创建的一份季度销售报表。

3 PowerPoint

PowerPoint 2016 是一款集文字、图像、图表、声音、视频于一体的多媒体演示文稿创建应用程序，属于 Office 2016 系列产品之一。PowerPoint 2016 采用全新的、直观的用户界面。它提供改进的效果与主题，增强了格式选项，使用它们可以创建外观生动的演示文稿。右图所示为使用 PowerPoint 2016 创建的幻灯片效果。

1.2 安装Office 2016软件

要使用 Office 2016 的三大组件,首先需要在计算机中安装好 Office 2016 软件。安装该软件的方法很简单,只需事先选择好要安装的组件、安装路径等内容,然后系统就会自动开始安装。

❶ 准备安装

在浏览器中下载好 Office 的安装包后,启动安装 Office 2016 的程序,即可弹出如下图所示的对话框,在该对话框中单击"继续"按钮。

❷ 自定义安装

进入"选择所需的安装"界面,单击"自定义"按钮,如下图所示。

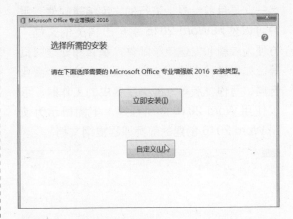

❸ 设置安装位置

❶切换至"文件位置"选项卡,❷单击"浏览"按钮,选择合适的安装路径,如下图所示。

❹ 选择安装位置

❶弹出"浏览文件夹"对话框,在该对话框中选择文件存放位置,❷单击"确定"按钮,如下图所示。

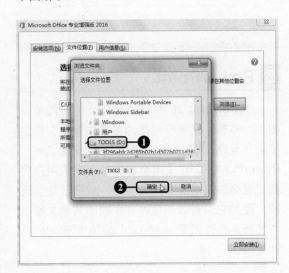

❺ 显示安装进度

完成以上操作之后，安装界面显示安装进度，此时需要等待几分钟，如下图所示。

❻ 完成安装

经过等待，安装完成，之后单击对话框中的"关闭"按钮，即完成了 Office 2016 组件的安装，如下图所示。

1.3 Office 2016的启动与退出

要真正进入 Office 2016 的世界，首先需要学会这套软件的启动与退出。上文提到目前办公中应用最为广泛的是 Office 2016 中 Excel、Word 和 PowerPoint 这三个主要组件，只有在了解了这些界面的组成及功能后，才可以更好地理解并操作它们。

1.3.1 启动Office 2016

在计算机上安装好 Office 2016 软件后，在利用其进行办公前，学会启动 Office 2016 中的相应组件是非常基本的操作。下面以启动 Excel 2016 为例进行具体介绍。

❶ 查看所有程序

在桌面上单击"开始"按钮，在弹出的快捷菜单中单击"所有程序"，如下图所示。

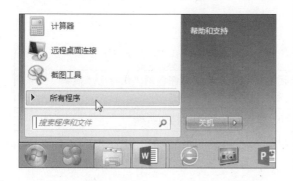

❷ 启动程序

在切换的界面中单击"Excel 2016"程序，如下图所示。

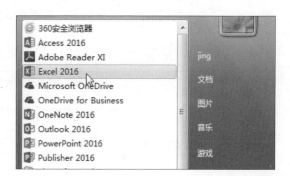

③ 显示启动效果

随后弹出了一个工作簿，效果如右图所示。

1.3.2 认识Word 2016、Excel 2016及PowerPoint 2016工作界面

在 Office 2016 中的 Word、Excel、PowerPoint 工作界面中，所有的命令都会通过功能区直接呈现出来，用户可以在功能区中快速找到想要使用的命令。

1 Word工作界面

当启动 Word 2016 后，展现在用户眼前的就是 Word 2016 的工作界面，此界面主要由标题栏、功能区、编辑区、状态栏等区域组成，如下图所示。

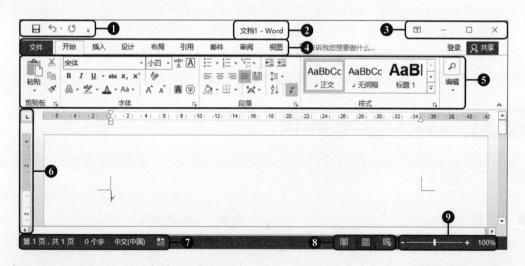

如果用户想要更详细地了解整个工作界面中所有组成部分的功能，可以通过下表进行查看。下表中呈现了各个组成部分的具体内容，包括其名称和功能。

序 号	名 称	功 能
❶	快速访问工具栏	该工具栏中显示常用的按钮，默认的按钮包括"保存""撤销""恢复"按钮
❷	标题栏	显示文档标题，并可以查看当前Word文档的名称
❸	窗口控制按钮	可以实现窗口的最大化、最小化和关闭

序 号	名 称	功 能
❹	功能区选项卡	显示各个集成的Word功能区的名称
❺	功能区	在功能区中包括很多组，并集成了Word的很多功能按钮
❻	标尺	用于显示和控制页面格式
❼	状态栏	显示文档的当前状态，包括页数、字体输入法等内容
❽	视图按钮	单击其中某一按钮可切换至所需的视图方式下
❾	显示比例	通过拖动中间的缩放滑块来更改文档的显示比例

2 Excel工作界面

Excel 2016 的工作界面和 Word 2016 的工作界面布局基本相同，也包括了标题栏、功能区、快速访问工具栏和编辑区等组成部分，如下图所示。

与 Word 2016 工作界面不同的是，Excel 2016 工作界面拥有自己特有的组件，包括"名称框""编辑栏""行号""列标"和"工作表标签"，要了解这些组件的详细情况，可参照下表。

序 号	名 称	功 能
❶	名称框	显示当前正在操作的单元格或单元格区域的名称或者引用
❷	编辑栏	当向单元格输入数据时，输入的内容都将显示在此栏中，也可以直接在该栏中对当前单元格的内容进行编辑或输入公式等
❸	行号	单击可选定该行
❹	列标	单击可选定该列
❺	工作表标签	包含工作表的名称，当前活动工作表所对应的标签显示为背景色，还可以在此处新建工作表

3 PowerPoint工作界面

PowerPoint 2016 的工作界面在 PowerPoint 2013 的基础上进行了部分改进，让用户操作起来更加方便。用户在了解了 Word 2016 中的功能后，可根据这些功能对 PowerPoint 2016 进行举一反三的应用。

在 PowerPoint 2016 中，位于界面左侧的幻灯片缩略图区域取消了 PowerPoint 2010 及之前版本界面中的"大纲"和"幻灯片"选项卡，而单独将幻灯片缩略图留了下来。在 PowerPoint 2016 编辑区中还有一个在 Excel 2016 和 Word 2016 中都不具备的备注窗格，具体内容如下表所示。

序 号	名 称	功 能
❶	幻灯片缩略图	此处显示正在编辑的幻灯片的缩略图
❷	备注窗格	用于给幻灯片添加说明

1.3.3 退出Office 2016

在熟悉了 Office 2016 相应组件的使用后，同样也需要了解这些组件的退出方法。这里以退出 Excel 2016 程序界面为例进行介绍。

方法一：使用"关闭"按钮直接退出Office 2016

启动 Office 2016 软件中的 Excel 2016 后，如果需要退出程序，可以直接单击主界面中的"关闭"按钮，如右图所示。Word 2016 和 PowerPoint 2016 的退出方法与 Excel 2016 完全相同。

方法二：利用标题栏退出Office 2016

除了可以使用方法一中的方法来实现退出外，❶还可以右击标题栏，❷在弹出的菜单中单击"关闭"命令，如下图所示。

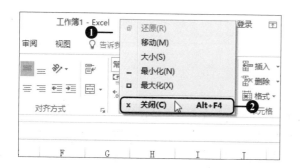

方法三：在视图窗口中关闭Office 2016

除了以上两种方法，用户还可以单击"文件"按钮，在弹出的视图窗口中单击"关闭"命令，如下图所示。

1.4 Office 2016界面随意变

Office 2016 的界面不但颜色美观，而且各个区域中包含的命令也是相当丰富的。用户还可以根据自己的喜好来改变界面的颜色以及显示状态，或者在界面的某些区域中添加一些自定义的项目。

1.4.1 隐藏/显示功能区

成功启动 Office 2016 后，其主界面中都包含有功能区，并且默认状态下主界面中都会自动显示功能区，但是用户也可以根据需要来决定功能区是处于显示状态还是隐藏状态，隐藏功能区可以使主界面中的编辑区范围在一定程度上扩大。

1 隐藏功能区

Office 2016 中常用的组件有三个：Word 2016、Excel 2016 和 PowerPoint 2016。要隐藏这三个组件中的功能区，使其编辑区显示为最大化，方法很简单。下面以 Excel 2016 为例进行介绍，其他两个组件与此类似。

❶ 隐藏功能区

启动 Excel 2016 之后，当需要隐藏功能区时，单击主界面右上角的"折叠功能区"按钮，如右图所示。

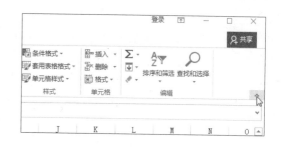

❷ 隐藏功能区的效果

完成操作后，界面功能区就被隐藏起来了，此时界面编辑区的面积变大了，如右图所示。

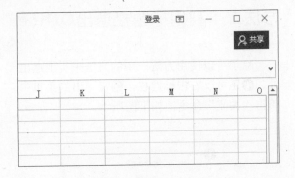

> **扩展操作**
>
> 除了单击"折叠功能区"按钮来隐藏功能区以外，还可以直接按【Ctrl+F1】快捷键隐藏功能区。

2 显示功能区

当用户执行了隐藏功能区的操作之后，想要重新显示功能区的话，直接在功能区选项卡中单击任意选项卡，即可将对应的功能区展开。此时功能区仍然是一个活动的状态，单击界面任意位置，功能区重新变为隐藏状态。单击"固定功能区"按钮可以将其固定。

❶ 显示选项卡和命令

单击窗口控制按钮中的"功能区显示选项"按钮，在弹出的菜单中单击"显示选项卡和命令"选项，如下图所示。

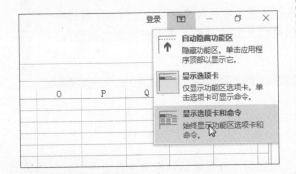

❷ 显示功能区的效果

随后即可看到选项卡和功能区重新显示了，如下图所示。

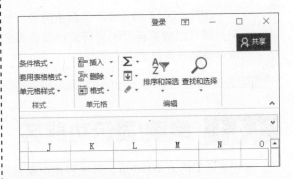

❸ 显示功能区

除了可以通过以上方法来显示功能区，用户还可以单击 Excel 2016 中的任意功能区选项卡，之后功能区变为展开状态，如下图所示。

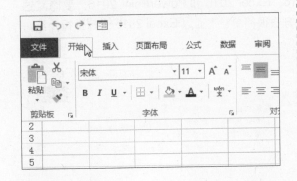

❹ 固定功能区

在功能区展开状态下，单击功能区右下角的"固定功能区"按钮，如下图所示，即可得到步骤 02 中的显示效果。

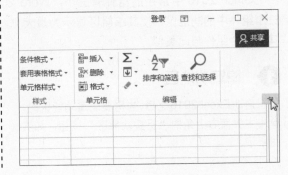

1.4.2 界面配色随心换

默认的 Office 2016 界面主题颜色为简约的白色背景，用户可以根据自己的喜好来更改界面的颜色（可以选择的主题颜色包括彩色和深灰色）。该功能使得办公组件沉闷单调的界面变得生动起来。下面就以 Excel 2016 为例进行介绍。

❶ 单击"选项"命令

在 Excel 2016 组件界面中，单击"文件"按钮，在弹出的菜单中单击"选项"命令，如下图所示。

❷ 选择Office背景

❶在弹出的对话框中，单击"常规"选项，❷在面板中单击"对 Microsoft Office 进行个性化设置"组中的"Office 主题"下三角按钮，❸在展开的下拉列表中选择相应的主题，如单击"彩色"选项，如下图所示。

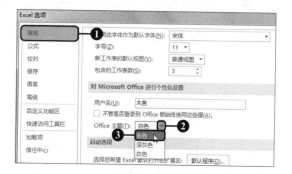

❸ 更改界面配色效果

单击"确定"按钮，返回工作簿界面，即可看到更改的配色效果，如右图所示。至此便完成了对 Excel 2016 设置界面配色的操作。

1.4.3 任意增删"快速访问工具栏"快捷按钮

一般情况下，"快速访问工具栏"中默认的按钮有"保存""撤销"和"恢复"，但是这些按钮并不是固定不变的，而是可以根据需要任意增减的。把功能区按钮放置在"快速访问工具栏"中，可以让用户快速使用某项功能。下面以在 Excel 2016 中添加或减少"快速访问工具栏"中的按钮为例进行介绍。

❶ 单击"选项"命令

启动 Excel 2016，单击"文件"按钮，在弹出的菜单中单击"选项"命令，如下图所示。

❷ 选择要添加的命令

弹出"Excel 选项"对话框，❶单击"快速访问工具栏"选项，❷在右侧面板中的"从下列位置选择命令"列表框中单击"插入表格"选项，❸单击"添加"按钮，如下图所示。

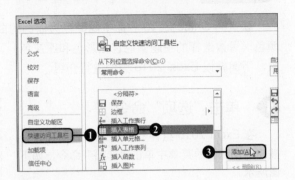

❸ 选择要删除的命令

❶此时可以看见"自定义快速访问工具栏"列表框中添加了"插入表格"选项，❷选中"记录单"选项，❸单击"删除"按钮，如下图所示。

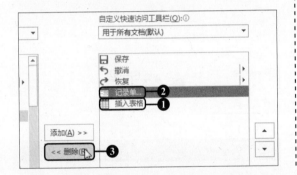

❹ 确定设置

❶此时在"自定义快速访问工具栏"列表框中删除了"记录单"选项，❷单击"确定"按钮，如下图所示。

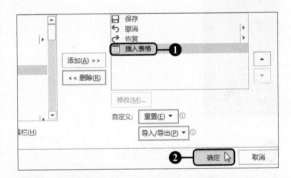

❺ 自定义快速访问工具栏效果

返回工作簿主界面，可看到快速访问工具栏中的"记录单"按钮已经被删减，并且增加了一个"插入表格"按钮，如右图所示。

扩 展 操 作

除了在"Excel 选项"对话框中对快速访问工具栏中的命令进行增加外，还可以单击"自定义访问工具栏"快翻按钮，在展开的下拉列表中单击要增加的功能。

1.4.4 添加功能区项目

任意 Office 组件功能区的设计总是按照大多数用户常使用的命令来分组的，不过这样的分组方式不一定适合每一个用户。当用户通常只使用常用的几个命令时，就会觉得随时在现有选项卡中切换会相当麻烦。其实，只需学会自定义功能区中的项目，这项操作就会变得十分简单。下面以 Excel 2016 为例对如何自定义功能区进行介绍。

❶ 单击"自定义功能区"选项

启动 Excel 2016，打开"Excel 选项"对话框，单击"自定义功能区"选项，如下图所示。

❷ 新建选项卡

❶单击"自定义功能区"列表框中的"开始"选项，❷单击"新建选项卡"按钮，如下图所示。

❸ 重命名选项卡

❶此时可以看到在"开始"选项卡下新建了一个选项卡，并且包含一个新建组，选中"新建选项卡（自定义）"选项，❷单击"重命名"按钮，如下图所示。

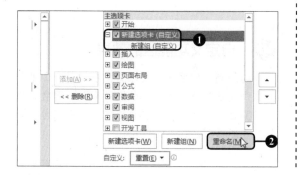

❹ 设置选项卡名称

弹出"重命名"对话框，❶在"显示名称"文本框中输入"个人常用功能"，❷单击"确定"按钮，如下图所示。

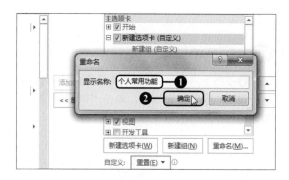

❺ 重命名组

❶此时可以看见新建的选项卡已经重新命名，单击"新建组（自定义）"选项，❷单击"重命名"按钮，如右图所示。

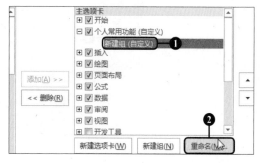

⑥ 设置组名称

弹出"重命名"对话框，❶在"显示名称"文本框中输入"调整格式"，❷单击"确定"按钮，如下图所示。

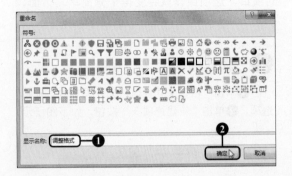

⑧ 选择要添加的项目

❶在左侧的列表框中找到要添加的功能，如"合并后居中"选项，❷单击"添加"按钮，如下图所示。

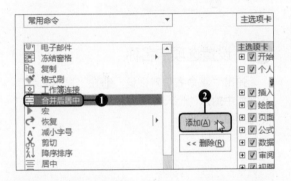

⑩ 完成添加

❶按照上述操作，选择所有需要的功能按钮，进行添加，❷添加完毕后，单击"确定"按钮，如下图所示。

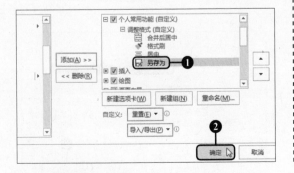

⑦ 重命名后的效果

此时可以看到为新建组设置的名称，显示效果如下图所示。

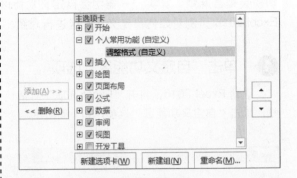

⑨ 添加项目后的效果

此时在右侧列表框的"调整格式（自定义）"组下添加了"合并后居中"按钮，如下图所示。

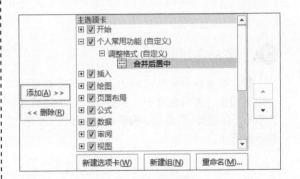

⑪ 自定义功能区的效果

返回到主界面中，可以看见增加了一个"个人常用功能"选项卡。在此选项卡下，包含一个"调整格式"组，在"调整格式"组中包含了添加的功能按钮，如下图所示。

1.5 Office 2016的基本操作

要使用 Office 2016 办公软件创建文档、表格或演示文稿，首先应该了解 Office 的基本操作，包括新建文档、保存文档和在文档的保存路径中找到已保存的文档并打开。因为 Office 所有组件的这些操作都基本相同，所以这里仅以 Word 为例进行介绍。

1.5.1 新建文档

在新建文档时，既可以新建一个空白的文档，也可以基于系统中现有的文档模板创建一个新的文档。

1 新建空白文档

空白文档就是一种没有使用过的、没有任何信息的文档。平时所说的新建文档，通常都是指新建一个空白文档的意思。

1 新建空白文档

启动 Word 2016，在右侧的面板中单击"空白文档"图标，如下图所示。

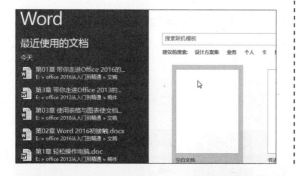

2 新建文档的效果

操作完成后，系统自动跳转至新建的文档界面，此时可以看到新建的空白文档，如下图所示。

2 新建基于模板的文档

模板文档和空白文档不同，在选择创建一个模板文档后，文档中便已经拥有了该模板基本的格式或布局，用户只需要根据模板在文档添加相应的文本内容即可。

① 选择模板

单击"文件"按钮，❶在弹出的菜单中单击"新建"命令，❷在右侧的面板中单击"书法字帖"图标，如下图所示。

② 设置字符

弹出"增减字符"对话框，❶选中"可用字符"列表框中的"阿"字符，❷单击"添加"按钮，如下图所示。

❸ 建立文档后的效果

单击"关闭"按钮后返回文档主界面，此时可看到以书法字帖为模板创建了一个文档，如右图所示。

> **扩 展 操 作**
>
> 新建模板文档可以选择常用的样本模板，若是计算机接入了互联网，还可以直接从 Office 官网上下载模板使用。

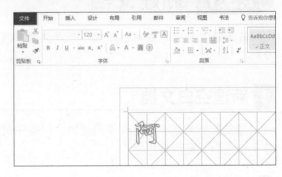

1.5.2 保存和另存文档

保存文档和另存为文档都是对已编辑好的文档进行存档的功能，不同的是采用"另存为"的方式保存文档时，既可以保留原来的文档，同时又保存了对已有文档的修改。

◎ 原始文件：无
◎ 最终文件：下载资源\实例文件\第1章\最终文件\字帖.docx、第二张字帖.docx

① 保存文档

要对上述创建的书法字帖文档进行保存，可以单击"文件"按钮，❶在弹出的菜单中单击"保存"命令，首次保存会切换至"另存为"菜单，❷单击"浏览"按钮，如右图所示。

❷ 选择保存文档的路径

弹出"另存为"对话框，❶在"文件名"文本框中输入文档的名称，如"字帖"，❷选择文件保存的路径，❸之后单击"保存"按钮，如下图所示。

❹ 另存为文档

对文档中的内容进行添加后，可对文档进行另存，仍然单击"另存为"菜单中的"浏览"按钮，如下图所示。

❻ 另存为的效果

完成操作后，可以看见该路径上保存了另存为的文件，且原来的文件维持原样不变，如右图所示。

❸ 保存文档的效果

完成以上操作之后，在保存的路径上便出现了以"字帖"命名的文档图标，如下图所示。

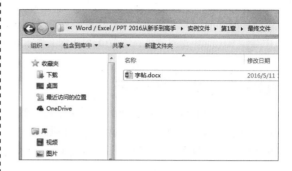

❺ 选择保存文档路径

弹出"另存为"对话框，❶在"文件名"文本框中输入"第二张字帖"，❷选择保存路径仍为之前的保存路径，❸单击"保存"按钮，如下图所示。

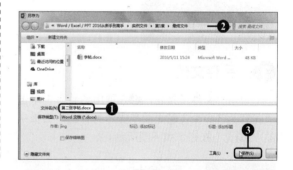

知识进阶 **打开早期文档和最近文档**

打开早期文档的方法为：单击"文件"按钮，在弹出的菜单中单击"打开"命令，弹出"打开"菜单，找到要打开文档的路径，选中此文档，单击"确定"按钮后，文档将被打开。在文件菜单中单击"最近"命令，还可以在"最近"面板中单击打开最近使用过的文档。

同步演练 打开最近使用的文档并另存为PDF文件

通过本章的学习，相信用户已经对 Office 2016 的界面和一些基本操作有了初步的认识。为了加深用户对本章知识的理解，下面以打开最近使用的文档并将其另存为文本文件为例来融会贯通这些知识点。

◎ 原始文件：下载资源\实例文件\第1章\原始文件\会议的原则.docx
◎ 最终文件：下载资源\实例文件\第1章\最终文件\会议的原则.pdf

❶ 打开最近所用文件

启动 Word 2016，在弹出的文档中单击"最近使用的文档"选项下的命名为"会议的原则"的文档，如下图所示。

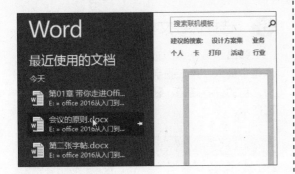

❷ 打开文件后的效果

完成操作之后，自动打开命名为"会议的原则"的文件，如下图所示。

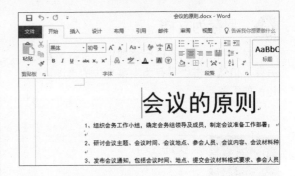

❸ 另存文档

单击"文件"按钮，❶在弹出的菜单中单击"另存为"命令，❷之后单击"另存为"面板中的"浏览"按钮，如下图所示。

❹ 确定保存文件

❶选择文件保存的路径，❷在"文件名"文本框中输入"会议的原则"，❸设置保存类型为"PDF"，❹单击"保存"按钮，如下图所示。

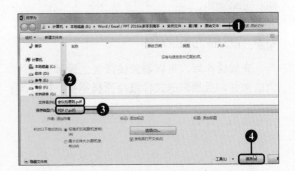

❺ 转换成PDF文件的效果

完成以上操作之后，系统自动将文档保存为PDF 文件格式，且自动弹出了保存的 PDF 文件，显示效果如右图所示。

专家点拨 提高办公效率的诀窍

为了提高办公效率，用户一定希望知道在使用 Word 2016 办公时，使用哪些技巧能够快速达到目标效果。下面就为用户介绍三种提高办公效率的诀窍。

诀窍 ① 将编辑好的文档保存为模板

模板是文档类型中的一种，将编辑好的文档保存为模板，在创建文档的时候就可以直接使用模板中的页面布局、字体、样式等，而不需要从头开始创建。下面以保存为"Word 模板（*.dotx）"为例来向用户介绍这一功能。

单击"文件"按钮，在弹出的菜单中单击"选项"命令，弹出"Word 选项"对话框。❶单击"保存"选项，❷在"保存文档"选项组下单击"将文件保存为此格式"下三角按钮，❸在展开的下拉列表中单击"Word 模板（*.dotx）"选项，如右图所示。单击"确定"按钮，此时编辑好的文档就被保存为了模板。

诀窍 ② 快速获取Office帮助

在使用 Office 办公的时候，有许多操作不一定都是用户熟悉的，此时可以使用 Office 帮助快速地获取想要知道的信息。

打开 Word 文档后，在键盘上按下 F1 键，弹出相应组件的帮助对话框，❶在文本框中输入需要帮助的内容，如"增加行"，❷然后单击"搜索"按钮，如右一图所示。随后将显示出多个关于输入的帮助信息，❸单击相关的信息，如右二图所示，❹即可看到该信息下增加行的详细解释，如右三图所示。

诀窍 ③ 更改显示的最近打开文档数目

如果最近使用的文档数目较多，那么在最近使用文档的面板中将显示很多文档，不利于用户快速查找需要的文档，此时可以通过修改来减少文档的显示数目。

具体方法为：单击"文件"按钮，在弹出的菜单中单击"选项"命令，❶弹出相应组件的选项对话框，单击"高级"选项，❷在右侧的"显示"组下单击"显示此数目的'最近使用的文档'"右侧的微调按钮，如右一图所示。❸返回视图窗口，即可看到调节显示最近使用的文档的数目显示效果，如右二图所示。

2

Word 2016初探

在了解了 Office 2016 之后，本章开始进入 Office 2016 中的文字编辑组件 Word 2016 的学习。要达到熟练使用 Word 2016 的目的，首先就需要从 Word 2016 基本的文本操作开始学习。对 Word 2016 文本的基本操作包括文本的输入和修改、文字和段落的格式设置、项目符号和多级列表的添加以及文档页面的美化等内容。了解了这些最基本的操作，才能为下一步的深入学习打下坚实的基础。

2.1　输入与编辑文本
2.2　对文字和段落进行美化
2.3　添加项目符号和多级列表
2.4　特殊的排版格式
2.5　对文档页面进行美化

2.1 输入与编辑文本

用户打开 Word 2016 或新建一个文档时，页面多是空白的，用户只有在里面填充上自己需要的内容才能称其为一篇文档。当文档的内容输入完毕后，如果发现中间有错误的地方，还需要进行及时的修正。Word 2016 中的复制与移动、撤销与恢复操作可以帮助用户快速编辑文本。

2.1.1 输入文本和符号

在 Word 中输入文本是最基本的操作。当打开一个空白文档时，都会看到一个闪烁的光标，位于页面的左上角，它指示用户输入的内容将出现在页面的哪个地方。用户只需将输入法切换至常用的状态，即可开始输入需要的文字。另外，在输入一篇文稿的时候免不了需要输入一些特殊的符号，此时可以通过 Word 中提供的特殊符号进行插入。

◎ 原始文件：无
◎ 最终文件：下载资源\实例文件\第2章\最终文件\介绍信.docx

❶ 定位光标插入点

启动 Word 2016，此时可以看到屏幕上有一条闪烁的竖线，这就是光标的插入点，如下图所示。

❷ 输入文本

切换输入法为中文简体，然后在光标插入点处输入拼音"jieshaox"，将出现文字"介绍信"选项，如下图所示。

❸ 确认输入文本

❶按下空格键，即可将"介绍信"3 个字显示在光标的插入点处，❷按下【Enter】键，即可跳入下一行，如右图所示。

④ 输入文档完整内容

按照上述方法,继续在文档中输入完整的"介绍信"内容,输入完毕后效果如右图所示。

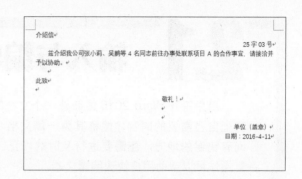

知识进阶 移动光标插入点

如果用户对默认的光标插入点位置不满意,可通过按空格键来调整其横向位置,而按【Enter】键可调整其纵向位置。

⑤ 启动插入符号功能

将光标定位在要插入符号的标题位置处,❶在"插入"选项卡下的"符号"组中单击"符号"下三角按钮,❷在展开的列表中单击"其他符号"选项,如下图所示。

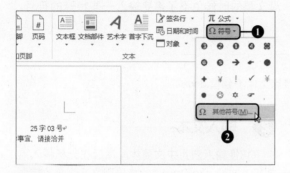

⑥ 选择符号类型

弹出"符号"对话框,❶单击"符号"选项卡下"字体"右侧的下三角按钮,❷在展开的下拉列表中单击"Wingdings"类型,如下图所示。

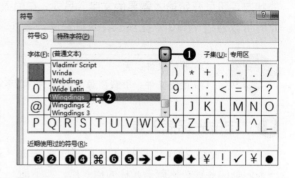

⑦ 选择要插入的符号

❶拖动右侧的滚动条可查看该类型中的全部符号,❷单击要插入的符号,❸然后单击"插入"按钮,如下图所示。

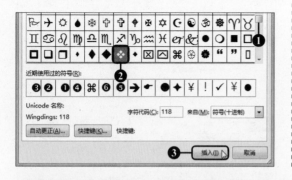

⑧ 查看插入符号后的效果

单击"符号"对话框中的"关闭"按钮,返回文档中,即可看到光标定位处插入的符号效果,如下图所示。

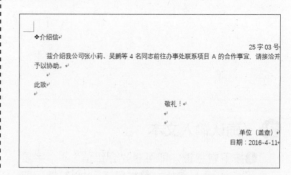

扩 展 操 作

在"符号"对话框中选择好一个符号后,除了单击"插入"按钮以外,还可以双击该符号将其插入到文档中。

2.1.2 选择文本

在 Word 中，无论用户对文本进行怎样的操作，首先都得选择文本。在文档中，用户可以对文本的不同部分进行选定，如选定词组、选定一行文本等。

◎ 原始文件：下载资源\实例文件\第2章\原始文件\办公室文件管理制度.docx
◎ 最终文件：无

❶ 选择词组

打开原始文件，将鼠标指针放置在需要选定的词组上，然后双击，即可选中该词组，如下图所示。

❷ 选择一行

将鼠标指针移动至需要选定行文本内容的左侧，当鼠标指针呈箭头形状时，单击鼠标左键即可选中该行，如下图所示。

❸ 选择任意文本

将鼠标指针移至需要选定文本的起始位置，然后按住鼠标左键向右拖动至要选定的文本结束位置处即可选择任意文本，如下图所示。

❹ 选择一句文本

将鼠标指针移至需要选定的句子处，按住【Ctrl】键，然后单击，即可选定整句，如下图所示。

❺ 选定矩形文本

将鼠标指针放置在需要选定文本内容的起始位置，按住【Alt】键后按住鼠标左键，然后拖动鼠标，即可选定矩形文本，如右图所示。

❻ 选择一段文本

将鼠标指针放置在需要选定整段文本内容的任意位置处，然后连续单击鼠标左键三次，即可选定该段文本，如下图所示。

❼ 选择全文

按住【Ctrl+A】组合键即可选定所有文本，如下图所示。用户也可以通过拖动的方式选择全部文本，只不过这种方法更为费时费力。除了以上两种方法，用户还可以在文本的右侧连续三次单击鼠标左键，也可以选中全部文本。

知识进阶 **选择不连续的文本**

如果用户所选择的文本内容不连续，可先选择第一处文本，然后按住【Ctrl】键继续选择其他文本。

2.1.3 复制与移动文本

用户在编辑文本的过程中，可以使用复制和移动的方法来达到快速编辑文本的目的。对于重复出现的文本，可以将其复制后粘贴到需要的位置；对于放置不当的文本，可以将其快速移动到文档中满意的位置。

◎ 原始文件：下载资源\实例文件\第2章\原始文件\办公室文件管理制度.docx
◎ 最终文件：下载资源\实例文件\第2章\最终文件\办公室文件管理制度1.docx

❶ 剪切文本

打开原始文件，❶选择需要移动的文本，❷然后在"开始"选项卡下的"剪贴板"组中单击"剪切"按钮，如下图所示。

❷ 粘贴文本

❶将光标定位在文本需要移动到的位置，❷然后在"开始"选项卡下的"剪贴板"组中单击"粘贴"按钮，如下图所示。

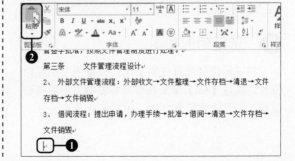

❸ 查看移动文本后的效果

此时可以看到原来位置的文本内容已经消失，并且移动到了文档的末尾处，如下图所示。

❹ 复制文本

❶选择需要复制的文本，❷在"开始"选项卡下的"剪贴板"组中单击"复制"按钮，如下图所示。

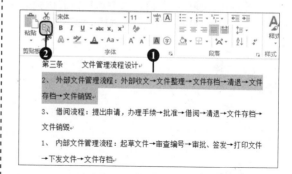

❺ 粘贴源格式

❶将光标定位在需要粘贴的文本位置处，❷单击"粘贴"下三角按钮，❸在展开的下拉列表中单击"保留源格式"选项，如下图所示。

❻ 显示复制粘贴的效果

最后即可在文档中看到复制粘贴后的文档效果，如下图所示。

扩 展 操 作

如果复制或移动的距离很近，就可以直接采用鼠标拖动的方式完成复制与移动操作。若是移动文本，选择需要移动的文本后，按住鼠标左键将其直接拖动到目标位置处即可；若是复制文本，则需要在拖动的过程中按住【Ctrl】键。

2.1.4 撤销与恢复操作

撤销操作与恢复操作是相对应的，撤销是取消上一步的操作，而恢复就是把撤销的操作再重新恢复回来。

◎ 原始文件：无
◎ 最终文件：下载资源\实例文件\第2章\最终文件\撤销与恢复操作.docx

❶ 撤销操作

打开一个空白文档，❶在该文档中输入内容，❷若用户对输入的内容不满意，想要撤销，则可单击"快速访问工具栏"中"撤销键入"右侧的下三角按钮，❸在展开的列表中选择需要撤销的操作，如单击"键入'计划'"选项，如下图所示。

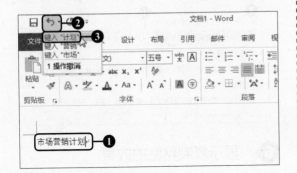

❷ 查看撤销后的效果

此时可看到文档中输入的"市场营销计划"中的"计划"两个字已经被撤销了，只留下了"市场营销"四个字，如下图所示。

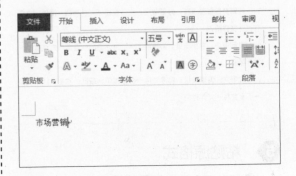

❸ 恢复操作

如果想要恢复之前的文本内容，就单击"快速访问工具栏"中的"恢复键入"按钮，恢复到上一步操作中，多次单击该按钮可进行多次的恢复操作，如下图所示。

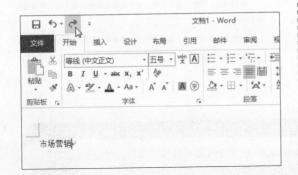

❹ 查看恢复效果

随后即可看到单击一次恢复键入按钮后消失的"计划"二字又恢复显示了，效果如下图所示。

2.2 对文字和段落进行美化

在 Word 中输入文本之后，这些文本的字符格式和段落格式都是默认的，并不是全部符合用户的要求，此时可通过 Word 2016 提供的多种设置字符格式和段落格式的方法来对文本进行设置，使其更符合用户的需求，同时也使文档更加美观。

2.2.1 设置字符格式

在文档中录入文本后，为了使文本更加美观、专业，可以对文本进行格式的设置，具体包括设置文本的字体、字形、字号、间距等项目。

◎ 原始文件：下载资源\实例文件\第2章\原始文件\产权转移协议书.docx
◎ 最终文件：下载资源\实例文件\第2章\最终文件\产权转移协议书.docx

❶ 选择字体

打开原始文件，❶选择需要设置的文本内容，❷单击"开始"选项卡下"字体"组中"字体"右侧的下三角按钮，❸在展开的列表中选择字体格式，如"微软雅黑"，如下图所示。

❷ 选择字号

选择的文本内容不变，❶继续在"开始"选项卡下的"字体"组中单击"字号"右侧的下三角按钮，❷在展开的列表中选择字号，如"小二"，如下图所示。

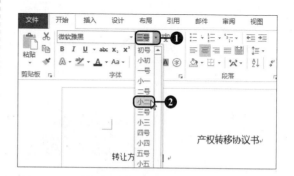

❸ 加粗字体

文本内容不变，继续在"字体"组中单击"加粗"按钮，如下图所示。

❹ 查看设置字符后的效果

最后即可看到设置字符格式后的文档效果，如下图所示。

产权转移协议书

转让方：[姓名]
受让方：[公司名称] 有限责任公司
　　根据《公司法》的有关规定，转让方[姓名] 与受让方[公司名称]
有限责任公司就实物财产转移达成如下协议：
　　1. 转让方[姓名] 按照《公司法》的有关规定，将其在公司登记
注册时认缴出资的实物财产[资金] 转移到受让方[公司名称] 有限责

扩 展 操 作

Word 还提供了一种浮动工具栏，只要用户选中需要设置的文本，该工具栏就会浮现在文本上。通过该工具栏同样可以对字符格式进行相关设置，如右图所示。

此外，单击"字体"组中的对话框启动器，在弹出的"字体"对话框中也可以对文本进行字符格式的设置。

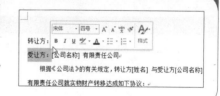

2.2.2 设置段落格式

在文档编写完成后，对段落格式的设置是不可忽略的过程，段落设置中段落的对齐和缩进是排版中最常用的方法，这部分内容包含有段落对齐、段落缩进、行距调整三大内容，用户可以根据需要选择方法来调整段落。

◎ 原始文件：下载资源\实例文件\第2章\原始文件\关于工伤报销.docx
◎ 最终文件：下载资源\实例文件\第2章\最终文件\关于工伤报销.docx

❶ 设置段落居中

打开原始文件，❶选中文档的标题，❷在"开始"选项卡下的"段落"组中单击"居中"按钮，如下图所示。

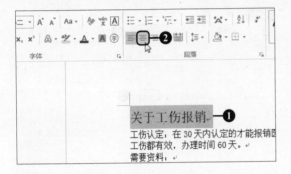

❷ 启动段落对话框

随后可看到标题显示在整行的居中位置处，❶然后选中要设置的文本内容，❷在"段落"组中单击对话框启动器，如下图所示。

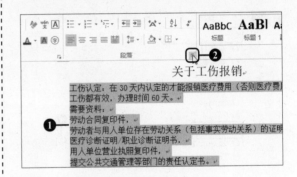

❸ 设置首行缩进

弹出"段落"对话框，❶在"缩进和间距"选项卡下单击"缩进"选项组中的"特殊格式"下拉按钮，❷在展开的列表中单击"首行缩进"选项，如下图所示。

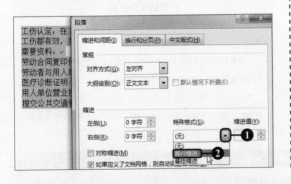

❹ 查看首行缩进后的效果

单击"确定"按钮，返回文档中，可看到首行缩进后的文本效果，如下图所示。

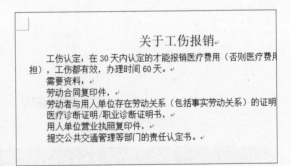

扩展操作

在"段落"对话框中，除了可以对段落设置首行缩进以外，还可以根据需要设置段落的对齐方式、左右缩进等。

2.3 添加项目符号和多级列表

当文档内容中包含多个项目时，可以为文档添加项目符号。不同类别的项目可以使用不同的项目符号。当文档中包含多个标题时，可以为文档添加多级列表编号，使文档中的各个标题或正文按级数区分。

2.3.1 添加默认的项目符号

在 Word 系统的项目符号库中存在许多项目符号，一般最常用的项目符号有原点、正方形和菱形，用户还可以在"符号"对话框中选择更多的符号来作为项目符号，通过自定义添加项目符号样式的方式，可以使整个文档看起来更有特色。

◎ 原始文件：下载资源\实例文件\第2章\原始文件\关于工伤报销1.docx
◎ 最终文件：下载资源\实例文件\第2章\最终文件\关于工伤报销1.docx

❶ 添加项目符号

打开原始文件，❶选择需要添加项目符号的文本内容，❷在"开始"选项卡下的"段落"组中单击"项目符号"按钮，❸在展开的列表中单击"项目符号库"中的符号，如下图所示。

❷ 添加项目符号

此时在段落的首行添加了设置的项目符号，❶选择下一处需要添加项目符号的内容，❷然后继续单击"段落"组中的"项目符号"按钮，❸在展开的下拉列表中单击需要的项目符号，如下图所示。

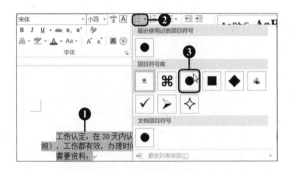

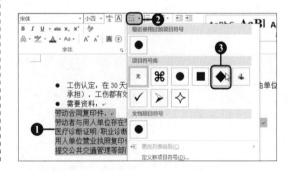

❸ 查看添加项目符号后的文档效果

随后可看到文档中添加了项目符号，通过项目符号，用户可对文档的内容等级做一个大概的区分，如右图所示。

关于工伤报销

● 工伤认定：在 30 天内认定的才能报销医疗费用（否则承担），工伤都有效，办理时间 60 天。
● 需要资料：
● 劳动合同复印件。
◆ 劳动者与用人单位存在劳动关系（包括事实劳动关系
◆ 医疗诊断证明/职业诊断证明书，
◆ 用人单位营业执照复印件，
◆ 提交公共交通管理等部门的责任认定书。

2.3.2 自定义项目符号样式

除了使用现有的项目符号以外，还可以在符号对话框中选择更多的符号来作为项目符号。通过这些自定义的项目符号，可以使整个文档看起来更有条理。

◎ 原始文件：下载资源\实例文件\第2章\原始文件\关于工伤报销2.docx

◎ 最终文件：下载资源\实例文件\第2章\最终文件\关于工伤报销2.docx

❶ 定义新项目符号

打开原始文件，❶将光标定位在标题的前面，❷在"开始"选项卡下的"段落"组中单击"项目符号"右侧的下三角按钮，❸在展开的列表中单击"定义新项目符号"选项，如下图所示。

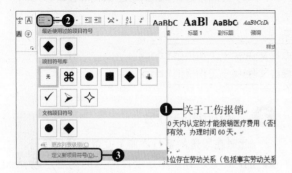

❸ 选择符号

弹出"符号"对话框，双击需要的项目符号，如下图所示。

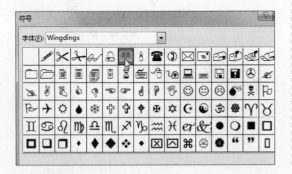

❷ 单击"符号"按钮

弹出"定义新项目符号"对话框，在"项目符号字符"下单击"符号"按钮，如下图所示。

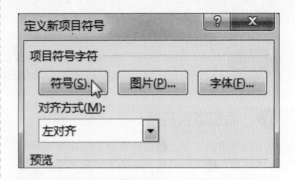

❹ 查看插入效果

返回"定义新项目符号"对话框，单击"确定"按钮，返回文档中，即可看到插入的新项目符号效果，如下图所示。

> 📖 关于工伤报销
> ● 工伤认定：在30天内认定的才能报销医疗费用（否则医承担），工伤都有效，办理时间60天。
> ● 需要资料：
> ◆ 劳动合同复印件，
> ◆ 劳动者与用人单位存在劳动关系（包括事实劳动关系）的
> ◆ 医疗诊断证明/职业诊断证明书，
> ◆ 用人单位营业执照复印件，
> ◆ 提交公共交通管理等部门的责任认定书。

知识进阶 设置项目符号的对齐方式

根据需要，用户可以在"定义新项目符号"对话框中选择项目符号在文档中的对齐方式，包括左对齐、居中、右对齐。

2.3.3 添加多级列表

多级列表的样式有很多种，需要根据不同的内容选择不同的样式，插入的多级列表样式可以利用减少或增加缩进量的方式来改变列表的级别。

◎ 原始文件：下载资源\实例文件\第2章\原始文件\记忆力训练法.docx
◎ 最终文件：下载资源\实例文件\第2章\最终文件\记忆力训练法.docx

① 选择多级列表样式

打开原始文件，❶选中除标题以外的文档内容，❷在"段落"组中单击"多级列表"右侧的下三角按钮，❸在展开的列表中单击"列表库"中的第二个样式，如下图所示。

③ 更改列表级别

通过增加缩进量，正文内容更改了列表级别，❶选中第二个标题下的文本内容，❷在"段落"组中单击"多级列表"右侧的下三角按钮，❸在展开的列表中单击"更改列表级别"中的第2个级别，如下图所示。

② 增加缩进量

此时可看到文档内容添加了多级列表符号，❶选中第一个标题下的文本内容，❷在"开始"选项卡下的"段落"组中单击"增加缩进量"按钮，如下图所示。

④ 查看添加多级列表后的效果

随后文本内容更改了列表级别，添加了二级符号，如下图所示。

记忆力训练法
1 唤醒身体
  1.1 闭上眼睛吃饭
  1.2 戴上耳机下楼梯
  1.3 捏住鼻子喝咖啡
  1.4 放开嗓子大声朗读
2 寻求脑刺激
  2.1 把自己的钱花掉
  2.2 专门绕远路
  2.3 每天睡觉 6 小时

2.4 特殊的排版格式

一般的文档排版方式只是文字大小、颜色的区分或者段落间距的不同等，而特殊的排版格式可以设置文档中首字下沉、使文档中的文字方向发生变化以及让文档中的文字内容以多栏形式排列。

2.4.1 首字下沉

首字下沉是一种比较独特的排版格式，使用首字下沉能够给单调的排版带来令人耳目一新的效果。首字下沉分成两种情况：一种是使首字在原来的段落中直接变大，并且向下到一定的距离；另一种是使首字脱离原来的段落单独悬空挂在段落之前。

◎ 原始文件：下载资源\实例文件\第2章\原始文件\人力资源管理政策.docx
◎ 最终文件：下载资源\实例文件\第2章\最终文件\人力资源管理政策.docx

❶ 单击"下沉"选项

打开原始文件，❶将光标定位在文档的第一个文字前，❷在"插入"选项卡下的"文本"组中单击"首字下沉"按钮，❸在展开的列表中单击"下沉"选项，如下图所示。

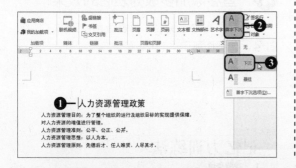

❷ 查看首字下沉效果

随后可看到段落第一行的第一个字体变大，并且向下沉到一定的距离，而段落的其他部分保持不变，如下图所示。

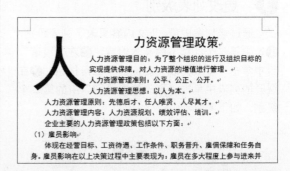

扩 展 操 作

除了可以在"首字下沉"下拉列表中设置首字下沉以外，还可以单击"首字下沉"下拉列表中的"悬挂"选项，使首字下沉并悬挂在段落之前。

2.4.2 竖排文本

系统默认的文本排列方式是水平的，通过改变文字的方向可以使文本采用垂直的方式排列，使文本的顺序由从左到右变成从上到下。

❶ 改变文字方向

打开原始文件，❶在"布局"选项卡下的"页面设置"组中单击"文字方向"下三角按钮，❷在展开的列表中单击"垂直"选项，如下图所示。

❷ 显示改变文字方向后的效果

随后即可看到文档中的文字方向发生了变化，由水平方向变成了垂直方向，如下图所示。

2.4.3 分栏排版

在 Word 文档编排中，常常把文档分成多栏来进行排版，这样的排版方式使得文档的内容更加简洁美观，让人耳目一新。在设置分栏排版的时候，用户不仅可以设置文档的栏数，还可以在每栏中间加入分割线，使每栏的显示效果更加明显。下面就以一个人力资源管理政策的实例来进行介绍。

❶ 分栏文档

打开原始文件，❶在"布局"选项卡下的"页面设置"组中单击"分栏"按钮，❷然后在展开的列表中单击"更多分栏"选项，如下图所示。

❸ 查看分栏效果

单击"确定"按钮，返回文档中，即可看到分栏效果，如右图所示。

❷ 选择栏数和分割线

弹出"分栏"对话框，❶在"预设"选项组中单击"三栏"图标，❷然后勾选"分隔线"复选框，如下图所示。

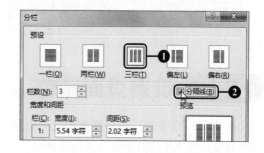

2.5 对文档页面进行美化

要想使文档整体看起来不会太单调，可以进行一些设置来美化文档的页面。一般来说，可以给文档添加水印效果，水印可以起到提示作用。还可以改变文档页面的颜色，或给文档页面添加一些富有艺术感的边框。

2.5.1 添加水印效果

水印的样式是多种多样的，既可以选用现有的样式，也可以在"水印"对话框中自定义样式，还可以从 Office 官网中导入更多的水印样式。

◎ 原始文件：下载资源\实例文件\第2章\原始文件\办公用品管理.docx
◎ 最终文件：下载资源\实例文件\第2章\最终文件\办公用品管理.docx

❶ 选择水印样式

打开原始文件，❶在"设计"选项卡下的"页面背景"组中单击"水印"下三角按钮，❷在展开的列表中选择"免责声明"选项组中的"样本 1"，如下图所示。

❷ 查看添加水印后的效果

随后即可看到文档的背景中添加了一个字样为"样本"的水印，如下图所示。

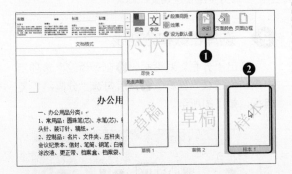

2.5.2 设置页面颜色

在 Word 2016 中，设置页面颜色可以用来突出文档中的文字，也可以用来为单调的文档增加可观看性。根据不同的需要为文档选择合适的颜色，能够让简单的黑白页面变得颜色丰富起来，更加符合设计的需要。

◎ 原始文件：下载资源\实例文件\第2章\原始文件\办公用品管理1.docx
◎ 最终文件：下载资源\实例文件\第2章\最终文件\办公用品管理1.docx

❶ 选择页面颜色

打开原始文件，❶在"设计"选项卡下的"页面背景"组中单击"页面颜色"下三角按钮，❷在展开的颜色库中选择需要的颜色，如下图所示。

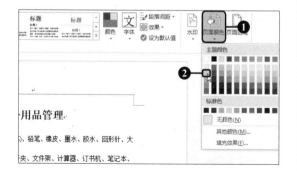

❷ 显示添加页面颜色后的文档效果

随后可见文档整个的背景颜色变为了添加的颜色，如下图所示。

办公用品管理

一、办公用品分类：
1、常用品：圆珠笔(芯)、水笔(芯)、铅笔、橡皮、墨水、胶水、回形针、大头针、装订针、稿纸。
2、控制品：名片、文件夹、压杆夹、文件架、计算器、订书机、笔记本、会议纪录本、信封、笔筒、钢笔、白板笔、水彩笔、固体胶、胶带、标签纸、涂改液、更正带、档案盒、档案袋、皮筋、刀片、图钉、票夹、印台(油)、量具、刀具、软盘、刻录盘。
3、特批品：印刷品，财务账本、凭证，苹果机彩色墨盒及打印纸，U盘等。
二、办公用品使用对象：各公司主管以上管理人员、职能和业务部门员工，具体由各公司核定。
三、申购和采购：办公用品常用品由人事行政部门根据消耗情况进行申购备领，控制品和特批品由使用部门(人)提出申购，控制品经各公司总经理批准，

❸ 设置颜色的其他填充效果

如果用户对已有的颜色不满意，❶可以单击"页面颜色"下三角按钮，❷在展开的列表中单击"填充效果"选项，如下图所示。

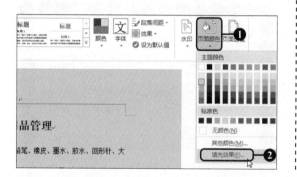

❹ 设置渐变颜色

弹出"填充效果"对话框，❶在"渐变"选项卡下单击"颜色"选项组中的"双色"单选按钮，❷然后设置"颜色2"为需要的颜色，如下图所示。

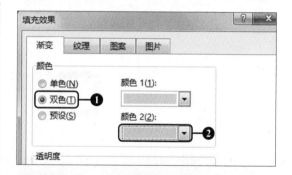

❺ 查看填充效果

单击"填充效果"对话框中的"确定"按钮，返回文档中，即可看到文档的页面颜色成为了双色，如右图所示。

办公用品管理

一、办公用品分类：
1、常用品：圆珠笔(芯)、水笔(芯)、铅笔、橡皮、墨水、胶水、回形针、大头针、装订针、稿纸。
2、控制品：名片、文件夹、压杆夹、文件架、计算器、订书机、笔记本、会议纪录本、信封、笔筒、钢笔、白板笔、水彩笔、固体胶、胶带、标签纸、涂改液、更正带、档案盒、档案袋、皮筋、刀片、图钉、票夹、印台(油)、量具、刀具、软盘、刻录盘。
3、特批品：印刷品，财务账本、凭证，苹果机彩色墨盒及打印纸，U盘等。
二、办公用品使用对象：各公司主管以上管理人员、职能和业务部门员工，具体由各公司核定。

2.5.3　添加页面边框

页面边框可以是一些不同的简单线条，在选择这些线条的基础上可以改变线条的颜色或粗细，也可以通过直接引用富有艺术的图案作为边框。

◎ 原始文件：下载资源\实例文件\第2章\原始文件\办公用品管理2.docx
◎ 最终文件：下载资源\实例文件\第2章\最终文件\办公用品管理2.docx

❶ 设置页面边框

打开原始文件,在"设计"选项卡下的"页面背景"组中单击"页面边框"按钮,如下图所示。

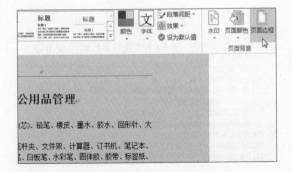

❸ 查看预览效果

可在"预览"选项组中看到选择的边框效果,如下图所示。

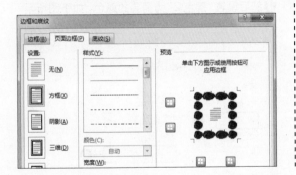

❷ 设置边框类型

弹出"边框和底纹"对话框,❶在"页面边框"选项卡下单击"艺术型"右侧的下三角按钮,❷在展开的列表中选择需要的边框样式,如下图所示。

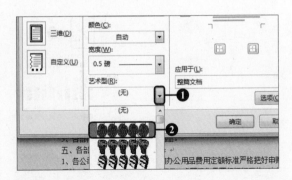

❹ 查看添加的效果

最后单击"确定"按钮,返回文档中,即可看到添加边框后的效果,如下图所示。

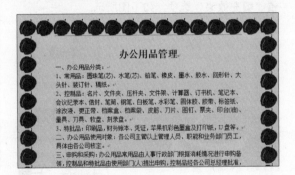

同步演练 制作办公室行为规范制度文档

通过本章的学习,相信用户已经对 Word 2016 的一些基本操作有了初步的认识,能够通过 Word 2016 来输入文本、编辑文本以及进行一些简单的排版操作了。为了加深用户对本章知识的理解,下面通过一个实例来融会贯通这些知识点。

◎ 原始文件:无
◎ 最终文件:下载资源\实例文件\第2章\最终文件\办公室行为规范制度.docx

❶ 输入规范内容

打开一个空白文档,在文档中输入办公室行为规范制度内容,如右图所示。

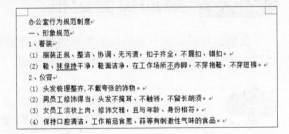

❷ 设置标题文本的字体格式

❶选择标题文本，❷在弹出的浮动工具栏中设置"字号"为"二号"，❸然后单击"加粗"按钮，如下图所示。

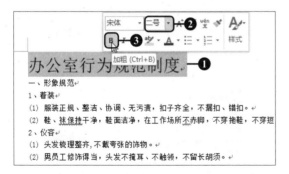

❸ 设置二级标题的字体格式

❶按住【Ctrl】键，选中文本中的全部二级文本标题，❷在弹出的浮动工具栏中设置"字号"为"四号"，❸单击"加粗"按钮，如下图所示。

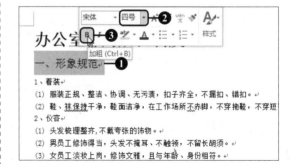

❹ 启动段落对话框

随后即可看到设置字体格式后的效果，然后选中标题文本，在"段落"组中单击对话框启动器，如下图所示。

❺ 设置标题对齐方式

弹出"段落"对话框，❶在"缩进和间距"选项卡下单击"常规"选项组中"对齐方式"右侧的下三角按钮，❷在展开的列表中单击"居中"选项，如下图所示。

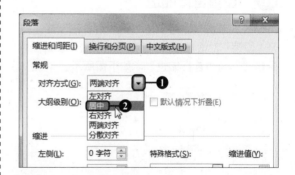

❻ 设置标题间距

在"间距"选项组中单击"段前"和"段后"右侧的数字调节按钮，将段前和段后的间距都设置为"1行"，如下图所示。

❼ 显示标题设置效果

单击"确定"按钮，返回文档中，即可看到标题设置后的文档效果，如下图所示。

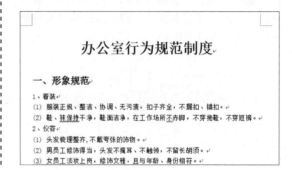

⑧ 设置行距

❶选中除标题以外的所有文本，❷在"段落"组中单击"行和段落间距"右侧的下三角按钮，❸在展开的列表中单击"1.5"倍行距，如下图所示。

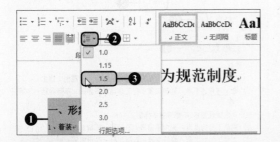

⑨ 显示设置行距效果

随后即可看到设置行距后的文档效果，如下图所示。

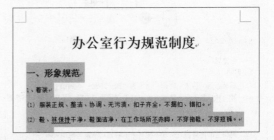

知识进阶 段前和段后空行的好处

在通常情况下，一级、二级或三级标题段前和段后都要有空行，这样就可以将标题与正文内容更好地区别开来，从而使标题的位置更为突出。至于要空多少行，用户可视具体情况而定，通常标题的级别越高，空行就越多，如一级标题可段前、段后空1行，二级标题可段前和段后空0.5行。

---

⑩ 设置首行缩进

再次单击"段落"组中的对话框启动器，打开"段落"对话框，在"缩进"选项组中设置"特殊格式"为"首行缩进"，如下图所示。

⑪ 查看首行缩进效果

单击"确定"按钮，返回文档中，即可看到文本内容设置首行缩进后的文档效果，如下图所示。

⑫ 选择水印样式

❶在"设计"选项卡下的"页面背景"组中单击"水印"下三角按钮，❷在展开的列表中单击"严禁复制1"样式，如下图所示。

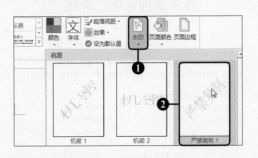

⑬ 显示设置水印效果

最后可看到文档中自动添加了"严禁复制"的水印，效果如下图所示。

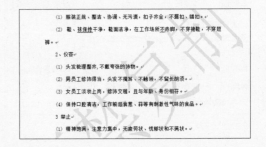

专家点拨 提高办公效率的诀窍

为了提高办公效率，用户一定希望知道在输入与编辑文档时，使用哪些技巧能够快速达到目标效果。下面就为用户介绍三种在输入与编辑文本时提高办公效率的诀窍。

诀窍① 为生僻字添加拼音

在日常工作中，文档中不可避免地会出现一些比较生僻的字，编辑文档的人为了使读者更加方便地浏览文档，可以选择在文档中使用拼音指南的方式，为这些生僻字添加拼音。不仅如此，在实际的编写中，遇到一些多音字需要提醒读者注意时，也可以使用拼音指南来为多音字添加拼音注释。

❶首先在文档中将光标置于要插入拼音的生僻字前，❷在"开始"选项卡中单击"字体"组的"拼音指南"按钮，如下左图所示。❸在弹出的"拼音指南"对话框中可以看到基准文字和对应的拼音文字，❹为拼音设置好合适的对齐方式、字体、偏移量和字号，❺最后单击对话框中的"确定"按钮，如下中图所示。❻返回文档中，可以看到在生僻字的上方插入了一个拼音，效果如下右图所示。

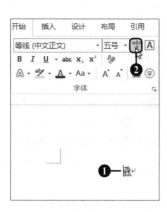  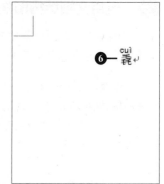

诀窍② 使用格式刷快速复制格式

格式刷是一个非常方便的编辑工具，使用它可以大大提高编辑工作的效率，因为它可以将文档中一个地方的格式"刷"到其他需要应用类似格式的地方去。特别是当文档中多处地方的格式相同时，就不用重复设置了，只需轻轻地单击一下格式刷，即可轻松地将其余地方的格式"刷"出同样的效果。

使用格式刷的具体方法为：❶首先选中设置好格式的文字，❷然后单击"开始"选项卡的"格式刷"按钮，如下左图所示。❸此时可以看到鼠标指针变成了一个扫帚的形状，接着选中需要设置为同样格式的文字，或在需要复制格式的段落内单击鼠标左键，如下中图所示。❹随后即可将选定格式应用到当前文字或段落中，如下右图所示。

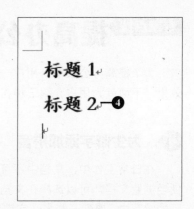

　　如果用户需要连续使用格式刷，则需要双击"格式刷"按钮，此时当刷完一段文本后，还可以继续刷第二段的文本，使多处文本都能快速地应用目标格式。如果用户需取消格式刷功能，再次单击"格式刷"按钮即可。

3 运用文档结构图快速定位文档内容

　　如果用户在设置段落格式的时候为各级标题都选择了大纲级别，就可以采用文档结构图来快速查看和定位各级标题当前的位置了。

　　如果要设置大纲级别，可在选中标题的情况下，打开"段落"对话框，❶从"大纲级别"下拉列表中选择标题的级别，如下左图所示，一般一级标题为 1 级，二级标题为 2 级……❷在"视图"选项卡下勾选"显示"组中的"导航窗格"复选框，❸此时将出现"导航"窗格，在该窗格中即可查看到整篇文档的各级标题，如下右图所示，单击不同的标题即可快速定位到对应的内容。

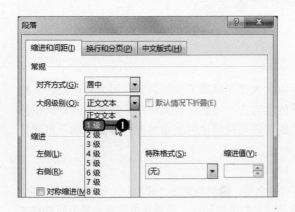
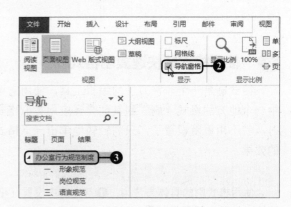

3

使用表格与图表
直观展示信息

在了解了 Word 2016 中对文档的编辑和设置之后，本章开始对 Word 2016 中表格的使用和设置进行学习，要达到使用表格和图表来直观展示文档信息的目的，首先就需要从插入表格和编辑表格的基本操作开始。此操作包括插入表格、拆分表格、添加单元格、合并单元格等内容，在 Word 中，用户还可以对表格中的数据进行简单处理，若要使数据的表现更为形象化，还可以插入图表，此时会启用 Excel 编辑图表的功能。总之，利用表格和图表同时来展示文档中的数据信息，能在形象化数据的同时，在一定程度上避免 Word 文字表达的枯燥。

3.1 在文档中插入与编辑表格
3.2 表格中的数据处理
3.3 美化表格
3.4 在文档中创建图表
3.5 编辑图表

3.1 在文档中插入与编辑表格

在文档中插入表格的方法一般包括自动插入表格和手动绘制表格。不管采用哪种方法，都可以根据需要选择或绘制表格中单元格的个数，通过手动绘制还可以直接绘制出任何需要的单元格大小。

3.1.1 插入表格

自动插入表格包括两种方式，一是在表格模板中直接选择表格的行数和列数进行插入，二是利用在"插入"对话框中设置表格的行数和列数以及选择列宽调整的方式来插入需要的表格。

◎ 原始文件：无
◎ 最终文件：下载资源\实例文件\第3章\最终文件\插入表格.docx

1 利用表格模板快速创建表格

利用表格模板可以快速创建表格，但是用表格模板创建的表格行和列是有限制的，其最大值为10 行 8 列。

❶ 利用"插入表格"库插入表格

打开一个空白的文档，❶在"插入"选项卡下单击"表格"组中的"表格"按钮，❷在展开的下拉列表中的"插入表格"库中选择表格的单元格个数为"4×4"，如下图所示。

❷ 显示插入表格的效果

完成操作之后，即可在文档中看到插入了一个行数和列数均为 4 的表格，如下图所示。

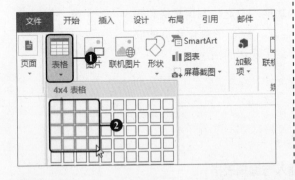

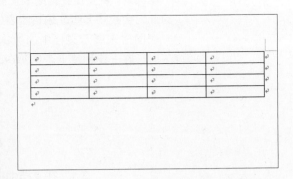

2 利用"插入表格"对话框创建表格

在快速表格模板中只提供了最大值为 10 行 8 列的表格样式，在有更高的表格行列要求的情况下，就需要使用"插入表格"对话框来完成表格的创建了。在"插入表格"对话框中可以设置表格的任意行数和列数，使表格的行数和列数不受限制，还可以在表格生成之前就对表格的列宽做出适当的调整，减少后续的工作量。

❶ 利用"插入表格"选项插入表格

继续上面的文档，❶在"插入"选项卡下单击"表格"组中的"表格"按钮，❷在展开的下拉列表中单击"插入表格"选项，如下图所示。

❷ 设置表格的列、行数

弹出"插入表格"对话框，❶在"表格尺寸"选项组中设置表格的列数为"12"、行数为"9"，❷在"'自动调整'操作"选项组中，设置表格的"固定列宽"为"0.7厘米"，❸单击"确定"按钮，如下图所示。

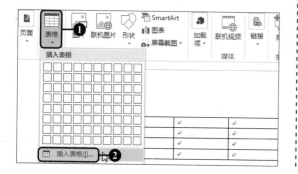

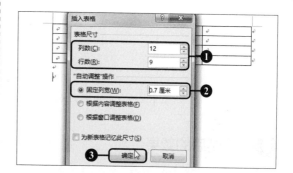

❸ 插入表格的效果

返回文档中，即可看见文档中插入了一个列数为"12"、行数为"9"、固定列宽为0.7厘米的表格，效果如右图所示。

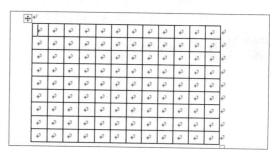

3 手动绘制表格

手动绘制表格的功能可以使用户在插入表格的时候更随心所欲，可以绘制多种不同大小的表格，以及可以在表格中直接绘制对角线。

❶ 单击"绘制表格"选项

新建一个空白的 Word 文档，❶在"插入"选项卡下的"表格"组中单击"表格"按钮，❷在展开的下拉列表中单击"绘制表格"选项，如下图所示。

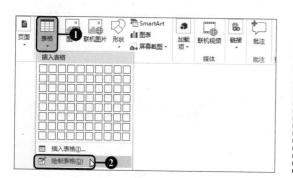

❷ 绘制表格

此时鼠标指针呈铅笔形状，将鼠标指针指向需要插入表格的位置，拖动鼠标使表格的外框线达到合适的大小，如下图所示。

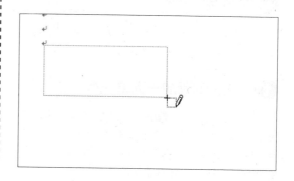

❸ 绘制表格的效果

释放鼠标后，即插入了一个单元格，重复此方法完成整个表格的绘制，如下图所示。

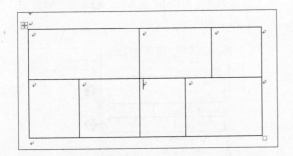

❹ 绘制表格的对角线

将铅笔状的鼠标指针放置在表格的左上角处，然后向表格的对角拖动鼠标，此时跟随指针出现一个预览的效果图，如下图所示。

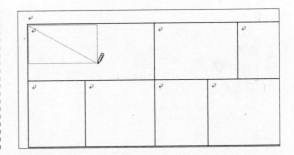

❺ 绘制后的效果

将鼠标移动到目标位置，释放鼠标之后，即可在表格的单元格中绘制对角线，如右图所示。

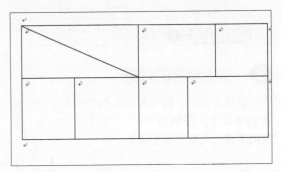

> **知识进阶** 利用绘制横竖线增加单元格
>
> 手动绘制表格时，可以直接拖动鼠标绘制一个完整的单元格，也可以在一个完整的单元格内直接绘制横线或竖线，将一个单元格变成多个单元格。

3.1.2 编辑表格

插入的表格往往不能完全达到想要的效果，此时可以通过编辑表格的方式对整个表格进行微调。调整单元格一般包括对单元格的添加、把多个单元格合并成一个单元格、把一个单元格拆分成多个单元格这几种设置。

◎ 原始文件：下载资源\实例文件\第3章\原始文件\人员增补申请表.docx
◎ 最终文件：下载资源\实例文件\第3章\最终文件\人员增补申请表.docx

1 添加单元格

在插入的表格中编辑文本时，如果发现表格行数或列数达不到需要的数量，可以利用在表格中插入单元格的功能来调整表格中单元格的行数或列数。

❶ 在右侧添加一列单元格

打开原始文件，❶将光标定位在需要添加单元格位置左边的单元格内，❷切换到"表格工具 - 布局"选项卡，❸在"行和列"组中单击"在右侧插入"按钮，如右图所示。

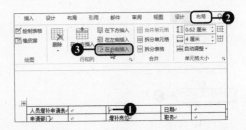

② 在右侧添加单元格效果

完成操作后即可看到，在选中单元格的右侧插入了一列新的单元格，如下图所示。

人员增补申请表				日期
申请部门		增补岗位		职务
类别		增补人数		待遇
申请增补原因				

④ 在下方添加单元格的效果

完成操作后即可看到，在选中单元格的下方插入了一行新的单元格，在单元格中编辑需要的文本内容即可，如右图所示。

> **知识进阶** **定位光标**
>
> 在插入单元格时，因为是插入一列单元格，所以光标定位在需要添加单元格位置左边的单元格列区域中的任意单元格都能达到此效果。

③ 在下方添加一行单元格

❶将光标定位在需要添加单元格位置上边的任意单元格内，❷在"行和列"组中单击"在下方插入"按钮，如下图所示。

人员增补申请表				日期
申请部门		增补岗位		职务
类别		增补人数		待遇
申请增补原因				

人员增补申请表				日期
申请部门		增补岗位		职务
类别		增补人数		待遇
申请增补原因				
人事经理		总经理		

2 合并单元格

合并单元格就是把一个由多个单元格组成的单元格区域合并成为一个单元格，一般用于文档的标题，或者在一个单元格内包含的文本内容过多需要占据几个单元格的占位符时。

① 合并单元格

继续上面打开的文档，❶选择第一列中的前四个单元格区域，❷在"表格工具 - 布局"选项卡下的"合并"组中单击"合并单元格"按钮，如下图所示。

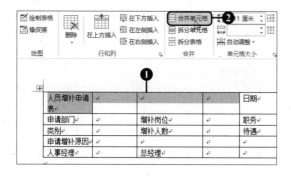

② 合并后的效果

完成操作之后可以看到，选择的多个单元格区域已经合并成了一个独立的单元格，如下图所示。

人员增补申请表				日期
申请部门		增补岗位		职务
类别		增补人数		待遇
申请增补原因				
人事经理		总经理		

3 拆分单元格和表格

拆分单元格可以使某个单元格变成多个单元格，以此实现对单个单元格的添加，而不需要添加整行或整列单元格。拆分表格则可以使原有的表格变成两个新的表格。

❶ 单击"拆分单元格"按钮

继续上面打开的文档，❶将光标定位在需要拆分的单元格内，❷在"表格工具 - 布局"选项卡下的"合并"组中单击"拆分单元格"按钮，如下图所示。

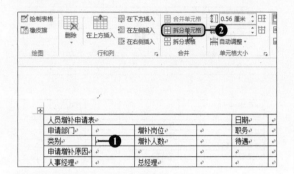

❷ 设置拆分后的单元格列数和行数

弹出"拆分单元格"对话框，❶设置拆分后的单元格列数为"1"、行数为"3"，❷最后单击"确定"按钮，如下图所示。

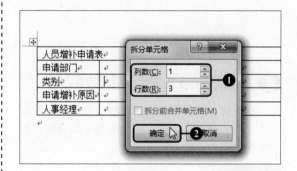

❸ 拆分单元格后的效果

返回文档中即可看到，选中的单元格被拆分成了三个大小一样的单元格，列数不变，行数变成了3行，如下图所示。

人员增补申请表			
申请部门		增补岗位	
类别		增补人数	
申请增补原因			
人事经理		总经理	

❹ 拆分表格

❶将光标定位在需要拆分表格位置的下方单元格内，❷在"表格工具 - 布局"选项卡的"合并"组中单击"拆分表格"按钮，如下图所示。

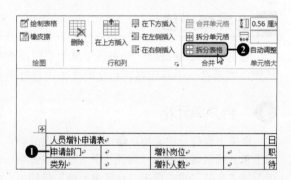

❺ 拆分表格后的效果

完成操作后即可看到，原表格被拆分成了两个新的表格，光标定位的单元格行自动下移，成为了新表格的首行，如右图所示。

人员增补申请表				日期
申请部门		增补岗位		职务
类别		增补人数		待遇
申请增补原因				
人事经理		总经理		

4 设置文本的对齐方式与方向

默认输入表格中的文字都按照两段对齐的方式进行排列。为了使整个表格内的文字布局看起来更美观，在设计表格内容的时候，用户可以重新设置表格内文字的对齐方式，包括文字在单元格内的对齐方式和方向。

❶ 单击"靠上居中对齐"按钮

继续上面的文档，❶将光标定位在第一列的第一个单元格中，❷切换到"表格工具 - 布局"选项卡，❸之后在"对齐方式"组中单击"靠上居中对齐"按钮，如下图所示。

❷ 单击"文字方向"按钮

此时单元格内的文本内容以靠上居中对齐的形式显示，❶选中含有"类别"文本内容的单元格，❷在"对齐方式"组中单击"文字方向"按钮，如下图所示。

❸ 设置文字方向效果

完成操作之后可以看到，该单元格内的文字方向由横向变为了竖向，如右图所示。

3.2 表格中的数据处理

在一份文档的编辑过程中，当表格中的数据编辑完毕之后，可以根据需要对表格中的数据进行处理。不过由于平台的局限性，在 Word 文档中，只能对数据进行一些简单的处理，包括对表格中的数据内容进行排序、在表格中应用公式计算数据。

◎ 原始文件：下载资源\实例文件\第3章\原始文件\差旅费报销单.docx
◎ 最终文件：下载资源\实例文件\第3章\最终文件\差旅费报销单.docx

3.2.1 对表格内容进行排序

在 Word 表格中，用户可以利用排序的功能让表格中的数据按照一定的次序排列，包括升序和降序两种排列方式。对表格内容进行了排序之后，可以使表格中的整个数据内容看起来更有规律，也方便了数据之间的比较和区分。

① 单击"排序"按钮

打开原始文件，❶选择需要排序的单元格区域，❷在"表格工具 - 布局"选项卡的"数据"组中单击"排序"按钮，如下图所示。

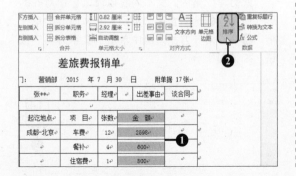

② 设置排序相关条件

弹出"排序"对话框，❶设置"主要关键字"为"金额"，❷设置"类型"为"数字"，❸单击"降序"单选按钮，如下图所示。

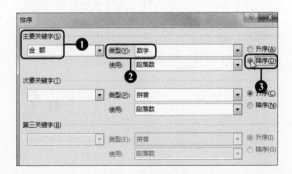

③ 排序后的效果

单击"确定"按钮，返回文档中，即可看见差旅费报销明细中按照报销项目金额的大小由大到小排列，如右图所示。

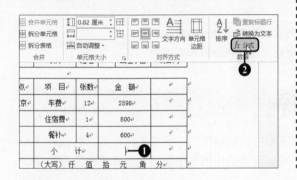

3.2.2 在表格中运用公式

公式使计算变得简单快捷，在文档的表格中运用公式来计算，可以使用英文 ABOVE 和 LEFT 来区别是对单元格上面的整列数据还是对单元格左边的整行数据进行计算。

① 单击"公式"按钮

继续上一小节中的文档，❶选中需要显示计算结果的单元格，❷在"表格工具 - 布局"选项卡的"数据"组中单击"公式"按钮，如下图所示。

② 选择使用公式

弹出"公式"对话框，❶在"公式"文本框中自动显示求单列单元格区域数据之和的计算公式，❷设置"编号格式"为"#,##0.00"，❸单击"确定"按钮，如下图所示。

❸ 求和后的效果

完成操作之后，此时所有项目的金额总数被计算出来了，且以千位分隔样式的格式显示，如右图所示。

起日	止日	起讫地点	项目	张数	金额
5-5	5-9	成都-北京	车费	12	2598
			住宿费	1	800
			餐补	4	600
			小计		3,998.00
合计			（大写）仟值拾元角分 ¥:		
批准		财务核准		财务审核	

扩 展 操 作

除了利用在"公式"文本框中自动生成的求和公式进行计算外，用户还可以在"公式"对话框中的"粘贴函数"下拉列表中选择和相关计算符合的函数，再编辑公式进行计算，例如选择求平均数的函数 AVERAGE，然后在"公式"文本框中编辑求整列数据的平均数公式"=AVERAGE(ABOVE)"。

3.3 美化表格

在编辑完表格后，美化表格也是一个很重要的步骤。在 Word 系统中拥有很多现有的表格样式，可以选择这些样式让表格自动套用格式，也可以通过自定义创建新样式（自定义表格边框或底纹）来设置表格的格式。

◎ 原始文件：下载资源\实例文件\第3章\原始文件\现金申领单.docx
◎ 最终文件：下载资源\实例文件\第3章\最终文件\现金申领单.docx

3.3.1 套用预设的表格格式

如果对表格样式的要求不高，那么利用现有的样式自动套用表格格式是美化表格过程中最简单最快捷的操作，并且系统自带的表格样式也非常美观，无论是表格的配色还是格式设计，都是经过了精心设计的。

❶ 选择样式

打开原始文件，选中表格，单击"表格工具-设计"选项卡下"表格样式"组中的快翻按钮，在展开的样式库中选择合适的样式，如下图所示。

❷ 显示效果

完成操作之后，此时在文档中选中的表格就自动套用了表格格式，如下图所示。

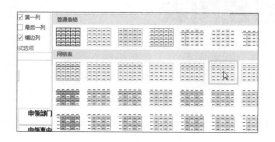

3.3.2 自定义表格样式

通过手动设置表格的边框和底纹可以满足更多不同的需要。在设置表格边框的时候，可以选择
的边框种类也非常多，包括所有边框、外侧边框、内部边框等，而可以选择的底纹颜色也是丰富多
彩的。

❶ 设置底纹

继续上小节中打开的文档，❶选择表格的首
行单元格，❷在"表格工具 - 设计"选项卡下单
击"表格样式"组中的"底纹"按钮，❸在展开
的下拉列表中选择合适的底纹颜色，如下图所示。

❷ 设置边框

❶此时表格的首行单元格区域被选择的底纹
填充，❷单击"表格样式"组中的"边框"按钮，
❸在展开的下拉列表中单击"所有框线"选项，
如下图所示。

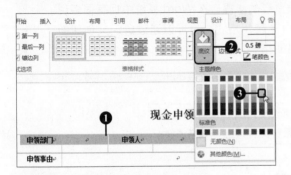

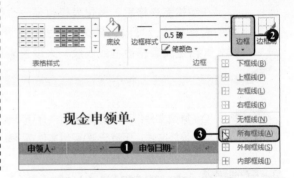

❸ 设置底纹和边框的效果

此时可以看到，在表格的首行单元格区域，
即标题栏处添加了选择的底纹和边框，使标题栏
和正文的内容在格式上区分开来，如右图所示。

		现金申领单			
申领部门		申领人		申领日期	
申领事由					
申领金额	（大写）		¥		
说明事项					
财务主管			财务经理		

3.4 在文档中创建图表

图表的类型包括很多种，例如条形图、饼图、折线图等，在文档中插入图表可
以更直观地用于演示和比较数据，例如在饼图图表中可以很清晰地看出每种数据所
占的比例大小，在折线图图表中可以更明晰地看出数据一段时间内的走势。

3.4.1 插入图表

各种图表类型会显示不同的统计效果，每种效果的显示都会使比较数据的目的不同，例如比较数据的百分比、数据的发展趋势等。用户应该根据设计图表最终的目标来选择不同的图表类型，只有这样，在文档中插入的图表才能为数据表达提供理想的结果。

❶ 单击"图表"按钮

打开原始文件，将光标定位在要插入图表的位置处，在"插入"选项卡下单击"插图"组中的"图表"按钮，如下图所示。

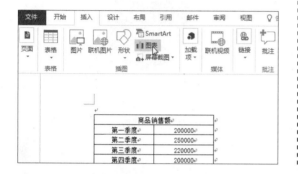

❷ 选择饼图

弹出"插入图表"对话框，❶单击"饼图"选项，❷在右侧的"饼图"组中单击"饼图"图标，如下图所示。

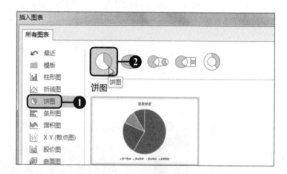

❸ 插入图表效果

单击"确定"按钮，返回文档中，根据文档中的表格数据，在文档中显示插入了一个三维饼图，效果如右图所示。

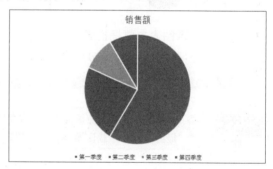

3.4.2 利用表格创建图表

插入图表中的各种数据都是系统默认的，用户需要在表格中重新编辑和文档内容相符的数据，才能使图表发挥它自身的功能。

❶ 显示插入的工作簿

继续上一小节中的文档，在某些情况下，插入图表的同时，文档中会自动插入一个 Excel 工作簿，如右图所示。

	A	B	C	D	E	F
1		销售额				
2	第一季度	8.2				
3	第二季度	3.2				
4	第三季度	1.4				
5	第四季度	1.2				
6						

❷ 单击"编辑数据"按钮

如果由于某些原因未显示该工作簿，则可在选中图表后，在"图表工具 - 设计"选项卡下单击"编辑数据"按钮，如下图所示。

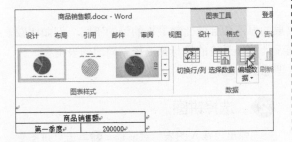

❸ 编辑工作表中的数据

在工作表中，修改标题为"商品销售额"，更改商品每个季度的销售数据，如下图所示。

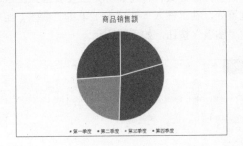

❹ 显示插入的图表效果

此时可以看到根据数据的大小匹配了每季度销售额所占图表的面积大小，如右图所示。

3.5 编辑图表

编辑图表主要是指更改图表的类型、设置图表的布局和样式、调整图表的位置与大小，通过这些设置可以使图表的外观达到美化的效果。

◎ 原始文件：下载资源\实例文件\第3章\原始文件\销售总结.docx
◎ 最终文件：下载资源\实例文件\第3章\最终文件\销售总结.docx

3.5.1 更改图表类型

在 Word 2016 中图表的类型总共包含有 10 种，在日常工作中常用到的有柱形图、饼图、折线图、条形图、面积图。用户可以根据需要更改图表的类型。

❶ 单击"更改图表类型"按钮

打开原始文件，❶选中需要更改类型的图表，❷在"图表工具 - 设计"选项卡下单击"类型"组中的"更改图表类型"按钮，如右图所示。

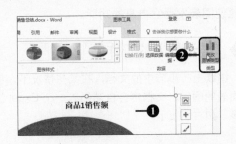

② 选择图表

弹出"更改图表类型"对话框，❶单击"折线图"选项，❷在右侧的"折线图"组中单击"带数据标记的折线图"图标，如下图所示。

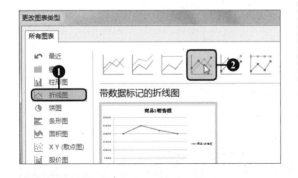

③ 更改图表后的效果

单击"确定"按钮后，返回文档中，可看到图表由饼图类型转变成了折线图类型，此图可以更直观地表现商品销售总金额全年的增减变动趋势，如下图所示。

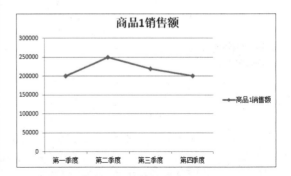

3.5.2 设置图表选项

设置图表选项主要包括设置图表的布局和样式，图表布局的改变可以使图表中标注的数据位置发生变化，或让某些图表元素显示或不显示等。而改变图表的样式，即在改变图表的颜色基础上，对图表的形状上也会有所微调。

① 选择图表布局格式

继续上一小节中的文档，❶选中图表，❷在"图表工具 - 设计"选项卡下单击"图表布局"组中的"快速布局"下三角按钮，❸在展开的下拉列表中单击"布局 5"选项，如下图所示。

② 改变布局后的效果

完成操作之后可以看到，图表中数据的布局发生了改变，变成了布局 5 中的图表格式，效果如下图所示。

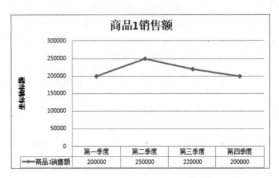

③ 选择图表样式

单击"图表样式"组中的快翻按钮，在展开的库中选择合适的图表样式，如右图所示。

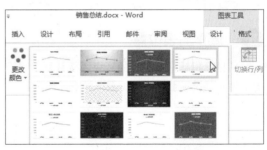

❹ 改变样式后的效果

　　完成操作之后可以看到图表中的折线样式发生了变化，效果如右图所示。

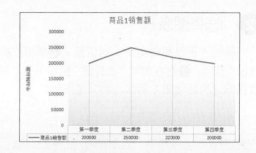

3.5.3　调整图表位置与大小

　　调整图表的位置可以使图表从嵌入文本行转变为文字环绕。一种是使图表单独成为一行文字一样的显示方式，另一种是使文字可以环绕在图表的四周，使图表不会单独摆放。而改变图表的大小是为了让图表符合整个文档的布局。

❶ 设置文字环绕

　　继续上一小节中的文档，选中图表，❶在"图表工具·格式"选项卡下单击"排列"组中"位置"按钮，❷在下拉列表中单击"文字环绕"选项组中的"中间居右，四周型文字环绕"图标，如下图所示。

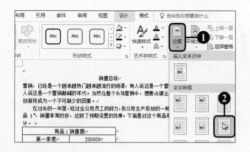

❸ 调整图表位置

　　将鼠标指针指向图表的边缘，待其呈十字箭头形时拖动鼠标至合适的位置，如右图所示。

❷ 调整图表大小

　　将鼠标指针指向图表左下角的控制手柄上，此时鼠标指针呈双箭头形状，拖动鼠标改变图表的大小，如下图所示。

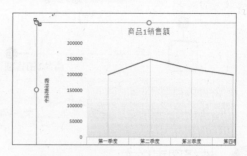

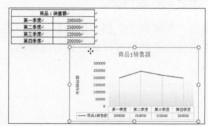

④ 显示图表最终效果

最后将图表拖动至合适的位置，即可看到整体的文档效果，如右图所示。

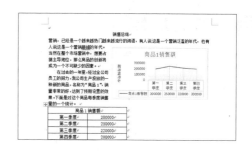

 同步演练 创建一份"应聘登记表"

通过本章的学习，相信用户已经对 Word 2016 如何插入表格、对插入的表格进行编辑以及美化表格等操作有了一定的了解。为了加深用户对本章知识的理解，下面通过一个实例来融会贯通这些知识点。

◎ 原始文件：无

◎ 最终文件：下载资源\实例文件\第3章\最终文件\应聘登记表.docx

❶ 插入表格

新建一个 Word 文档，❶在"插入"选项卡的"表格"组中单击"表格"按钮，❷在展开的下拉列表中单击"插入表格"选项，如下图所示。

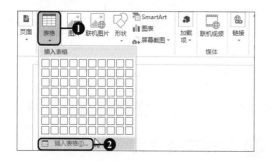

❷ 设置表格尺寸

弹出"插入表格"对话框，❶在"表格尺寸"选项组下设置表格的列数为"7"、行数为"10"，❷之后单击"确定"按钮，如下图所示。

❸ 输入表格内容

返回文档中，即可看到插入的表格效果，然后在表格中输入需要的文本内容，如下图所示。

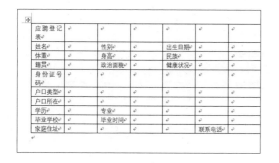

❹ 合并单元格

❶选择首行单元格区域，❷切换至"表格工具 - 布局"选项卡，❸单击"合并"组中的"合并单元格"按钮，如下图所示。

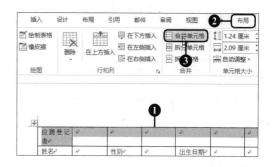

❺ 显示合并效果

随后即可看到首行单元格的合并效果，重复此方法，根据需要合并表格中其他单元格区域，如下图所示。

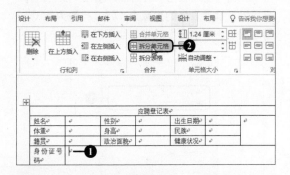

❼ 拆分单元格

完成操作之后，文档的标题就以水平居中的方式显示了，❶将光标定位在需要输入身份证号码的单元格中，❷单击"合并"组中的"拆分单元格"按钮，如下图所示。

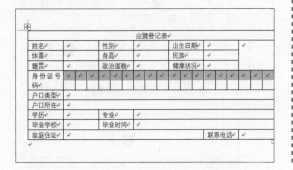

❾ 拆分单元格效果

返回文档中可以看到，单元格被拆分为1行18列的单元格区域，方便输入18位身份证号码，效果如下图所示。

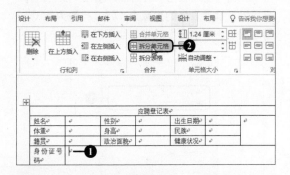

❻ 设置文字居中

❶选中文档标题，❷单击"对齐方式"组中的"水平居中"按钮，如下图所示。

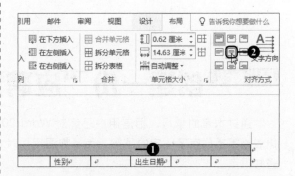

❽ 设置拆分单元格的列、行数

弹出"拆分单元格"对话框，❶设置拆分后的单元格列数为"18"、行数为"1"，❷单击"确定"按钮，如下图所示。

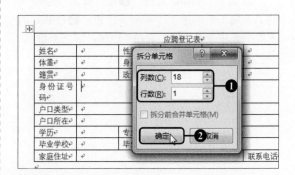

❿ 套用表格样式

切换到"表格工具 - 设计"选项卡，单击"表格样式"组中的快翻按钮，在展开的样式库中选择表格样式，如下图所示。

⓫ 整体效果

完成操作之后，表格套用了现有的表格样式，整个应聘登记表就基本创建完成了，整体效果如右图所示。

专家点拨 提高办公效率的诀窍

为了在使用表格时，找到更方便快捷的方法来实现某些操作或者解决一些比较常见的困扰，下面为用户介绍两种在表格的编辑中可以用到的诀窍。

诀窍 ❶ 快速插入默认表格

一般来说，新插入的表格都是最原始的空白表格，需要对表格的样式重新进行设置。想要快速地插入含有固定模板样式的默认表格，可采用以下方法。此方法在很大程度上节省了工作量。

具体方法为：切换到"插入"选项卡，❶单击"表格"组中的"表格"按钮，❷在展开的下拉列表中单击"快速表格"选项，❸在展开的下级列表中单击需要插入的默认表格模板，如下左图所示，❹即可在文档中快速插入一个默认的表格，如下右图所示。

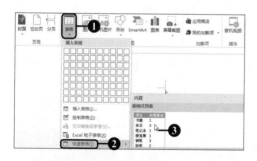

诀窍 ❷ 快速平均栏宽与行高

在拥有多行多列的表格中，编辑表格时或许会导致这些单元格的栏宽与行高变得不一致，使整个表格看起来不够整洁美观，此时可以使用 Word 提供的一些功能来快速平均分配栏宽与行高。

具体方法为：❶选中表格中的任意单元格，❷切换至"表格工具-布局"选项卡，❸单击"单元格大小"组中的"分布行"按钮，表格中的所有单元格行高将平均分配成一样的高度，如下左图所示，再单击"单元格大小"组中的"分布列"按钮，表格中的所有单元格栏宽将平均分配成一样的宽度，❹最后效果如下右图所示。

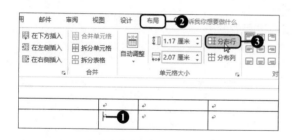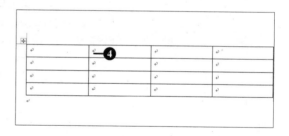

4

插图与文档的完美结合

在了解了 Word 2016 中使用表格与图表的操作后，本章开始对 Word 2016 中插入各种图片、图形及设置进行学习。通过这些学习，最后希望达到的效果是让图片与文档完美地结合在一起。本章首先介绍如何在文档中插入来自于文件和剪贴画中的图片，以及对这些插入的图片进行必要的调整，之后介绍在文档中插入形状的方法，利用形状的功能实现图解文档内容的效果，最后介绍在文档中利用 SmartArt 图形创建专业图形的操作。

4.1 为文档插入图片丰富文档内容
4.2 调整图片以适应文档风格
4.3 利用形状图解文档内容
4.4 使用艺术字美化文档
4.5 使用SmartArt创建专业图形

4.1 为文档插入图片丰富文档内容

在文档中插入图片可以让文档的内容变得更丰富，插入的图片既可以是来自文件中的图片，即早已在计算机中存放好的图片，也可以利用 Word 2016 的截图功能直接截取屏幕中的窗口内容。

4.1.1 插入图片对文档内容加以说明

在文档中插入和文档内容相符的图片，可以使读者在查看这些图片的时候就联想起相关的内容，即实现了利用图片对内容加以说明的功能。

◎ 原始文件：下载资源\实例文件\第4章\原始文件\说说祝酒词.docx
◎ 最终文件：下载资源\实例文件\第4章\最终文件\说说祝酒词.docx

❶ 插入图片

打开原始文件，❶将光标定位在需要插入图片的位置上，❷切换到"插入"选项卡，❸单击"插图"组中的"图片"按钮，如下图所示。

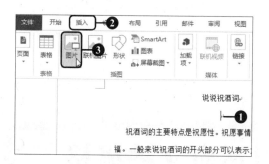

❷ 选择图片

弹出"插入图片"对话框，❶进入图片保存的位置，❷选中要插入的图片，❸单击"插入"按钮，如下图所示。

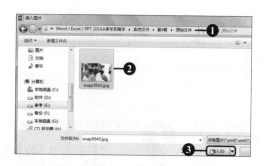

❸ 插入图片的效果

完成操作之后，返回文档中，即可看到在光标定位的位置上插入了所选的图片，效果如右图所示。

4.1.2 截取计算机屏幕

利用文档中自带的截图功能，可以对已打开的多个窗口进行截取，使其粘贴在文档中，截取计算机屏幕既可以是直接截取整个窗口，也可以在窗口中选择某个区域截图。

❶ 屏幕截图

打开原始文件，在浏览器中搜索要截图的图片，然后将光标定位在插入图片的位置上，❶切换到"插入"选项卡，❷单击"插图"组中的"屏幕截图"按钮，❸在展开的下拉列表中单击"屏幕剪辑"选项，如下图所示。

❷ 截图状态下的显示效果

计算机屏幕自动切换到打开的当前窗口下，进入截图显示效果，此时鼠标指针呈十字形，在截图的开始位置上单击鼠标并拖动鼠标到合适位置，如下图所示。

❸ 显示截图的效果

单击鼠标确认后，返回文档中，即可看到文档中插入了所截取的图片，如右图所示。

扩展操作

除了可以使用"屏幕剪辑"功能截取屏幕图片外，还可以直接在"屏幕截图"下拉列表中的"可用的视窗"选项组下单击已打开的窗口，截取整个窗口作为图片。

4.2 调整图片以适应文档风格

对插入文档中的图片可以做一些适当的调整，调整图片的操作包括对图片进行裁剪、旋转图片的角度、删除图片的背景、设置图片的样式等。通过对图片的调整，可以使图片更加适应文档的风格。

4.2.1 将图片进行裁剪

在网页上或计算机中提取的图片往往不符合用户的需要，而插入的图片形状也不一定都很美观，这时可以利用图片的裁剪功能将不需要的内容删除，同时还可以把图片裁剪成想要的任意形状。

❶ 选择裁剪功能

打开原始文件，❶选中图片，❷在"图片工具 - 格式"选项卡下单击"大小"组中的"裁剪"按钮，❸在展开的下拉列表中单击"裁剪"选项，如下图所示。

❸ 裁剪图片的形状

❶选中图片，❷在"图片工具 - 格式"选项卡下单击"大小"组中的"裁剪"下三角按钮，❸在展开的下拉列表中选择"裁剪为形状 > 基本形状 > 棱台"图标，如下图所示。

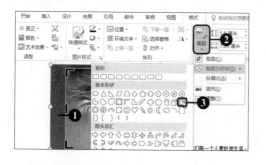

❷ 对图片进行裁剪

将鼠标指针指向图片的边缘，拖动鼠标，即可对图片进行裁剪，剪去图片中不需要的部分，如下图所示。

❹ 裁剪图片的效果

完成操作之后可以看到，图片中多余的部分被剪切掉了，并且图片的形状被剪切为了棱台形状，如下图所示。

4.2.2 旋转图片角度

在文档中插入了图片后，用户可以根据需要对图片的角度进行旋转，图片的旋转包括多种旋转方式，也可以选择默认的旋转角度，例如 90°和 180°。根据实际情况对图片进行旋转后，可以使图片与文档中的内容布局更匹配。

❶ 水平翻转图片

打开原始文件，❶选中图片，❷在"图片工具 - 格式"选项卡下单击"排列"组中的"旋转"按钮，❸在展开的下拉列表中单击"水平翻转"选项，如下图所示。

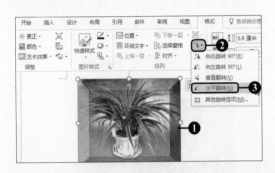

❷ 旋转效果

可以看到图片中植物的朝向改变了，从右方改变成了左方，图片实现了水平翻转，如下图所示。

扩展操作

除了直接在"旋转"下拉列表中选择旋转的方式外，还可以在"旋转"下拉列表中单击"其他旋转选项"选项，在弹出的"布局"对话框中自定义图片旋转的角度，通过调节旋转角度，可以控制图片向左、向右旋转或者是垂直、水平旋转。

4.2.3　删除图片背景

普通的单张图片一般由一个主要的图像和一些背景元素组成，在实际的操作中，有时候只想保留图片中主要的图像，或者只保留一定区域内的背景以达到设计的要求。此时可以利用对图片背景的删除功能，把图片中多余部分的图片背景进行删除。删除图片背景与裁剪图片的区别在于，删除图片背景的操作对图片的细节定位更加精准。

◎ 原始文件：下载资源\实例文件\第4章\原始文件\健康养殖室内植物2.docx
◎ 最终文件：下载资源\实例文件\第4章\最终文件\健康养殖室内植物2.docx

❶ 删除背景

打开原始文件，❶选中图片，❷在"图片工具 - 格式"选项卡下单击"调整"组中的"删除背景"按钮，如下图所示。

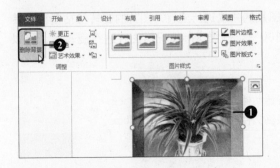

❷ 标记保留区域

此时系统自动切换到"背景消除"选项卡，单击"优化"组中的"标记要保留的区域"按钮，如下图所示。

❸ 绘制要保留的区域

此时鼠标指针呈铅笔形，利用绘图方式标记出需要保留的背景区域，如下图所示。

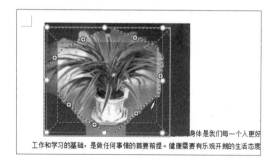

❹ 保留更改

绘制完毕后，单击"关闭"组中的"保留更改"按钮，如下图所示。

❺ 删除背景后的效果

完成操作后，绘制的区域中的图片背景保留了下来，图片的其他背景被删除了，如右图所示。

> **扩展操作**
>
> 在"背景消除"选项卡下，除了可以单击"标记要保留的区域"按钮来标记需要保留的区域外，还可以单击"标记要删除的区域"按钮对需要删除的区域进行标记。

4.2.4 调整图片的艺术效果

对图片进行艺术效果的添加可以使图片更像草图或者是油画。艺术效果的类型当然也是多种多样的，选择任意一种类型来调整图片的艺术效果，都能让图片在视觉感观上发生很大的变化。

◎ 原始文件：下载资源\实例文件\第4章\原始文件\健康养殖室内植物3.docx
◎ 最终文件：下载资源\实例文件\第4章\最终文件\健康养殖室内植物3.docx

❶ 选择艺术效果

打开原始文件，❶选中图片，❷在"图片工具 - 格式"选项卡下单击"调整"组中的"艺术效果"按钮，❸在展开的下拉列表中单击"画图刷"效果，如下图所示。

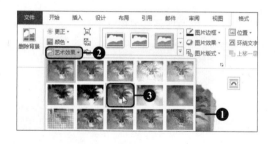

❷ 图片调整后的效果

完成操作之后，此时图片以画图刷的艺术效果显示，如下图所示。

4.2.5 调整图片色调与光线

更改图片的色调可以改变图片的视觉效果，提高图片与内容的匹配度。更改图片的光线可以达
到改变图片的亮度、提高或降低图片和文档背景的对比度大小，使图片与整个文档需要展现的效果
更相符。

◎ 原始文件：下载资源\实例文件\第4章\原始文件\健康养殖室内植物4.docx
◎ 最终文件：下载资源\实例文件\第4章\最终文件\健康养殖室内植物4.docx

❶ 调整图片的色调

打开原始文件，❶选中图片，❷在"图片工
具 - 格式"选项卡下单击"调整"组中的"颜色"
下三角按钮，❸在展开的下拉列表中单击"颜色
饱和度"组中的"饱和度200%"选项，如下图
所示。

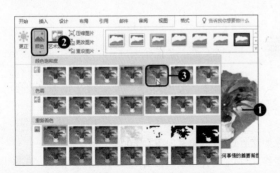

❷ 调整色调后的效果

完成操作之后，返回文档中即可看到改变的
图片色温效果，如下图所示。

❸ 改变图片的光线

❶单击"调整"组中的"更正"按钮，❷在
展开的下拉列表中单击"亮度/对比度"组中的"亮
度：+20% 对比度：-40%"选项，如下图所示。

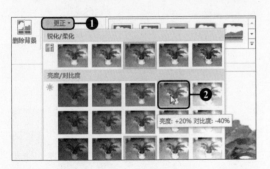

❹ 改变图片光线后的效果

完成操作之后，图片中的植物颜色和背景颜
色的亮度被改变，整个图在原来的基础上变暗了，
效果如下图所示。

4.2.6　设置图片样式

　　设置图片的样式是从图片的整体外观上对图片做出调整。图片的样式调整主要包括为图片加上不同材质或者不同形状的相框，以及让一张平面的图片通过样式的改变产生一种相对立体的效果。在 Word 2016 中预设了许多种风格迥异又美观的图片样式，通过这些预设的图片样式，能够快速完成许多媲美专业图形软件的编辑。

　　◎　原始文件：下载资源\实例文件\第4章\原始文件\健康养殖室内植物5.docx
　　◎　最终文件：下载资源\实例文件\第4章\最终文件\健康养殖室内植物5.docx

❶　打开图片样式库

　　打开原始文件，❶选中图片，❷在"图片工具 - 格式"选项卡下单击"图片样式"组中的快翻按钮，如下图所示。

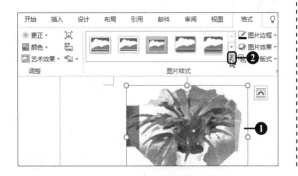

❷　选择图片样式

　　在展开的图片样式库中选择"柔化边缘矩形"样式，如下图所示。

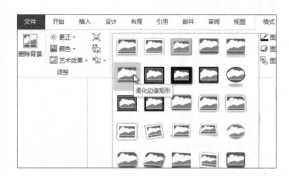

❸　改变样式后的效果

　　改变图片的样式后，图片的边缘变得柔和、模糊，从而使得图片的整体质感更加生动，效果如右图所示。

4.2.7　设置图片在文档中的环绕方式

　　通过自动换行功能可以更改图片在文字四周的环绕方式，包括嵌入型、四周型环绕、紧密型环绕以及衬于文字上、下方等。

　　◎　原始文件：下载资源\实例文件\第4章\原始文件\健康养殖室内植物6.docx
　　◎　最终文件：下载资源\实例文件\第4章\最终文件\健康养殖室内植物6.docx

❶ 选择环绕类型

打开原始文件，❶选中图片，❷在"图片工具 - 格式"选项卡下单击"排列"组中的"环绕文字"按钮，❸在展开的下拉列表中单击"四周型"选项，如下图所示。

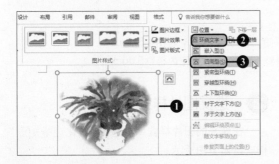

❷ 显示图片环绕设置效果

随后即可看到图片设置为四周环绕型后的效果，如下图所示。

❸ 调整图片位置

将鼠标指向图片，此时鼠标指针呈十字箭头形状，拖动图片至适合的位置，如下图所示。

❹ 调整后的效果

释放鼠标后，图片移至内容中合适位置处，图片紧密环绕而又不遮挡文字，效果如下图所示。

4.2.8 将图片转换为SmartArt图形

在文档中插入图片后，可以将图片转换为 SmartArt 图形，转换后，在更改为相应的 SmartArt 形状的基础上，不仅保留了原来的图片内容，还在图片中添加了一个空白文本框，用户可以在文本框中输入内容，为图片添加标题或者提示语，让整个图示看起来更生动有趣。

◎ 原始文件：下载资源\实例文件\第4章\原始文件\健康养殖室内植物7.docx
◎ 最终文件：下载资源\实例文件\第4章\最终文件\健康养殖室内植物7.docx

❶ 选择SmartArt图形类型

打开原始文件，❶选中图片，❷在"图片工具 - 格式"选项卡下单击"图片样式"组中的"图片版式"下三角按钮，❸在展开的下拉列表中单击"蛇形图片题注列表"选项，如右图所示。

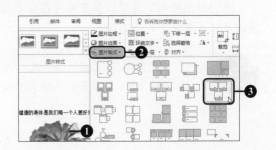

② 转换后的效果

此时图片转换成为 SmartArt 图形，可在文本框中输入相应的文本，如下图所示。

③ 设置形状填充颜色

在文本框中输入合适的文本后，❶选中文本框，❷在 "SmartArt 工具 - 格式" 选项卡下的 "形状样式" 组中单击 "形状填充" 下三角按钮，在展开的颜色库中选择合适的颜色，如下图所示。

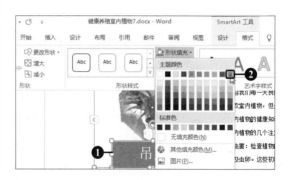

④ 显示设置效果

最后即可看到转换为 SmartArt 图形并设置填充颜色后的效果，如右图所示。

4.3 利用形状图解文档内容

为了制作出精美的 Word 文档，用户可以利用图形和图形中的文字相结合的方法来解说文档要表达的内容。在文档中插入形状后，可以对形状做出一些必要的设置，例如对多个形状进行组合或改变形状的样式。

4.3.1 在文档中插入形状并添加文字

在日常工作中，当用户在制作组织结构图、流程图、名片、印章等文档的时候，都会需要在文档中插入一些形状，例如圆形、三角形、正方形等基本形状，或是一些基本形状以外的形状，例如箭头形状、标注形状等。为文档插入形状后，需要在形状中添加文字来显示形状的作用。

◎ 原始文件：无
◎ 最终文件：下载资源\实例文件\第4章\最终文件\职业规划.docx

❶ 选择形状

新建一个 Word 文档，❶切换到"插入"选项卡，❷单击"插图"组中的"形状"下三角按钮，❸在展开的下拉列表中单击"等腰三角形"形状，如下图所示。

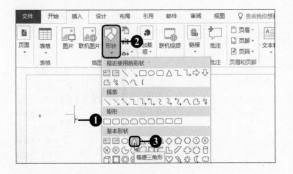

❸ 在形状中输入文本

选中图形，按住【Ctrl+D】组合键，即可将绘制好的等腰三角形复制并粘贴在文档中，根据这种方法复制三个同样的形状，如下图所示。

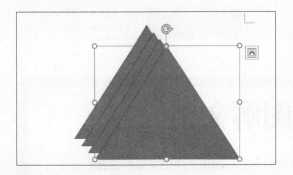

❺ 插入文本框

❶在"插入"选项卡下的"文本"组中单击"文本框"下三角按钮，❷在展开的列表中单击"简单文本框"选项，如下图所示。

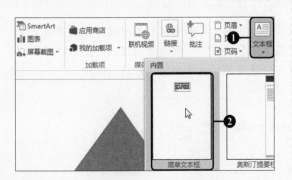

❷ 绘制形状

此时鼠标指针呈现十字形，拖动鼠标在文档中绘制出一个合适大小的等腰三角形，如下图所示。

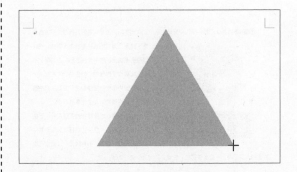

❹ 移动形状

使用鼠标移动、倒置这些形状，组成如下图所示的效果。

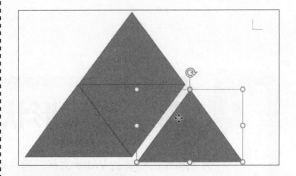

❻ 移动文本框

❶在插入的文本框中输入合适的文本内容，然后将鼠标指针移至文本框上，❷当鼠标指针变为双向的十字箭头时，拖动鼠标将文本框移动到合适的位置，如下图所示。

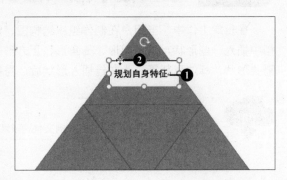

❼ 设置文本框的填充颜色

❶右击该文本框，❷在弹出的快捷菜单中单击"填充"按钮，❸在展开的颜色库中单击"无填充颜色"选项，如下图所示。

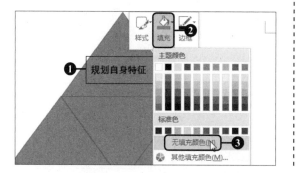

❽ 设置文本框的边框颜色

❶右击文本框，❷在弹出的快捷菜单中单击"边框"按钮，❸在弹出的颜色库中单击"无轮廓"选项，如下图所示。

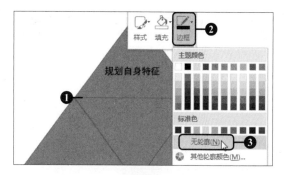

❾ 显示插入的形状和文本框效果

使用【Ctrl+D】组合键，复制粘贴相同的三个文本框，然后将这三个文本框移动到合适的位置并输入合适的文本内容，最终的效果如右图所示。

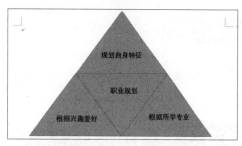

扩展操作

在为形状插入文字的时候，可以直接在图像上输入文字，但是这样的插入方式有一定的局限性。使用插入文本框的方式可以将文字任意摆放，并且和形状区分开来成为一个独立的对象，便于修改和移动。

4.3.2 组合形状

在一个文档中可以绘制多个形状图形，当要进行统一操作的时候，可以把这些图形组合起来，这样就能同时对所有的形状进行设置，而无需担心形状组合之后的单个形状修改是否会有影响，因为在被组合的图形组中，仍然可以单独选中其中一个图形进行设置。

◎ 原始文件：下载资源\实例文件\第4章\原始文件\职业规划1.docx
◎ 最终文件：下载资源\实例文件\第4章\最终文件\职业规划1.docx

❶ 选中形状

打开原始文件，按住【Ctrl】键不放，将鼠标指针指向形状，当鼠标指针的右上角出现一个十字形时，连续选中所有形状，如右图所示。

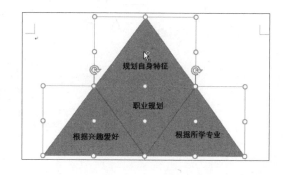

❷ 使用组合功能

❶在"绘图工具-格式"选项卡下单击"排列"组中的"组合"按钮，❷在展开的下拉列表中单击"组合"选项，如下图所示。

❸ 组合效果

随后即可在文档中看到选中的多个形状被组合成了一个整体图形，效果如下图所示。

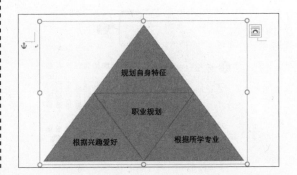

知识进阶 **取消组合**

对于已经组合的图形，想要取消组合的时候，可以选中图形，单击"排列"组中的"组合"按钮，在展开的下拉列表中单击"取消组合"选项。

4.3.3 套用形状样式

系统中含有许多默认的形状样式，这些样式以颜色和边框轮廓的不同为依据进行分类，直接套用这些样式可以轻松地改变图形外观。

◎ 原始文件：下载资源\实例文件\第4章\原始文件\职业规划2.docx
◎ 最终文件：下载资源\实例文件\第4章\最终文件\职业规划2.docx

❶ 打开形状样式库

打开原始文件，❶选中图形，❷切换到"绘图工具-格式"选项卡，❸单击"形状样式"组中的快翻按钮，如下图所示。

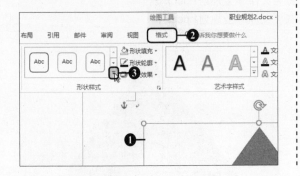

❷ 选择样式

在展开的形状样式库中选择想要设置的形状样式，如下图所示。

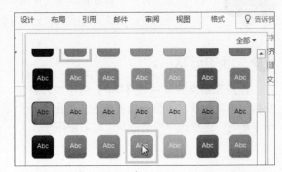

③ 套用样式后的效果

完成操作之后，整个图形的样式就发生了改变，效果如右图所示。

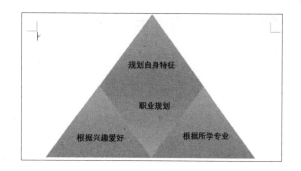

4.4 使用艺术字美化文档

在文档中插入艺术字是一种美化 Word 文档的常用方法。在日常工作中，通常会将艺术字用于标题中，以起到画龙点睛的作用。当用户为文档插入了艺术字后，可以适当地对艺术字进行一些修饰，使字体更加富有艺术效果。

4.4.1 在文档中插入艺术字

艺术字就是在形状、颜色、立体感等方面具有一定装饰效果的字体。在文档中插入艺术字可以美化文档。

◎ 原始文件：下载资源\实例文件\第4章\原始文件\职业规划3.docx
◎ 最终文件：下载资源\实例文件\第4章\最终文件\职业规划3.docx

① 选择艺术字样式

打开原始文件，将光标定位在文档的开头，❶在"插入"选项卡下单击"文本"组中的"艺术字"按钮，❷在展开的艺术字库中选择合适的艺术字样式，如下图所示。

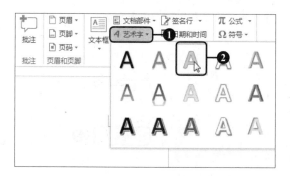

② 插入艺术字占位符

此时在文档中出现艺术字样式的占位符，并且自动选中占位符中的文本，如下图所示。

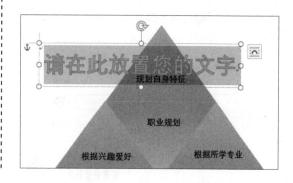

❸ 插入艺术字效果

在占位符中输入新的文本，由于在上一幅图中艺术字占位符浮于形状上方，而未有多余的位置供占位符显示，所以可使用【Enter】键在形状的上方留出部分空间，如下图所示。

❹ 调整艺术字占位符的位置

拖动艺术字的占位符，将其调整到合适的位置，如下图所示。

❺ 显示效果

随后即可看到插入艺术字后的文档效果，如右图所示。

4.4.2　编辑艺术字

用户可以对插入的艺术字进行编辑。编辑艺术字包括改变字体的填充效果、轮廓和外观。通过这些设置可以创建具有自身特点的艺术字。

◎ 原始文件：下载资源\实例文件\第4章\原始文件\职业规划4.docx
◎ 最终文件：下载资源\实例文件\第4章\最终文件\职业规划4.docx

❶ 填充艺术字文本颜色

打开原始文件，❶切换到"绘图工具 - 格式"选项卡下，❷单击"艺术字样式"组中的"文本填充"按钮，❸在展开颜色库中选择合适的填充颜色，如下图所示。

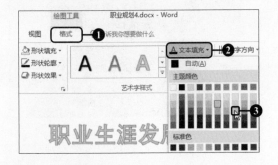

❷ 设置文本映像效果

❶单击"艺术字样式"组中的"文本效果"按钮，❷在展开的下拉列表中指向"发光"选项，❸在展开的级联列表中单击合适的图标，如下图所示。

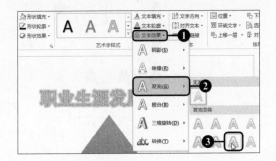

③ 设置映像后的效果

完成操作之后，即可看到插入的艺术字的轮廓附加了选择颜色的发光效果，如右图所示。

4.5 使用SmartArt创建专业图形

SmartArt 图形是 Office 办公套件中设计好的图形与文字相结合的一种专业图形，使用它可以更直观地显示出内容中的流程、概念、层次结构和关系等信息。在 Word 2016 中，适当地使用 SmartArt 图形能够直接创建出具有专业外观的商业模型。在插入了 SmartArt 图形之后，除了可以在其中添加文本以外，还可以根据需要添加 / 删除其中的形状、更改 SmartArt 图形的颜色以及样式等。

4.5.1 插入SmartArt图形并添加文本

SmartArt 图形是一种图形和文字相结合的图形，常用于建立流程图、结构图等。SmartArt 图形拥有多种类型和布局，要利用 SmartArt 图来表现某种内容，需要选择适合的类型才能达到目的。

◎ 原始文件：无

◎ 最终文件：下载资源\实例文件\第4章\最终文件\人员结构图.docx

① 插入SmartArt图形

新建一个空白文档，❶切换到"插入"选项卡，❷单击"插图"组中的"SmartArt"按钮，如下图所示。

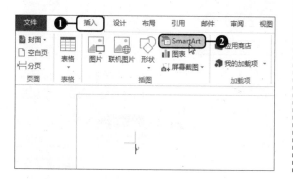

② 选择SmartArt图形类型

弹出"选择 SmartArt 图形"对话框，❶单击"层次结构"选项，❷在"层次结构"选项面板中单击"组织结构图"图标，如下图所示。

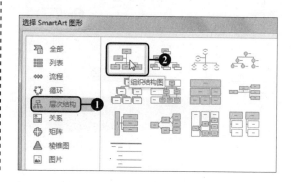

❸ 插入SmartArt图形的效果

单击"确定"按钮，返回文档中，即可看到插入的 SmartArt 图形，将光标定位在 SmartArt 图形的第一个文本占位符中，如下图所示。

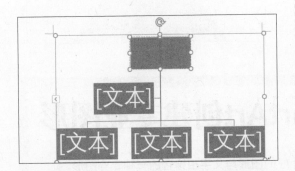

❹ 输入文本

在其中输入文本，参照上一步中的操作继续为图形中的对象添加文本，完成整个结构图内容的填写，如下图所示。

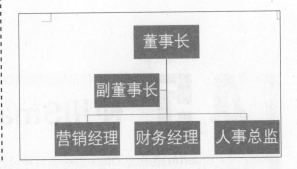

4.5.2 智能的形状添加功能

在 SmartArt 图形中，新添加的图形默认的形状对象毕竟有限，有时候无法满足用户的设计需求。利用 SmartArt 图形中的形状添加功能可以为 SmartArt 图形添加更多的形状，使 SmartArt 图形的设计更加灵活多变。添加的形状既可以显示在所选图形的后方，也可以显示在前方、上方或者下方，还可以为对象添加助理。

◎ 原始文件：下载资源\实例文件\第4章\原始文件\人员结构图1.docx
◎ 最终文件：下载资源\实例文件\第4章\最终文件\人员结构图1.docx

❶ 添加助理形状

打开原始文件，❶选中"营销经理"所在形状，❷切换到"SmartArt 工具 - 设计"选项卡，❸单击"创建图形"组中的"添加形状"下三角按钮，❹之后在展开的列表中单击"添加助理"选项，如下图所示。

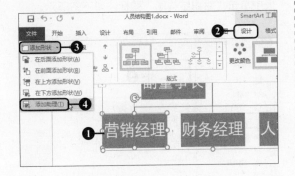

❷ 在所选图形前添加同等级形状

此时在所选形状的左下方添加了一个助理分支形状，❶选中该形状，❷单击"创建图形"组中的"添加形状"下三角按钮，❸在展开的下拉列表中单击"在前面添加形状"选项，如下图所示。

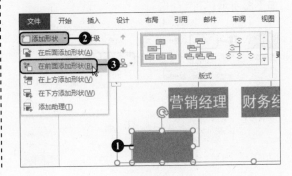

❸ 完善图形后的效果

此时，在助理形状的前方添加了一个同等级的形状，完成形状的添加后，分别在这两个添加的形状中添加文本以完善图形，效果如右图所示。

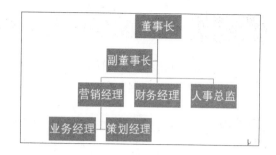

4.5.3 应用SmartArt图形配色方案和样式

创建好 SmartArt 图形后，可以根据需要对 SmartArt 图形的颜色进行更改，从一种颜色改变成由多种颜色组成的 SmartArt 图形。也可以套用现有的样式更改 SmartArt 图形的外观，例如将二维 SmartArt 图形变成三维 SmartArt 图形。

◎ 原始文件：下载资源\实例文件\第4章\原始文件\人员结构图2.docx
◎ 最终文件：下载资源\实例文件\第4章\最终文件\人员结构图2.docx

❶ 更改颜色

打开原始文件，❶选中图形，❷在"SmartArt 工具 - 设计"选项卡下单击"SmartArt 样式"组中的"更改颜色"按钮，❸在展开的样式库中选择"彩色"组中的第 4 种颜色，如下图所示。

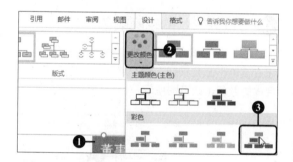

❷ 更改颜色后的效果

选择了颜色之后，SmartArt 图形的效果如下图所示。

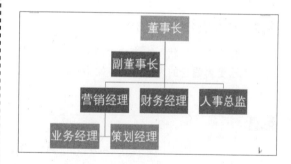

❸ 选择样式

单击"SmartArt 样式"组中的快翻按钮，在展开的样式库中选择"三维"组中的"砖块场景"样式，如下图所示。

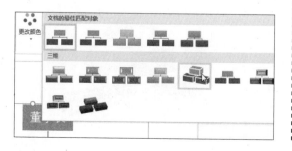

❹ 改变样式后的效果

完成操作之后，SmartArt 图形的样式就以砖块堆积的形式展示，如下图所示。

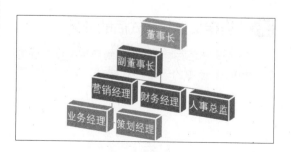

4.5.4 自定义SmartArt图形中的形状样式

除了可以为 SmartArt 图形统一套用形状样式外，用户还可以对 SmartArt 图形中的某个形状使用单独的形状样式。自定义形状样式可以把图形改成各种各样的形状，例如折角形、心形等。

◎ 原始文件：下载资源\实例文件\第4章\原始文件\人员结构图3.docx
◎ 最终文件：下载资源\实例文件\第4章\最终文件\人员结构图3.docx

❶ 选择形状

打开原始文件，❶选中 SmartArt 图形中最顶端的图形，❷切换到"SmartArt 工具 - 格式"选项卡，❸单击"形状"组中的"更改形状"按钮，❹在展开的下拉列表中单击"箭头总汇"组中的"五边形"图标，如下图所示。

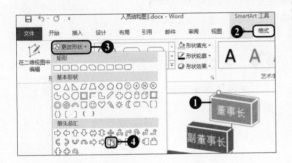

❷ 改变形状后的效果

完成操作之后，可以看到最顶端的形状变成了五边形的样式，如下图所示。

❸ 改变形状的大小

重复单击"形状"组中的"增大"按钮，直到形状改变为适合的大小为止，如下图所示。

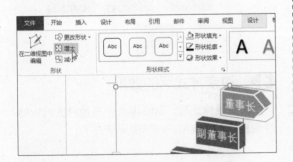

❹ 设置形状的轮廓颜色

❶单击"形状样式"组中的"形状轮廓"按钮右侧的下三角按钮，❷在展开的颜色库中选择合适的颜色，如下图所示。

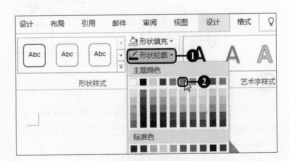

❺ 自定义形状样式后的效果

完成操作之后，就可以看到自定义设置好的 SmartArt 图形中的一个形状样式，效果如右图所示。

同步演练 创建一份企业组织结构图

通过本章的学习，相信用户已经对 Word 2016 中如何对图片的编辑、调整、设置有了一定的了解。为了加深用户对本章知识的理解，下面通过一个实例来融会贯通这些知识点。

◎ 原始文件：无

◎ 最终文件：下载资源\实例文件\第4章\最终文件\企业组织结构图.docx

1 选择艺术字样式

新建一个 Word 文档，将鼠标定位在文档的开头，❶在"插入"选项卡下单击"文本"组中的"艺术字"按钮，❷在展开的样式库中选择合适的样式，如下图所示。

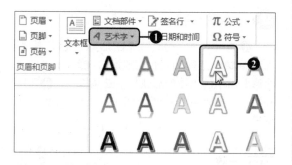

2 插入艺术字

此时在文档中出现插入艺术字的占位符，在占位符中编辑文本，如下图所示。

3 屏幕截图

在浏览器中搜索要插入的图片，❶将光标定位在文本的末尾处，❷在"插入"选项卡下的"插图"组中单击"屏幕截图"下三角按钮，❸在展开的列表中单击"屏幕剪辑"选项，如下图所示。

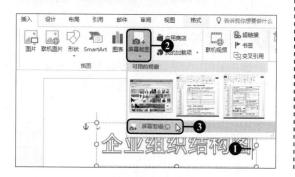

4 剪辑图片

计算机屏幕自动切换到打开的当前窗口下，进入截图显示效果，此时鼠标指针呈十字形，在截图的开始位置单击鼠标并拖动鼠标到合适位置，如下图所示。

5 显示图片剪辑效果

返回文档中即可看到图片的剪辑效果，如右图所示。

❻ 选择SmartArt图形类型

❶将光标定位在要插入图形的位置处，❷在"插入"选项卡下单击"插图"组中的"SmartArt"按钮，如下图所示。

❼ 选择SmartArt图形类型

弹出"选择 SmartArt 图形"对话框，❶单击"层次结构"选项，❷在"层次结构"选项面板中单击"组织结构图"图标，如下图所示。

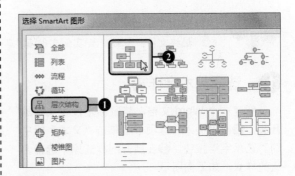

❽ 编辑SmartArt图形

单击"确定"按钮，即可看到在文档中插入了 SmartArt 图形，然后在图形中编辑所需的文本内容，如下图所示。

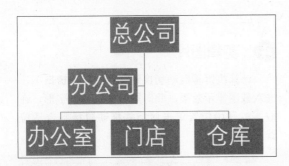

❾ 添加形状

❶选中"办公室"所在形状，❷切换到"SmartArt 工具 - 设计"选项卡，❸单击"创建图形"组中的"添加形状"下三角按钮，❹在展开的下拉列表中单击"添加助理"选项，如下图所示。

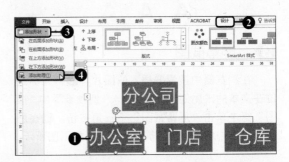

❿ 添加形状后的效果

此时可见在"办公室"占位符的左下方添加了一个图形分支，编辑图形中的内容为"财务部"，重复以上操作，添加其他形状，并输入文本内容完善形状，效果如下图所示。

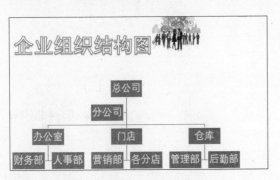

⓫ 选择样式

选中图形，单击"SmartArt 样式"组中的快翻按钮，在展开的样式库中选择合适的样式，如下图所示。

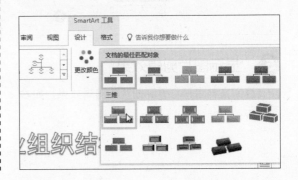

⑫　企业组织结构图的完整效果

为 SmartArt 图形应用了默认的样式后，显示效果如右图所示，此时便完成了整个企业组织结构图的制作。

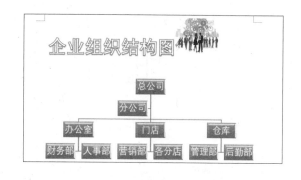

专家点拨 提高办公效率的诀窍

为了提高办公效率，用户一定希望知道在图片的插入和编辑中有哪些技巧能够快速达到目标效果。下面就为用户介绍三种在使用图片时可以用到的诀窍。

❶ 压缩图片以减少文档体积

在文档中插入较多图片时，图片的体积几乎决定了整个文档的体积大小，在使用文档做一些工作的时候，不需要文档的体积太大，利用图片的压缩功能减小图片的体积，即可达到减小整个文档体积的效果。

具体的方法为：❶选中需要压缩的图片，❷切换到"图片工具 - 格式"选项卡下，❸在"调整"组中单击"压缩图片"按钮，如下左图所示。❹弹出"压缩图片"对话框，在"压缩选项"组中勾选"仅应用于此图片"复选框，如下右图所示。单击"确定"按钮后，文档占用的空间就会变小。

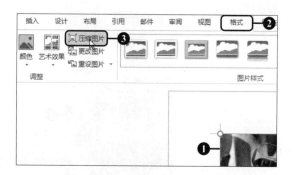
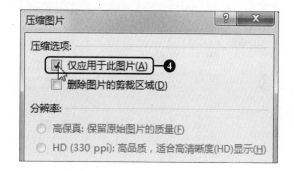

❷ 实现文档中多张图片的自动编号

当文档中拥有多种图片的时候，可以通过对图片插入题注的方法进行图片的自动编号。题注一般显示在图片的最下方，用于描述该图片。

具体方法为：❶切换到"引用"选项卡，❷单击"题注"组中的"插入题注"按钮，如下左图所示，弹出"题注"对话框，❸单击"新建标签"按钮，弹出"新建标签"对话框，❹在"标签"下的文本框中输入"图片"，❺然后单击"确定"按钮，如下中图所示。之后单击"题注"对话框中的"确定"按钮。❻即可看到图片自动插入了名为"图片 1"的题注，如下右图所示。如果想要为第 2 张图片插入题注，就可单击"插入题注"按钮，然后在弹出的"题注"对话框中直接单击"确定"按钮，第 2 张图片就会自动标记为"图片 2"。

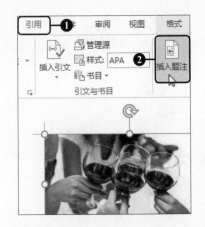
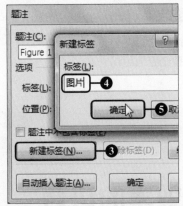

3 妙用自动更正功能快速插入图片

在建立文档时，有时候会对常用的图片进行反复插入，例如一些商标、广告图片等，利用自动更正的功能可以为指定的图片添加一个快捷字符键，通过输入这个字符可以在文档中快速地插入图片。

具体的方法为：选中图片，单击"文件"按钮，在弹出的菜单中单击"选项"命令，弹出"Word 选项"对话框，❶单击"校对"选项，❷在"校对"选项面板中单击"自动更正选项"按钮，如下左图所示。弹出"自动更正"对话框，❸在"自动更正"选项卡下的"替换"文本框中输入"1"，❹单击"添加"按钮，如下中图所示。再依次单击"确定"按钮，返回文档中，❺在文档中输入"1"后按【Enter】键，即可快速插入选中的图片，效果如下右图所示。

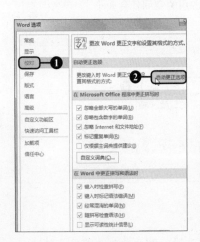
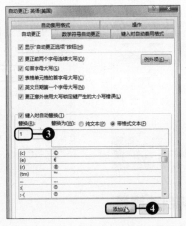
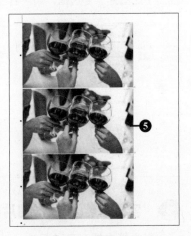

第 5 章

5

Word 2016高效办公

在了解了 Word 2016 中对图片和图形的使用和设置后，本章开始学习应用 Word 2016 进行高效办公过程中的一些设置，首先介绍在文档中查找和替换文本的方法，之后介绍为文档段落应用样式、为文档添加页眉和页脚、在文档中自动生成目录的操作，最后介绍邮件合并的功能和打印文档的操作。通过对这些知识的学习，希望能够帮助用户在利用 Word 文档办公时提高办公效率。

5.1 自动查找与替换文本
5.2 使用样式快速格式化文本
5.3 为文档添加页眉和页脚
5.4 自动生成目录
5.5 使用邮件进行信函合并
5.6 批量打印文档

5.1 自动查找与替换文本

查找与替换文本是在文档编辑过程中常常需要用到的功能，可以在查看文档和修改文档的过程中帮助用户减少一定的工作量。查找文本可以使用文档中的导航窗格以及"查找和替换"对话框来完成。

5.1.1 使用导航窗格查找与替换文本

为了帮助用户在文档中快速查找相关的内容信息，Word 2016 提供了方便的文档搜索方式，即在导航窗格直接输入文本进行搜索。

◎ 原始文件：下载资源\实例文件\第5章\原始文件\日常办公行为.docx
◎ 最终文件：下载资源\实例文件\第5章\最终文件\日常办公行为.docx

❶ 查找文本

打开原始文件，在"开始"选项卡下单击"编辑"组中的"查找"按钮，如下图所示。

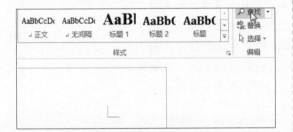

❷ 打开"导航"窗格

在文档主界面的左侧出现"导航"窗格，将光标定位在"搜索框"中，如下图所示。

❸ 输入查找内容查找

❶在搜索框中输入要查找的内容，如"保密资料"，❷输入完毕后可以看到，在"导航"窗格的"结果"选项中自动显示出包含有"保密资料"的段落内容，❸并且在文档中搜索到的文本呈现黄底，如下图所示。

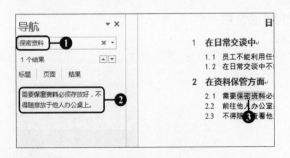

❹ 替换查找的内容

❶单击"搜索框"右侧的下三角按钮，❷在展开的列表中单击"替换"选项，如下图所示。

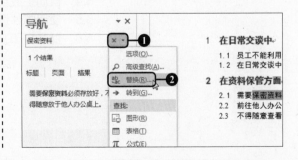

❺ 输入替换内容

弹出"查找和替换"对话框，❶在"替换为"文本框中输入替换后要显示的文本，如输入"保密的资料"，❷单击"替换"按钮，如下图所示。

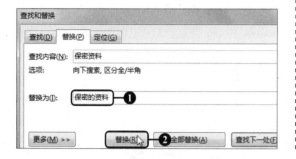

❼ 替换内容效果

完成操作之后，返回文档中即可看到替换之后的内容，如右图所示。

❻ 确认替换

弹出对话框，表明已完成对文档的搜索，然后单击"确定"按钮，如下图所示。

日常办公行为

1 **在日常交谈中**
   1.1 员工不能利用任何途径向无关人员泄露公司的秘密。
   1.2 在日常交谈中不能以公司秘密作为话题。
2 **在资料保管方面**
   2.1 需要保密的资料必须存放好，不得随意放于他人办公桌上。
   2.2 前往他人办公室办理事务时，不得随意翻阅他人的资料。

5.1.2 利用"查找和替换"对话框查找与替换文本

除了可以在导航窗格中查找与替换文本外，在"查找和替换"对话框中也可以查找与替换文本。事实上，如果在导航窗格中需要对文本进行替换，也是通过弹出"查找和替换"对话框来实现的。在"查找和替换"对话框中，对于查找到的文本还可以为其加入明亮的底纹来进行突出显示。

◎ 原始文件：下载资源\实例文件\第5章\原始文件\日常办公行为.docx
◎ 最终文件：下载资源\实例文件\第5章\最终文件\日常办公行为1.docx

❶ 高级查找文本

打开原始文件，❶在"开始"选项卡下，单击"编辑"组中"查找"右侧的下三角按钮，❷在展开的下拉列表中单击"高级查找"选项，如下图所示。

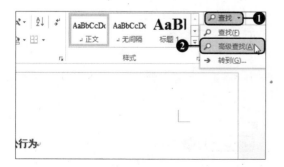

❷ 输入查找内容

弹出"查找和替换"对话框，❶在"查找内容"文本框中输入要查找的内容"他人"，❷单击"在以下项中查找"按钮，❸在展开的下拉列表中单击"主文档"选项，如下图所示。

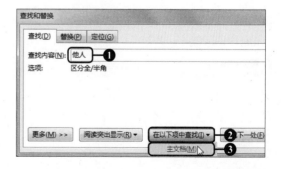

❸ 查找后的效果

此时可见在对话框中显示出查找的结果"Word 找到 4 个与此条件相匹配的项"，而查找的内容在文档中以灰底的形式显示出来，如下图所示。

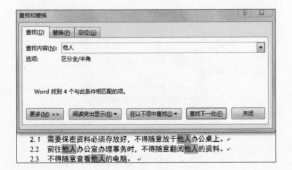

❹ 突出查找显示

❶单击"查找和替换"对话框中的"阅读突出显示"按钮，❷在展开的下拉列表中单击"全部突出显示"选项，如下图所示。

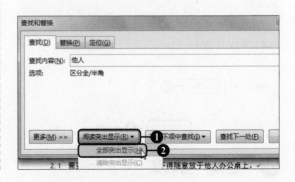

❺ 突出显示效果

完成操作之后关闭对话框，返回文档中即可看到，查找的内容在文档中呈现出非常明亮的底色，显示效果更加突出了，如右图所示。

日常办公行为

1 **在日常交谈中**
　1.1 员工不能利用任何途径向无关人员泄露公司的秘密。
　1.2 在日常交谈中不能以公司秘密作为话题。
2 **在资料保管方面**
　2.1 需要保密资料必须存放好，不得随意放于他人办公桌上。
　2.2 前往他人办公室办理事务时，不得随意翻阅他人的资料。
　2.3 不得随意查看他人的电脑。

5.1.3 查找与替换文本格式

利用"查找和替换"对话框不仅可以查找文本中指定的内容，还可以利用文本中的格式来查找内容，查找到的格式可以进行修改，即建立一个新的格式替换原有的格式。

◎ 原始文件：下载资源\实例文件\第5章\原始文件\日常办公行为2.docx
◎ 最终文件：下载资源\实例文件\第5章\最终文件\日常办公行为2.docx

❶ 打开更多选项

打开原始文件，打开"查找和替换"对话框，之后单击对话框左下方的"更多"按钮，如下图所示。

❷ 单击"字体"选项

❶在展开的列表框中单击"格式"按钮，❷之后在展开的下拉列表中单击"字体"选项，如下图所示。

❸ 设置查找的字体格式

弹出"查找字体"对话框，❶在"字体"选项卡下设置"中文字体"为"黑体"，❷在"字号"下拉列表中选择"四号"，如下图所示。

❺ 切换至"替换"选项卡下

❶单击"替换"选项卡，❷将光标定位在"替换为"文本框中，如下图所示。

❼ 设置替换的字体格式

弹出"替换字体"对话框，❶设置"中文字体"为"幼圆"，❷设置"字形"为"加粗"，❸设置"字号"为"小三"，如下图所示。

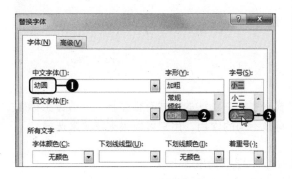

❹ 查找的效果

单击"确定"按钮后，返回"查找和替换"对话框，❶单击"查找下一处"按钮，❷此时可以看到查找出了匹配字体格式的文本内容，如下图所示。继续单击，可查找其他匹配的文本。

❻ 单击"字体"选项

❶单击"格式"按钮，❷在展开的下拉列表中单击"字体"选项，如下图所示。

❽ 设置替换的字体的颜色

❶单击"所有文字"选项组下的"字体颜色"下三角按钮，❷在展开的下拉列表中选择合适的字体颜色，如下图所示。

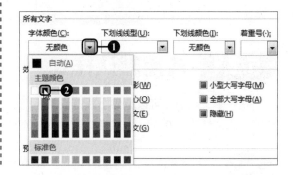

⑨ 全部替换

单击"确定"按钮,返回到"查找和替换"对话框,之后单击"全部替换"按钮,如下图所示。

⑩ 完成替换

弹出提示对话框,表明完成了替换,可以在该对话框中看到替换的个数为2,然后单击"确定"按钮,如下图所示。

⑪ 替换后的效果

返回文档中,可以看到文档中所有符合条件的文本被替换成了新的格式,如右图所示。

日常办公行为

1 在日常交谈中
　1.1 员工不能利用任何途径向无关人员泄露公司的秘密。
　1.2 在日常交谈中不能以公司秘密作为话题。

2 在资料保管方面
　2.1 需要保密资料必须存放好,不得随意放于他人办公桌上。
　2.2 前往他人办公室办理事务时,不得随意翻阅他人的资料。
　2.3 不得随意查看他人的电脑。

扩 展 操 作

除了可以利用"高级查找"选项打开"查找和替换"对话框外,还可以在"编辑"组中单击"替换"按钮来打开"查找和替换"对话框。

5.2 使用样式快速格式化文本

用户使用 Word 文档中的默认样式可以快速格式化 Word 文档的标题、正文等样式。除了使用默认样式外,还可以利用新建样式的功能创建富有自身特点的样式,对于应用的样式也可以根据需要进行修改。

5.2.1 应用默认样式

在一个文档中,可以为每个段落设置不同的样式,系统中默认的样式有很多种,一般分为标题样式、正文样式、要点、引用样式等。不同的样式有其不同的作用,用户可以根据需要来选择。

◎ 原始文件:下载资源\实例文件\第5章\原始文件\会议的原则.docx
◎ 最终文件:下载资源\实例文件\第5章\最终文件\会议的原则.docx

① 选择样式

打开原始文件，❶选中主标题，❷在"开始"选项卡下，单击"样式"组中的"标题"样式，如下图所示。

② 套用样式效果

此时，文档的主标题套用了选择的样式，如下图所示。

③ 打开样式库

❶选中文档中的其他所有内容，❷单击"样式"组中的快翻按钮，如下图所示。

④ 选择样式

在展开的样式库中选择"要点"样式，如下图所示。

⑤ 套用样式后的效果

此时可以看到选中的文本内容都套用了"要点"样式，效果如右图所示。

扩展操作

除了可以在样式库中快速地应用默认的样式外，还可以单击"样式"组中的对话框启动器，在弹出的"样式"窗格的列表框中选择需要的内置样式。

5.2.2 新建样式

用户在为文档设置样式的时候，除了可以使用系统中内置的样式外，还可以新建一个新的样式。新建样式包括新建样式的属性和字体的格式。样式的属性包括样式的名称、样式的类型、样式的基准，而字体格式主要是样式的字号、字体颜色等。

❶ 单击"新建样式"按钮

打开原始文件，❶选中文档的标题，❷单击"开始"选项卡下"样式"组中的对话框启动器，出现"样式"窗格，❸单击"样式"窗格中的"新建样式"按钮，如下图所示。

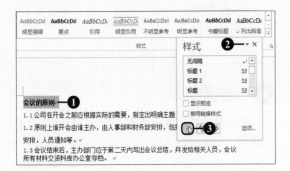

❸ 显示新建样式结果

单击"确定"按钮之后返回文档，可以看到文档的标题显示为新建的样式，如右图所示。

❷ 设置新建样式格式

弹出"根据格式设置创建新样式"对话框，❶在"名称"文本框中输入"主标题"，❷在"格式"选项组下设置字体为"华文行楷"，❸设置字号为"二号"，❹设置字体的颜色为"深红"，如下图所示。

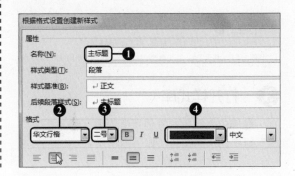

5.3 为文档添加页眉和页脚

对于一个完整的 Word 文档来说，为其添加合适的页眉和页脚，不仅可以达到美化文档的效果，而且还可以方便地为文档设置名称、提示以及页码等。在应用页眉和页脚的时候，既可以使用系统默认的页眉和页脚，也可以根据设计文档的需求，通过自定义的方式来设计多种格式的页眉和页脚。

5.3.1 应用默认的页眉和页脚

在文档中，有时候可以添加页眉和页脚的内容。顾名思义，页眉的位置处于文档的顶部，而页脚的位置在文档的最下方。在页眉区域可以为文档添加标题、文件名等，在页脚区域则可以为文档添加页码或提示语等。

❶ 添加页眉

打开原始文件，❶在"插入"选项卡下单击"页眉和页脚"组中的"页眉"按钮，❷在展开的下拉列表中单击"奥斯汀"选项，如下图所示。

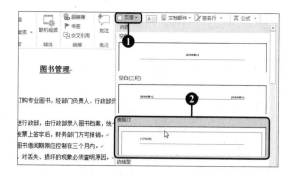

❸ 输入页眉内容

在页眉的提示框中输入页眉的内容为"公司管理制度"，如下图所示。

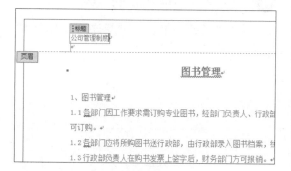

❺ 关闭页眉和页脚

在"页眉和页脚工具-设计"选项卡下单击"关闭页眉和页脚"按钮，如下图所示。

❷ 显示添加页眉的效果

此时可以看到，在文档的顶端添加了页眉，并在页眉区域显示"文档标题"的文本提示框，如下图所示。

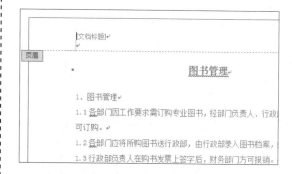

❹ 输入页脚内容

按键盘中的↓键，可切换至页脚区域，输入页脚的内容为"第1页"，此时就为文档添加了页眉和页脚，效果如下图所示。

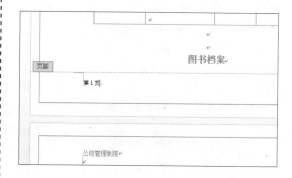

❻ 显示页眉和页脚关闭效果

可以看到页眉和页脚处于不可编辑状态，如下图所示。

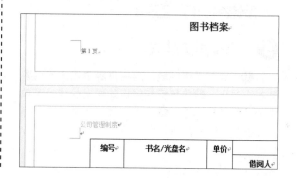

5.3.2 自定义页眉和页脚

自定义页眉和页脚包括在页眉页脚中插入日期、时间、图片等内容，或改变页眉和页脚的字体格式，如字体的颜色、大小、添加下划线等。

◎ 原始文件：下载资源\实例文件\第5章\原始文件\图书管理1.docx
◎ 最终文件：下载资源\实例文件\第5章\最终文件\图书管理1.docx

❶ 编辑页眉

打开原始文件，❶在"插入"选项卡下单击"页眉和页脚"组中的"页眉"按钮，❷在展开的下拉列表中单击"编辑页眉"选项，如下图所示。

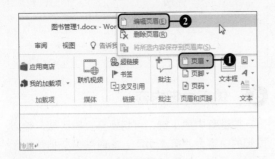

❸ 设置字体格式

弹出"字体"对话框，❶设置文本的"中文字体"为"隶书"，❷设置"字形"为"常规"，❸"字号"为"12"，❹在"所有文字"选项组下设置"字体颜色"为"黑色"，❺选择好字体的"下划线线型"，如下图所示。

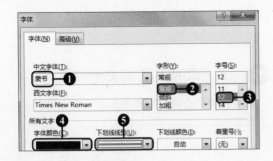

❺ 选择页脚样式

❶切换至页脚区域，选中页脚中的文本内容并右击鼠标，❷将鼠标指针指向弹出的快捷菜单中的"样式"命令，❸在展开的列表中单击"强调"选项，如右图所示。

❷ 单击"字体"命令

此时页眉区域呈编辑状态，❶选择页眉文本内容，并右击鼠标，❷在弹出的快捷菜单中单击"字体"命令，如下图所示。

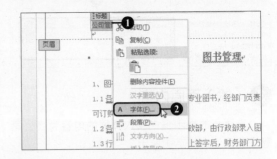

❹ 改变字体格式后的效果

单击"确定"按钮，完成更改页眉文本字体的格式，效果如下图所示。

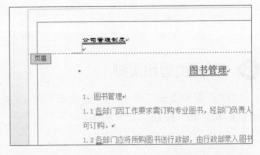

⑥ 关闭页眉和页脚

在"页眉和页脚工具-设计"选项卡下单击"关闭页眉和页脚"按钮，如下图所示。

⑦ 改变样式后的效果

完成对页脚的操作之后，此时在页脚区域可以看到页脚文本内容更改之后的样式，效果如下图所示。

知识进阶 设置奇偶页不同的页眉与页脚样式

在制作文档的过程中，有时候需要为文档中的奇偶页设置不同的页眉和页脚样式，此时可以切换到编辑页眉页脚的状态下，然后在"页眉和页脚工具 - 设计"选项卡下勾选"选项"组中的"奇偶页不同"复选框，之后就可以分别设置奇数页和偶数页的页眉或页脚样式了。

5.3.3 为文档自动插入页码

添加的页眉和页脚在文档的每一页都会显示相同的格式，如果在页脚中输入的内容为页码类型的内容，那么文档的每一页都会显示成相同的页码，不利于统计文档的页数。在 Word 2016 中，可以设置为文档自动插入页码，以便于用户快速地统计文档的页数。

◎ 原始文件：下载资源\实例文件\第5章\原始文件\图书管理2.docx
◎ 最终文件：下载资源\实例文件\第5章\最终文件\图书管理2.docx

❶ 删除页脚

打开原始文件，双击页眉区域，系统自动切换至"页眉和页脚工具-设计"选项卡，❶单击"页眉和页脚"组中的"页脚"按钮，❷在展开的下拉列表中单击"删除页脚"选项，如下图所示。

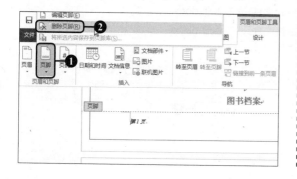

❷ 删除页脚后的效果

完成操作之后返回文档，此时可以看到页脚区域中的内容已被删除，如下图所示。

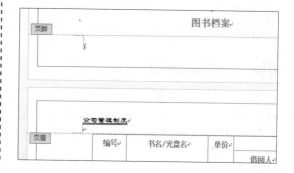

❸ 选择页码样式

❶单击"页眉和页脚"组中的"页码"按钮，❷在展开的列表中单击"页眉底端 > 带状物"选项，如下图所示。

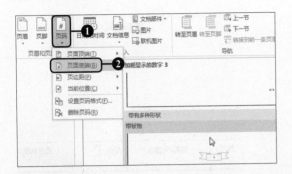

❹ 添加页码后的效果

完成操作之后返回文档，此时可以看到在文档的每页底端添加了样式为带状物的页码，默认数值以"1"开始，如下图所示。

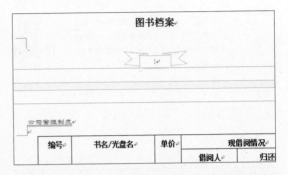

知识进阶 | **设置页码格式**

在"页眉和页脚"组中单击"页码"按钮，在展开的下拉列表中单击"设置页码格式"选项，弹出"页码格式"对话框，在对话框中可以设置页码的编号格式以及起始页码等。

5.4 自动生成目录

在实际的编辑文档过程中，目录有时候是必不可少的一项。手动编制目录相当麻烦，常常会使目录与正文内容出现偏差。用户可以利用自动生成目录的功能提取文档的各级标题和相应页码，从而达到快速准确地添加目录的目的。

5.4.1 插入默认目录样式

当文档拥有许多标题时，可以为文档插入目录。默认的目录样式分为三种，一种为手动目录，另外两种为自动目录1和自动目录2。手动目录样式需要在插入的默认样式中输入目录的内容，自动目录则可以根据文档的标题自动生成目录。

◎ 原始文件：下载资源\实例文件\第5章\原始文件\员工手册.docx
◎ 最终文件：下载资源\实例文件\第5章\最终文件\员工手册.docx

❶ 使用导航窗格

打开原始文件，❶切换至"视图"选项卡，❷在"显示"组中勾选"导航窗格"复选框，如右图所示。

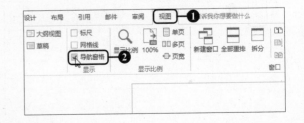

❷ 显示文档结构图

此时在文档的主界面左侧出现"导航"窗格，在"导航"窗格中显示出文档的每个标题，可以利用这些标题生成文档的目录，如下图 所示。

❸ 选择目录样式

将光标定位在文档的开头，❶切换至"引用"选项卡，❷单击"目录"组中的"目录"按钮，❸在展开的下拉列表中选择目录的默认样式为"自动目录1"，如下图所示。

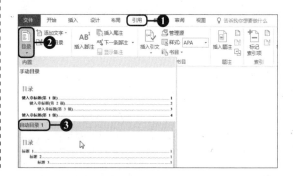

❹ 插入目录后的效果

完成操作之后可以看到，在光标定位的位置上插入文档的目录并显示为选中的默认样式，目录中的内容由文档中的每个标题构成，如右图所示。

5.4.2 自定义目录样式

默认的目录样式是有限的，如果默认样式不能满足需要，可以通过设置字体格式的方式自定义新的目录样式。在设置字体格式的时候，可以选择对不同的目录级别分别进行设置。另外，自定义目录样式还包括设置目录的制表符和前导符。

◎ 原始文件：下载资源\实例文件\第5章\原始文件\员工手册1.docx
◎ 最终文件：下载资源\实例文件\第5章\最终文件\员工手册1.docx

❶ 插入目录

打开原始文件，❶切换至"引用"选项卡，❷单击"目录"组中的"目录"按钮，❸在展开的下拉列表中单击"自定义目录"选项，如右图所示。

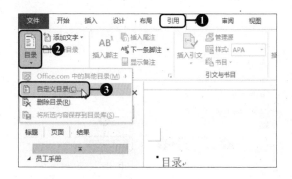

❷ 修改目录

弹出"目录"对话框，单击对话框中的"修改"按钮，如下图所示。

❸ 选择目录1

弹出"样式"对话框，❶在"样式"列表框中选择"目录1"，❷然后单击"预览"选项组下的"修改"按钮，如下图所示。

❹ 设置目录1的字体格式

弹出"修改样式"对话框，❶在"格式"选项组中将字体设置为"楷体"，❷字号设置为"四号"，❸字体的颜色设置为"红色"，如下图所示。

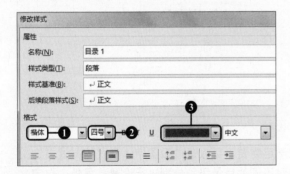

❺ 选择目录2

单击"确定"按钮后，返回"样式"对话框，❶在"样式"列表框中选择"目录2"，❷单击"预览"选项组下的"修改"按钮，如下图所示。

❻ 设置目录2的字体格式

弹出"修改样式"对话框，❶设置字体为"楷体"，❷设置字号为"五号"，❸设置字体的颜色为"蓝色"，如下图所示。

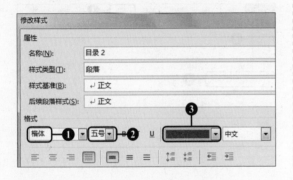

❼ 选择制表符前导符

单击"确定"按钮，返回到"目录"对话框，在"制表符前导符"下拉列表中选择合适的前导符号，如下图所示。

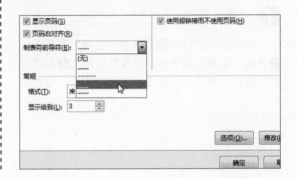

⑧ 执行提示框命令

单击"确定"按钮后,弹出对话框,提示用户"要替换此目录吗?",单击"是"按钮,如下图所示。

⑨ 自定义目录样式效果

返回文档后可以看到,通过设置自定义了一个新的目录样式,效果如下图所示。

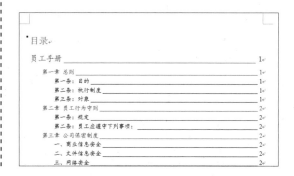

知识进阶 样式列表框中的目录

文档的目录中包含多级的标题,在样式列表框中的"目录 1"代表着文档目录中的标题 1,"目录 2"代表文档目录中的标题 2,以此类推。用户需要修改几级标题,只需要选中相对应的目录号进行修改即可。

5.5 使用邮件进行信函合并

在处理文档的过程中,有时候需要将某一个信函发送至多人,信函内容都不变,只对一些细节做出改变,如人物的名字、地址等,此时可以利用邮件的合并功能进行信函的合并,减少工作量。邮件合并需要建立两个文档,一个包括所有文件共有内容的主文档,另一个包括变化信息的数据源文档,在文档中填写收件人、发件人、邮编等,利用邮件合并功能可以在主文档中插入数据源文档中变化的信息。

◎ 原始文件:下载资源\实例文件\第5章\原始文件\解雇信.docx
◎ 最终文件:下载资源\实例文件\第5章\最终文件\解雇信.docx、通讯录.mdb

❶ 打开"邮件合并"任务窗格

打开原始文件,❶切换至"邮件"选项卡,❷单击"开始邮件合并"组中的"开始邮件合并"按钮,❸在展开的列表中单击"邮件合并分布向导"命令,如右图所示。

② 选择信函类型

在文档的右侧弹出"邮件合并"任务窗格，❶单击"信函"单选按钮，❷单击"下一步：开始文档"超链接，如下图所示。

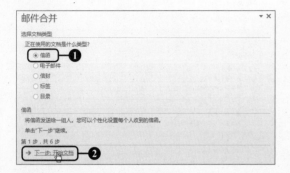

③ 选择开始文档

打开"选择开始文档"向导页，❶单击"使用当前文档"单选按钮，❷单击"下一步：选取收件人"超链接，如下图所示。

④ 新建收件人信息

打开"选择收件人"向导页，❶单击"键入新列表"单选按钮，❷在"键入新列表"选项组下单击"创建"选项，如下图所示。

⑤ 输入收件人信息

弹出"新建地址列表"对话框，❶在对话框中编辑完第一个收件人信息后，❷单击"新建条目"按钮，如下图所示。

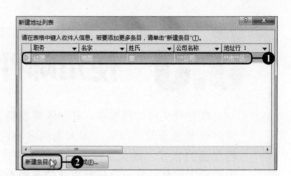

⑥ 完成收件人信息输入

此时新建了一个收件人条目栏，重复此操作完成所有收件人信息的编写，如下图所示。

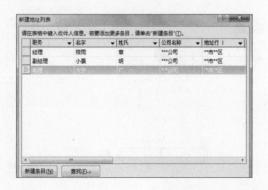

⑦ 保存通讯录

单击"确定"按钮，弹出"保存通讯录"对话框，❶设置要保存文件的路径，❷在"文件名"文本框中输入名称"通讯录"，❸单击"保存"按钮，如下图所示。

8 选择合并收件人

弹出"邮件合并收件人"对话框，系统自动选中所有收件人信息，如下图所示。

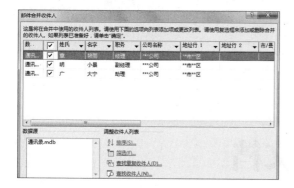

10 插入问候语

将光标定位在文档中需要插入问候语的位置处，单击"撰写信函"向导页中的"问候语"选项，如下图所示。

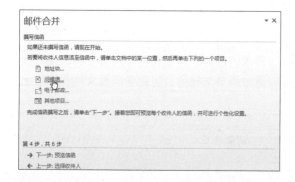

12 打开"预览信函"向导页

单击"确定"按钮，返回"邮件合并"任务窗格，单击"下一步：预览信函"超链接，如下图所示。

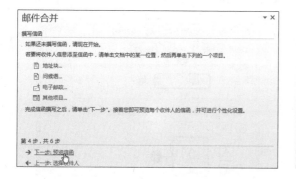

9 打开"撰写信函"向导页

单击"确定"按钮，返回"邮件合并"任务窗格，单击"下一步：撰写信函"超链接，如下图所示。

11 选择问候语类型

弹出"插入问候语"对话框，此时应用系统的默认设置，如下图所示。

13 预览效果

❶此时可以看到，在文档的问候语位置上显示出收件人1的信息，❷单击"收件人"右侧的向右快翻按钮，如下图所示。

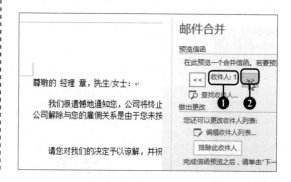

⑭ 完成合并

❶此时可以看到，问候语切换成了第 2 个收件人的信息，❷单击"下一步：完成合并"超链接，即完成了整个信函合并的过程，如右图所示。

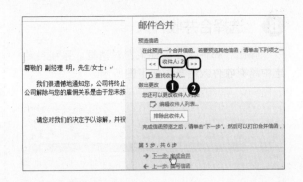

5.6 批量打印文档

用户编辑的文档在保存成电子文档的同时也可以输出为纸质文档，所以打印文档就处在文档编辑过程中的最后一步。打印文档包括对文档页面进行设置、预览文档效果、调节打印机、选择打印页数等环节。

5.6.1 设置页面并预览

在打印文档之前，需要对文档的页面进行符合打印要求的设置。页面调整方式有多种，既可以根据文档中的内容布置来调节打印纸张的方向，也可以通过调节文档的页边距来调整文档在纸张上的布局。

◎ 原始文件：下载资源\实例文件\第5章\原始文件\解雇信.docx
◎ 最终文件：无

❶ 单击"页面设置"链接

打开原始文件，单击"文件"按钮，❶在弹出的菜单中单击"打印"命令，❷在右侧的面板中单击"页面设置"，如下图所示。

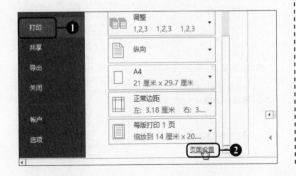

❷ 页面设置

弹出"页面设置"对话框，❶单击"纸张方向"下的"横向"按钮，❷然后在"页边距"选项卡下设置页边距"上"为"5 厘米"，其他保持不变，如下图所示。

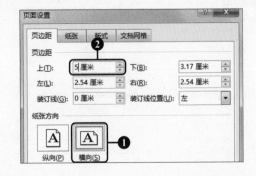

❸ 预览文档

单击"确定"按钮，返回到"打印"选项面板，在面板右侧查看文档的预览效果图，拖动窗口右下角的"显示比例"调节滑块，如下图所示。

❹ 调整预览文档显示比例

调节文档的比例为 75%，即可查看文档在纸张中的布局，如下图所示。

5.6.2 选择打印机并打印

设置好文档的页面后，需要选择一个和计算机连接好的打印机型号，并根据需要对打印机的参数做出设置，之后就可以开始打印了。

❶ 选择打印机

继续上一小节中的文档，在"打印机"下拉列表中选择准备就绪的打印机，如下图所示。

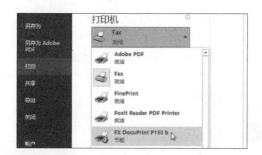

❷ 单击"打印机属性"选项

在"打印机"组的右下角单击"打印机属性"链接，如下图所示。

❸ 设置水印

弹出该打印机的属性对话框，❶在"水印/格式"选项卡下单击要选择的水印选项，如"小心处理"，❷即可在左侧看到选择的水印效果，如下图所示。

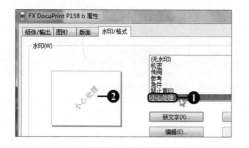

❹ 完成打印

单击"确定"按钮，返回到"打印"选项面板，❶设置打印的份数，例如"2"份，❷单击"打印"按钮，此时文档将被打印，如下图所示。

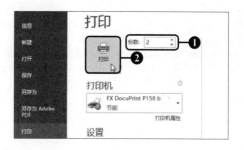

同步演练 快速统一"人员调整管理制度"格式

通过本章的学习，相信用户已经对在 Word 2016 中如何进行高效办公的基本操作有了初步的认识。为了加深用户对本章知识的理解，下面通过一个实例来融会贯通这些知识点。

◎ 原始文件：下载资源\实例文件\第5章\原始文件\人员调整管理制度.docx
◎ 最终文件：下载资源\实例文件\第5章\最终文件\人员调整管理制度.docx

❶ 应用默认样式

打开原始文件，❶将光标定位在主标题前，❷选择"样式"组中的"标题"样式，如下图所示。

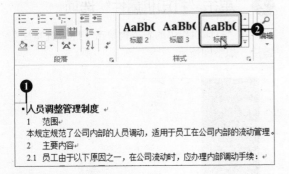

❷ 套用"标题"样式的效果

此时主标题套用了"标题"的样式，效果如下图所示。

❸ 应用默认样式

将光标定位在 1 级标题文本之前，单击"样式"组中的快翻按钮，在展开的样式库中选择"标题 1"样式，如下图所示。

❹ 修改标题1

❶右击样式组中的"标题 1"样式，❷在弹出的快捷菜单中单击"修改"命令，如下图所示。

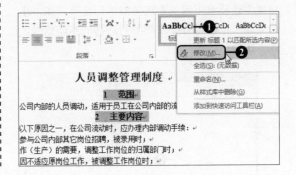

❺ 设置新建样式的字体格式

弹出"修改样式"对话框，❶在"名称"文本框中输入"第1级标题"，❷在"格式"选项组下设置字体为"黑体"，❸设置字号为"四号"，❹然后单击"左对齐"按钮，如下图所示。

❻ 显示修改字体后的效果

单击确定按钮，返回文档中，即可看到修改标题1后的样式效果，如下图所示。

❼ 单击2级标题

❶选中文档中的2级标题内容，❷在"样式"组中单击"标题2"，如下图所示。

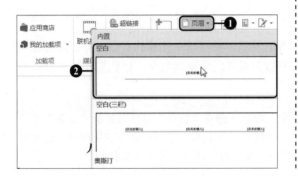

❽ 显示设置效果

随后即可看到应用标题2的样式效果，如下图所示。

❾ 设置页眉

❶在"插入"选项卡下单击"页眉和页脚"组中的"页眉"按钮，❷在展开的样式库中选择"空白"样式，如下图所示。

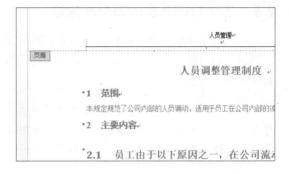

❿ 编辑页眉

此时可以看到，在文档的顶端添加了页眉，在页眉的提示框中输入页眉的内容为"人员管理"，如下图所示。

⑪ 编辑页脚

按键盘中的↓键，切换至页脚区域，即可在该区域编辑页脚，如下图所示。

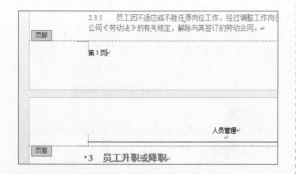

⑫ 关闭页眉和页脚

单击"页眉和页脚工具-设计"选项卡中的"关闭页眉和页脚"按钮，如下图所示。

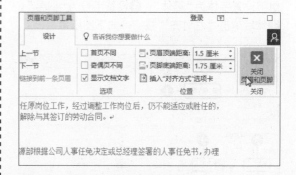

⑬ 插入目录

❶将光标定位在文档的开头，❷切换至"引用"选项卡，❸单击"目录"组中的"目录"按钮，❹在展开的下拉列表中选择目录的默认样式为"自动目录1"，如下图所示。

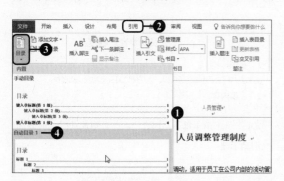

⑭ 插入目录后的效果

可以看到，在光标定位的位置上插入文档的目录，并显示为选中的默认样式，目录中的内容由文档中的每个标题构成，如下图所示。

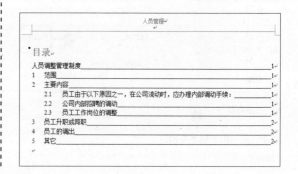

专家点拨 提高办公效率的诀窍

为了提高办公效率，用户一定希望知道在为文档应用样式、打印文档等方面有哪些技巧能快速达到目标效果。下面就介绍三种诀窍。

❶ 快速打印非连续的页面内容

一般打印文档的时候都默认打印连续的页面，有时候却需要打印非连续的页面内容，此时就可以利用打印功能中设置打印标记的方式来打印所有奇数页或打印所有偶数页，以此实现快速打印非连续的页面内容。

单击"文件"按钮，❶从弹出的菜单中单击"打印"命令，❷在"打印"选项面板的"设置"组中单击"打印所有页"选项，❸在展开的下拉列表中单击"仅打印偶数页"选项，如下左图所示。返回右侧界面，❹设置好打印的份数之后，❺单击"打印"按钮，如下右图所示，即能完成打印。

2 在同一纸张上打印多页内容

有时候一个文档中包含有很多页，为了节约纸张，需要把多页的文本内容缩小后打印在一张纸上，该如何实现呢？

打开一个需要打印的文档，单击"文件"按钮，❶从弹出的菜单中单击"打印"命令，如下左图所示。❷在"打印"选项面板的"设置"组中单击"每版打印 1 页"选项，❸在展开的下拉列表中单击"每版打印 6 页"选项，如下右图所示，之后就可以在同一张纸上打印出 6 页的内容。

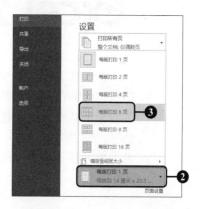

3 快速更新目录

在设计目录的过程中，用户完成了对目录的修改，之后又可能会因为种种原因需要对后文的标题以及正文进行修改。此时修改后的文档和目录就会出现不匹配的情况，通过快速更新目录的功能就可以避免这个问题。

打开一个需要更新目录的文档，❶在目录页中单击选中需要更新的目录，之后在目录的左上方会显示一个浮动的工具栏，如下左图所示，❷单击工具栏中的"更新目录"按钮，❸在弹出的"更新目录"对话框中选中"更新整个目录"单选按钮，❹之后单击"确定"按钮，即可完成目录的更新。

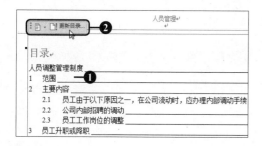

第 **6** 章

6

Excel 2016初探

在了解了 Word 2016 中的操作之后，本章开始进入 Excel 2016 的初探。要制作一个工作表，首先需要了解工作表的基本操作，包括添加、删除、移动和复制工作表等，然后需要了解单元格的基本操作，包括插入、删除、合并单元格等，最后还需要对编辑好的工作表做一些适当的美化。

6.1 工作簿的视图操作

有时候为了在一个界面中同时看到多个工作表的内容，或者需要全面地看到一个工作表中的所有内容，用户可以对工作簿的视图方式或工作表的窗口显示做出设置。

6.1.1 工作簿的并排比较

通常情况下，当用户打开多个工作簿的时候，在显示器中往往都只能显示其中一个工作簿的窗口，在窗口之间切换十分麻烦。如果想要让多个工作簿的窗口同时显示，可以利用 Excel 2016 中重排窗口的功能来进行操作。

◎ 原始文件：下载资源\实例文件\第6章\原始文件\业绩统计.xlsx
◎ 最终文件：下载资源\实例文件\第6章\最终文件\业绩统计.xlsx

❶ 新建一个窗口

打开原始文件，切换到"视图"选项卡，单击"窗口"组中的"新建窗口"按钮，如下图所示。

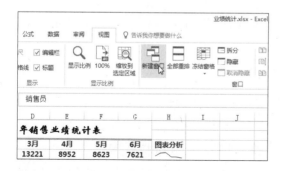

❷ 重排窗口

此时弹出了一个新的工作簿，然后在任意一个工作簿中单击"窗口"组中的"全部重排"按钮，如下图所示。

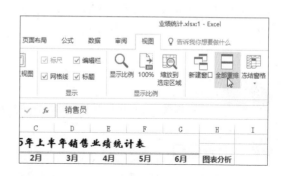

❸ 选择窗口的排列方式

弹出"重排窗口"对话框，❶单击"垂直并排"单选按钮，❷单击"确定"按钮，如下图所示。

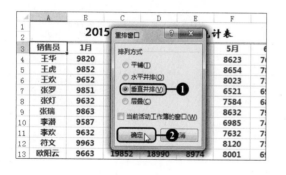

❹ 两个窗口垂直并排的效果

此时在屏幕中显示出两个工作簿的窗口，并且以并排的效果显示，如下图所示。

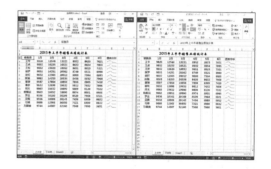

❺ 切换至另一个工作表

单击第二个窗口中的"下半年"工作表标签，如下图所示。

❻ 数据比较的效果

打开下半年的业绩统计表后，此时可以在同一个界面中对上半年和下半年的数据进行比较，如下图所示。

6.1.2 拆分和冻结窗口

拆分和冻结窗口的功能主要应用在含有大量内容的工作表中，其目的是为了让用户更方便地查看和比较工作表中任何位置的内容，因为在滚动一个工作表的时候，工作表里的行和列会随着用户的操作一起滚动。在设置了冻结窗口之后，所选中的行和列就不会随着整个工作表一起滚动，方便了对数据的比较。

◎ 原始文件：下载资源\实例文件\第6章\原始文件\业绩统计.xlsx
◎ 最终文件：下载资源\实例文件\第6章\最终文件\业绩统计1.xlsx

❶ 拆分窗口

打开原始文件，选择要拆分窗口位置的单元格，❶切换到"视图"选项卡，❷单击"窗口"组中的"拆分"按钮，如下图所示。

❷ 拆分窗口后的效果

此时在工作表中出现了一条水平和垂直的分隔线，窗口被拆分为四个窗口，分别拖动每个窗口中的滚动条，可以同时查看不同位置的数据，如下图所示。

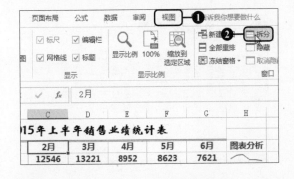

	A	B	C	D	E	F	G
1							
2			2015年上半年销售业绩统计表				
3	销售员	1月	2月	3月	4月	5月	6月
4	王华	9820	12546	13221	8952	8623	7621
5	王虎	9852	10235	16521	8632	8654	7895
6	王欢	9652	15620	18952	9651	8023	7321
7	张罗	9851	14251	20362	8749	6521	6990
8	张灯	9632	12365	20012	9000	7584	6885
9	张瑞	9863	14253	20336	8456	8632	7968
10	李潜	9587	17854	19856	7856	6985	7410
11	李欢	9632	12698	19632	9812	7632	7896
12	符文	9963	15632	19990	9809	8120	7532
13	欧阳云	9663	19852	18990	8974	8001	6985
14	罗庄	9336	10102	20109	8520	7968	6321

❸ 取消窗口的拆分

当查看完数据后，想要取消窗口拆分，单击"窗口"组中的"拆分"按钮，如下图所示。

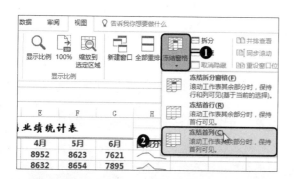

❹ 取消窗口拆分后的效果

此时可以看到，工作表中已经取消了窗口的拆分，如下图所示。

	A	B	C	D	E	F	G
1	**2015年上半年销售业绩统计表**						
2							
3	销售员	1月	2月	3月	4月	5月	6月
4	王华	9820	12546	13221	8952	8623	7621
5	王虎	9852	10235	16521	8632	8654	7895
6	王欢	9652	15620	18952	9651	8023	7321
7	张罗	9851	14251	20362	8749	6521	6990
8	张灯	9632	12365	20012	9000	7584	6885
9	张瑞	9863	14253	20336	8456	8632	7968
10	李潘	9587	17854	19856	7856	6985	7410
11	李欢	9632	12698	19632	9812	7632	7896
12	符文	9963	15632	19990	9809	8120	7532
13	欧阳云	9663	19852	18990	8974	8001	6985
14	罗庄	9336	10102	20109	8520	7968	6321

❺ 冻结首列

在窗口不被拆分的情况下，使销售人员的姓名始终保持在首列不变。❶单击"窗口"组中的"冻结窗格"按钮，❷在展开的下拉列表中单击"冻结首列"选项，如下图所示。

❻ 冻结窗口的效果

此时在首列单元格右侧出现一条冻结分隔线，拖动水平滚动条后，可以看见销售人员的姓名始终保持在首列单元格位置不变，如下图所示。使用这种方法在列字段较多时查看非常方便。

	A	C	D	E	F	G	H
1	**5年上半年销售业绩统计表**						
2							
3	销售员	2月	3月	4月	5月	6月	图表分析
4	王华	12546	13221	8952	8623	7621	
5	王虎	10235	16521	8632	8654	7895	
6	王欢	15620	18952	9651	8023	7321	
7	张罗	14251	20362	8749	6521	6990	
8	张灯	12365	20012	9000	7584	6885	
9	张瑞	14253	20336	8456	8632	7968	
10	李潘	17854	19856	7856	6985	7410	
11	李欢	12698	19632	9812	7632	7896	
12	符文	15632	19990	9809	8120	7532	
13	欧阳云	19852	18990	8974	8001	6985	
14	罗庄	10102	20109	8520	7968	6321	

知识进阶　冻结拆分窗格

如果要保持工作表中任意数量的行或列固定不变，而工作表中的其余部分可以随意滚动，此时可以使用冻结拆分窗格的功能。单击要冻结行或列右下角位置的单元格，在"窗口"组中单击"冻结窗格"按钮，在展开的下拉列表中单击"冻结拆分窗格"选项。

6.2 工作表的基本操作

在了解了工作表的视图操作后，用户也需要了解工作表的一些基本操作，包括为工作表更改名称、添加和删除工作表、移动和复制工作表以及隐藏工作表。

6.2.1 更改工作表名称和标签颜色

默认工作表标签名称一般都不能体现出工作表中的内容，对于编辑好的工作表，往往都需要为其工作表标签设置一个新的名称来和其他工作表区别开。设置工作表标签的名称以及标签的颜色可以极大地方便用户对工作表进行快速查找。

◎ 原始文件：下载资源\实例文件\第6章\原始文件\业绩统计.xlsx
◎ 最终文件：下载资源\实例文件\第6章\最终文件\业绩统计2.xlsx

❶ 重命名工作表标签

打开原始文件，❶右击"Sheet3"工作表标签，❷在弹出的快捷菜单中单击"重命名"命令，如下图所示。

❷ 工作表标签显示效果

此时"Sheet3"工作表标签呈现为可编辑状态，如下图所示。

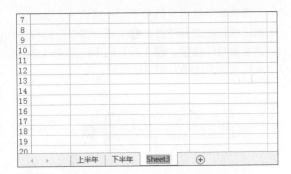

❸ 更改工作表标签颜色

❶直接输入工作表的名称为"业绩提成"，右击此工作表标签，❷在弹出的快捷菜单中指向"工作表标签颜色"命令，❸在展开的颜色下拉列表中选择合适的填充颜色，如下图所示。

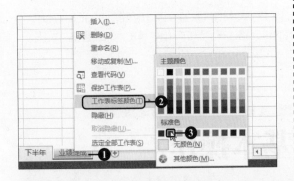

❹ 更改工作表标签颜色的效果

完成操作之后，工作表标签的颜色变成了设置的颜色，然后在工作表中编辑与标签名称相关的内容信息，如下图所示。

	A	B	C	D	E	F
1	业绩提成					
2	王华	4000				
3	王虎	15000				
4	王欢	3500				
5	张罗	6800				
6	张灯	7500				
7	张瑞	2300				
8	李潜	5600				
9	李欢	1241				
10	符文	5678				
11	欧阳云	6950				

上半年　下半年　业绩提成

就绪

扩 展 操 作

除了使用右键快捷菜单中的命令对工作表标签进行重命名外，还可以直接双击要命名的工作表标签，此时工作表标签呈现为可编辑状态，然后直接输入新的名称即可。

6.2.2 添加和删除工作表

当打开一个新的 Excel 工作簿时，可以看见在新的工作簿中默认包含有三个工作表，但是这些工作表的数量并不是固定不变的。在实际制作工作簿的时候，用户若要建立更多的工作表，则可在工作簿中直接添加新的工作表，而对于那些已经不需要的工作表则可以删除。

◎ 原始文件：下载资源\实例文件\第6章\原始文件\业绩统计3.xlsx
◎ 最终文件：下载资源\实例文件\第6章\最终文件\业绩统计3.xlsx

❶ 插入新工作表

打开原始文件，单击工作表标签右侧的"新工作表"按钮，如下图所示。

❷ 插入新工作表的效果

此时插入了一个新的工作表，自动命名为"Sheet1"，如下图所示。

❸ 编辑工作表

将新插入的"Sheet1"工作表标签重命名为"奖金"，并在工作表中添加相应的内容，如下图所示。

❹ 删除工作表

根据工作需要，此时已经不需要保留销售人员的销售业绩统计表，❶右击"上半年"工作表标签，❷在弹出的快捷菜单中单击"删除"命令，效果如下图所示。

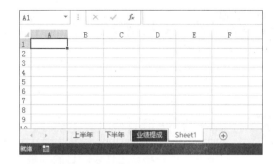

❺ 确定删除

弹出删除的提示框，单击"删除"按钮，效果如右图所示。

6 删除工作表后的效果

重复上述操作，再对"下半年"工作表标签进行删除，之后可以看到"上半年"和"下半年"工作表标签都消失了，效果如右图所示。

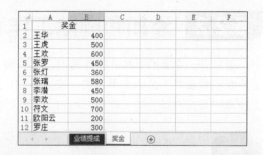

6.2.3 移动和复制工作表

移动和复制工作表是常常会用到的两种操作，移动和复制工作表既可以在同一个工作簿中实现，也可以在不同的工作簿中实现。

1 在同一工作簿中移动工作表

一般来说，用户移动工作表的目的都是为了让工作表在工作簿中按照一定的顺序排列，所以需要将工作表向前或向后移动。

◎ 原始文件：下载资源\实例文件\第6章\原始文件\公司常用表格.xlsx

◎ 最终文件：下载资源\实例文件\第6章\最终文件\公司常用表格.xlsx

1 移动工作表

打开原始文件，❶单击"支票使用登记簿"工作表标签，❷拖动鼠标至"人员增补申请表"工作表标签前，此时在此工作表标签左上角出现一个黑色的倒三角形，如下图所示。

2 移动工作表效果

释放鼠标后，可以看见工作表发生了移动，"借款单"和"支票使用登记簿"这两个会计工作使用的工作表放置在了一起，而人事工作使用的"人员增补申请表"工作表移动到了最后，如下图所示。

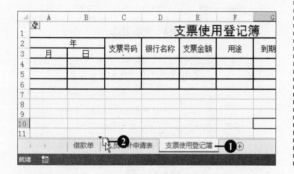

2 在不同工作簿中复制工作表

复制工作表不仅包括对工作表进行移动，也包括在移动的基础上新建一个同样的工作表。在不同工作簿中复制工作表，就是让原来工作簿中的工作表在保持不变的情况下，在另一个工作簿中创建一个同样的工作表。

◎ 原始文件：下载资源\实例文件\第6章\原始文件\公司常用表格.xlsx、人力工作.xlsx
◎ 最终文件：下载资源\实例文件\第6章\最终文件\人力工作.xlsx

❶ 移动复制工作表

打开原始文件，❶在"公司常用表格.xlsx"中右击"人员增补申请表"工作表标签，❷在弹出的快捷菜单中单击"移动或复制"命令，如下图所示。

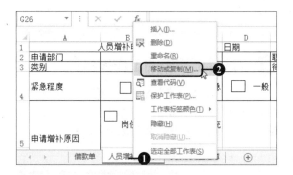

❸ 选择放置的位置

❶在"下列选定工作表之前"列表框中单击"移至最后"选项，❷勾选"建立副本"复选框，❸单击"确定"按钮，如下图所示。

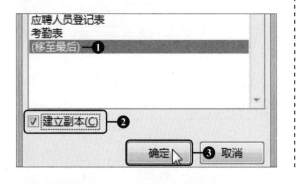

❷ 选择目标工作簿

弹出"移动或复制工作表"对话框，❶单击"将选定工作表移至工作簿"下的下三角按钮，❷在展开的下拉列表中单击"人力工作.xlsx"选项，如下图所示。

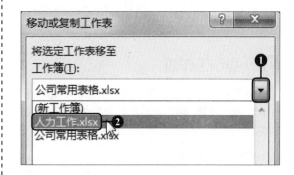

❹ 复制工作表的效果

此时可见"人员增补申请表"工作表被移动到了"人力工作"工作簿中，如下图所示。在原工作簿中依然保留了"人员增补申请表"工作表。

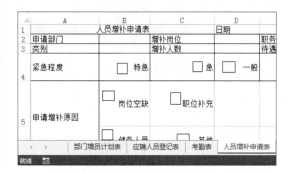

6.2.4 隐藏和显示工作表

当一份工作表中的内容属于需要保密的类型时，用户往往想要在工作簿中将工作表隐藏起来，不让其他人轻易查看，而自己却可以随时查看。此时可以通过右键快捷菜单来完成工作表的隐藏和显示。

◎ 原始文件：下载资源\实例文件\第6章\原始文件\公司常用表格.xlsx

◎ 最终文件：下载资源\实例文件\第6章\最终文件\公司常用表格.xlsx

❶ 隐藏工作表

打开原始文件，❶右击"人员增补申请表"工作表标签，❷在弹出的快捷菜单中单击"隐藏"命令，如下图所示。

❷ 隐藏工作表效果

此时"人员增补申请表"工作表被隐藏了起来，可以更好地保护工作表中的机密内容，如下图所示。

❸ 显示工作表

当需要将隐藏的工作表显示出来时，❶右击任意工作表标签，❷在弹出的快捷菜单中单击"取消隐藏"命令，如下图所示。

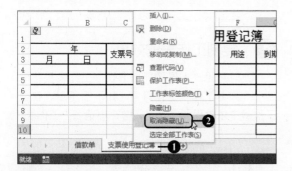

❹ 选择要显示的工作表名称

弹出"取消隐藏"对话框，❶在"取消隐藏工作表"列表框中单击"人员增补申请表"选项，❷单击"确定"按钮，如下图所示。

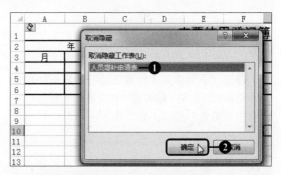

❺ 显示工作表的效果

完成操作之后，"人员增补申请表"工作表被重新显示出来，如右图所示。

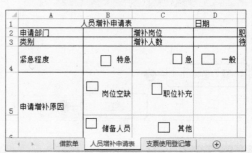

知识进阶 **隐藏全部工作表**

在一个拥有许多工作表的工作簿中，要隐藏全部的工作表，可以右击任意一个工作表标签，在弹出的快捷菜单中单击"选定全部工作表"命令，然后执行隐藏操作。

6.2.5 美化工作表

一份制作好的工作表如果不进行一些美化的设置，整个工作表就会显得相当单调，让人觉得乏味。所以要制作一个出色的工作表，不仅需要调整合适的工作表格式，还需要对工作表的整体效果进行美化。

1 套用表格格式自动美化工作表

为了方便用户的使用，系统中自带了多种不同类型的表格格式，通过套用这些表格格式，可以快速使整个工作表看起来更美观。

◎ 原始文件：下载资源\实例文件\第6章\原始文件\家电下乡销售情况统计.xlsx
◎ 最终文件：下载资源\实例文件\第6章\最终文件\家电下乡销售情况统计.xlsx

① 选择表格的格式

打开原始文件，❶在"开始"选项卡下单击"样式"组中的"套用表格格式"按钮，❷在展开的样式库中选择合适的样式，如下图所示。

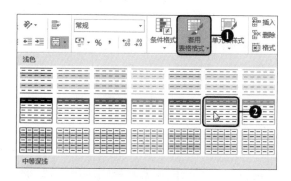

② 单击单元格引用按钮

弹出"套用表格式"对话框，单击单元格引用按钮，如下图所示。

③ 选择套用格式的区域

❶选择 A3:E11 单元格区域，❷然后单击单元格引用按钮，如下图所示。

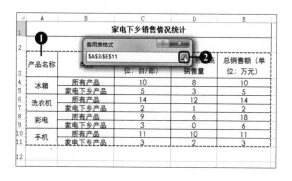

④ 设置表包含标题

返回对话框，❶勾选"表包含标题"复选框，❷单击"确定"按钮，如下图所示。

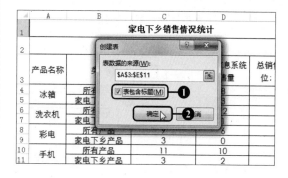

❺ 套用表格格式后的效果

完成操作之后，返回工作表中即可看到套用的表格格式，显示效果如右图所示。

		家电下乡销售情况统计	
		销 售 情 况	
产品名称	类别	总销售量（单位：台/部）	录入信息系统销售量
冰箱	所有产品	10	8
	家电下乡产品	5	3
洗衣机	所有产品	14	12
	家电下乡产品	2	1
彩电	所有产品	9	6
	家电下乡产品	3	0
手机	所有产品	11	10
	家电下乡产品	3	2

② 自定义表格的边框和底纹

如果对系统自带的表格格式不太满意，用户还可以自定义表格的格式，其中包括自定义设置表格的边框以及添加底纹。

◎ 原始文件：下载资源\实例文件\第6章\原始文件\家电下乡销售情况统计.xlsx
◎ 最终文件：下载资源\实例文件\第6章\最终文件\家电下乡销售情况统计1.xlsx

❶ 启动对话框

打开原始文件，❶选中表格，❷在"开始"选项卡下单击"字体"组中的对话框启动器，如下图所示。

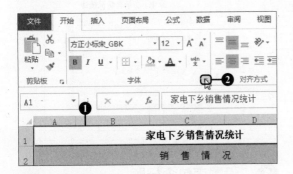

❷ 设置边框

弹出"设置单元格格式"对话框，切换到"边框"选项卡，❶设置边框的颜色为"红色"，❷在"样式"列表中选择样式，❸单击"预置"组中的"外边框"图标，如下图所示。

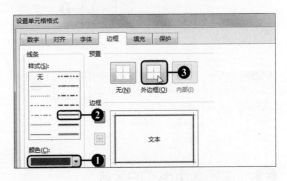

❸ 设置底纹

❶切换到"填充"选项卡，❷选择图案颜色为"红色，个性色 2，淡色 80%"，❸在"图案样式"下拉列表中选择底纹的图案，如下图所示。

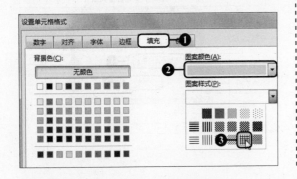

❹ 自定义的边框和底纹效果

单击"确定"按钮后，返回工作表即可看到添加的自定义边框和底纹，显示效果如下图所示。

		家电下乡销售情况统计		
		销 售 情 况		
产品名称	类别	总销售量（单位：台/部）	录入信息系统销售量	总销售额（单位：万元）
冰箱	所有产品	10	8	10
	家电下乡产品	5	3	5
洗衣机	所有产品	14	12	14
	家电下乡产品	2	1	2
彩电	所有产品	9	6	18
	家电下乡产品	3	0	6
手机	所有产品	11	10	11
	家电下乡产品	3	2	3

6.3 单元格的基本操作

一个工作表是由多个单元格组成的，要制作工作表当然离不开对单元格的操作。单元格的基本操作包括选定单元格、插入和删除单元格、合并单元格以及调整单元格的行高和列宽等。

6.3.1 选定单元格

要在单元格中输入内容或对单元格进行一些设置，都是需要先选定单元格的。选定单元格的方法分为用鼠标单击选定和使用名称框输入选定两种。

◎ 原始文件：下载资源\实例文件\第6章\原始文件\借款单.xlsx
◎ 最终文件：无

1 利用鼠标选定单元格

打开原始文件，用鼠标单击 A1 单元格，此时该单元格出现一个绿色的边框，表示单元格被选中了，如下图所示。

	A	B	C	D	E
1	借款单				
2	借款部门		借款人		
3	款项类别				
4	借款用途				
5	及理由				
6	借款金额		(大写)		
7	还款方式				

2 使用名称框选定单元格

❶在名称框中输入"B2"，按【Enter】键后，❷即可选中 B2 单元格，如下图所示。

B2 —❶		⋮	✕	✓	fx	
	A	B	C	D	E	
1	借款单					
2	借款部门		借款人			
3	款项类别					
4	借款用途	❷				
5	及理由					
6	借款金额		(大写)			

6.3.2 插入和删除单元格

在对工作表做编辑或调整的时候，可以根据要输入的内容来插入单元格，或根据工作表的格式布局来删除一些多余的单元格。

◎ 原始文件：下载资源\实例文件\第6章\原始文件\借款单.xlsx
◎ 最终文件：下载资源\实例文件\第6章\最终文件\借款单.xlsx

1 插入单元格

打开原始文件，选中要插入单元格位置的单元格，❶在"开始"选项卡下单击"单元格"组中的"插入"按钮，❷在展开的下拉列表中单击"插入单元格"选项，如右图所示。

❷ 选择单元格的移动方向

弹出"插入"对话框，❶单击"活动单元格右移"单选按钮，❷单击"确定"按钮，如下图所示。

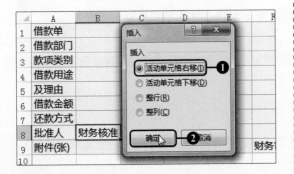

❸ 插入单元格的效果

在选定的单元格位置处插入了一个空白的单元格，原位置上的单元格自动向右移动，如下图所示。

	A	B	C	D	E	F
1	借款单					
2	借款部门		借款人			
3	款项类别					
4	借款用途					
5	及理由					
6	借款金额		(大写)			
7	还款方式					
8	批准人		财务核准			
9	附件(张)		注			财务审
10						

❹ 删除单元格

❶选中需要删除的单元格并右击，❷在弹出的快捷菜单中单击"删除"命令，如下图所示。

❺ 设置单元格移动方向

弹出"删除"对话框，❶单击"右侧单元格左移"单选按钮，❷单击"确定"按钮，如下图所示。

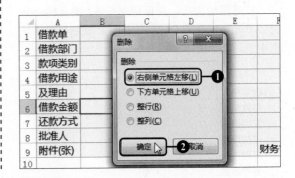

❻ 删除单元格的效果

完成操作之后，返回工作表即可看到选中的单元格被删除了，右侧的单元格自动向左移动，如右图所示。

	A	B	C	D	E	F
1	借款单					
2	借款部门		借款人			
3	款项类别					
4	借款用途					
5	及理由					
6	借款金额	(大写)				
7	还款方式					
8	批准人		财务核准			
9	附件(张)		备 注			财务审核
10						
11						

扩展操作

除了对单个的单元格进行插入和删除外，还可以插入和删除单元格行和单元格列。方法为：选中任意单元格，在"插入"下拉列表中选择"插入工作表行"或"插入工作表列"选项，在选中的单元格左侧或上方将插入一个单元格列或单元格行。

6.3.3 合并单元格

合并单元格就是把一个含有多个单元格的单元格区域通过合并功能变成一个单元格，在调整表格布局格式的时候常常会用到此功能。在使用了"合并后居中"功能后，单元格不但被合并了，而且单元格中的内容将自动居中对齐。灵活运用合并单元格的功能，可以使得整个工作簿的布局更加美观大方。

◎ 原始文件：下载资源\实例文件\第6章\原始文件\借款单1.xlsx
◎ 最终文件：下载资源\实例文件\第6章\最终文件\借款单1.xlsx

❶ 合并后居中

打开原始文件，❶选择 A1:H1 单元格区域，❷在"开始"选项卡下单击"对齐方式"组中的"合并后居中"按钮，如下图所示。

❷ 合并后居中的效果

选择的单元格区域合并为了一个单元格，单元格中的内容自动居中对齐，如下图所示。

	A	B	C	D	E	F
1			借款单			
2	借款部门		借款人			
3	款项类别					
4	借款用途					
5	及理由					
6	借款金额	(大写)				
7	还款方式					
8	批准人		财务核准			
9	附件(张)		备 注			财务审核

❸ 合并单元格

❶选择 A4:B4 单元格区域，❷单击"对齐方式"组中"合并后居中"右侧的下三角按钮，❸在展开的下拉列表中单击"合并单元格"选项，如下图所示。

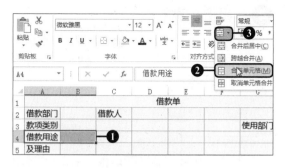

❹ 合并单元格效果

此时选择的单元格区域合并为一个单元格，并且单元格中的内容对齐方式不变，如下图所示。

	A	B	C	D	E	F
1			借款单			
2	借款部门		借款人			
3	款项类别					
4	借款用途					
5	及理由					
6	借款金额	(大写)				
7	还款方式					
8	批准人		财务核准			
9	附件(张)		备 注			财务审核
10						

❺ 合并单元格的整体效果

根据需要选择上述合并单元格的操作方法，对工作表中其他的单元格进行合并，完成整个工作表的调整，显示效果如右图所示。

	A	B	C	D	E	F
1			借款单			
2	借款部门		借款人			
3	款项类别					
4	借款用途					
5	及理由					
6	借款金额	(大写)				
7	还款方式					
8	批准人		财务核准			
9	附件(张)		备 注			财务审核

6.3.4 调整行高和列宽

在工作表中，一个单元格的行高和列宽并不是固定不变的，而是可以根据用户的需求任意改变。调整行高和列宽的方式有多种，既可以手动调节，也可以精确设置，还可以自动调整。

◎ 原始文件：下载资源\实例文件\第6章\原始文件\借款单2.xlsx
◎ 最终文件：下载资源\实例文件\第6章\最终文件\借款单2.xlsx

❶ 拖动鼠标调整列宽

打开原始文件，若要调整 B 列的列宽，则将鼠标指向 B 列和 C 列之间的分隔线，此时鼠标指针呈十字形，拖动分隔线至合适的位置，如下图所示。

❷ 调整列宽后的效果

释放鼠标后，调整了 B 列单元格的列宽，效果如下图所示。

❸ 精确设置行高

要精确设置某行的行高时，❶选中要调整行高单元格的行号，右击鼠标，❷在弹出的快捷菜单中单击"行高"命令，如下图所示。

❹ 设置行高的值

弹出"行高"对话框，❶在"行高"文本框中输入行高值，例如输入"30"，❷单击"确定"按钮，如下图所示。

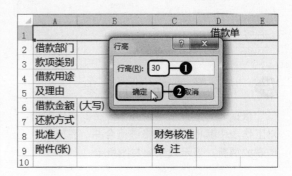

❺ 精确设置列宽

❶选中要设置列宽单元格的列标，右击鼠标，❷在弹出的快捷菜单中单击"列宽"命令，如下图所示。

❻ 设置列宽的值

弹出"列宽"对话框，❶在"列宽"文本框中输入列宽值，如输入"20"，❷单击"确定"按钮，如下图所示。

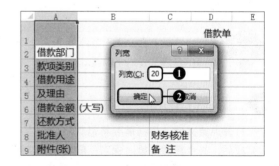

❼ 精确设置行高和列宽后的效果

完成了操作之后，调整好的行高和列宽的显示效果如下图所示。

	A	B	C	D
1			借款单	
2	借款部门		借款人	
3	款项类别			
4	借款用途			
5	及理由			
6	借款金额	(大写)		
7	还款方式			
8	批准人		财务核准	
9	附件(张)		备 注	

❾ 自动调整列宽效果

此时系统自动调整了 B 列单元格的列宽，其列宽与单元格中的内容长度相符合，如右图所示。

❽ 自动调整列宽

❶选中 B 列单元格，❷在"开始"选项卡下单击"单元格"组中"格式"右侧的下三角按钮，❸在展开的下拉列表中单击"自动调整列宽"选项，如下图所示。

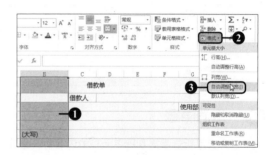

	A	B	C	D	E
1				借款单	
2	借款部门		借款人		
3	款项类别				
4	借款用途				
5	及理由				
6	借款金额	(大写)			
7	还款方式				
8	批准人		财务核准		
9	附件(张)		备 注		

知识进阶 设置默认列宽

如果要设置整个工作表的默认列宽，可以在"开始"选项卡下单击"单元格"组中的"格式"按钮，在展开的下拉列表中单击"默认列宽"选项，弹出"标准列宽"对话框，在文本框中输入列宽的值，单击"确定"按钮后，工作表中的默认列宽将被改变。

知识进阶 自动调整整个工作表的列宽或行高

选中整个工作表，将鼠标指向列与列或行与行之间的分隔线，双击鼠标，系统将自动匹配行高或列宽。

在一个工作表中，整行单元格和整列单元格不仅可以处于默认的显示状态下，也可以处于被隐藏的状态下，用户可以通过查看单元格的行号和列标来判断工作表中是否有单元格行或列被隐藏了起来。

◎ 原始文件：下载资源\实例文件\第6章\原始文件\借款单3.xlsx
◎ 最终文件：下载资源\实例文件\第6章\最终文件\借款单3.xlsx

❶ 隐藏行单元格

打开原始文件，根据需要将借款单的内容填写完成后，其金额需要暂时保密，❶右击要隐藏单元格行的行号，❷在弹出的快捷菜单中单击"隐藏"命令，如下图所示。

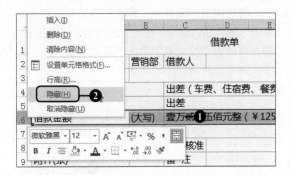

❷ 隐藏行单元格效果

此时在工作表中可以看到行号为"6"的单元格行被隐藏了起来，并出现了一条粗线，如下图所示。

❸ 取消隐藏

当需要重新查看第6行单元格的内容时，❶选择第5行和第7行单元格，右击鼠标，❷在弹出的快捷菜单中单击"取消隐藏"命令，如下图所示。

❹ 显示单元格效果

此时隐藏的单元格被重新显示了出来，如下图所示。隐藏列的操作与上述操作类似。

同步演练 调整出差报销单

通过本章的学习，相信读者已经对 Excel 2016 的一些基本操作有了初步的认识，能够通过 Excel 2016 来制作一些简单的表格。为了加深读者对本章知识的理解，下面通过一个实例来融会贯通这些知识点。

◎ 原始文件：下载资源\实例文件\第6章\原始文件\差旅费报销单.xlsx

◎ 最终文件：下载资源\实例文件\第6章\最终文件\差旅费报销单.xlsx

❶ 重命名工作表

打开原始文件，双击"Sheet1"工作表标签，此时工作表标签呈可编辑状态，如下图所示。

❷ 合并单元格

❶将"Sheet1"工作表命名为"出差报销单"，❷选择A1:M1单元格区域，❸单击"合并后居中"按钮，如下图所示。

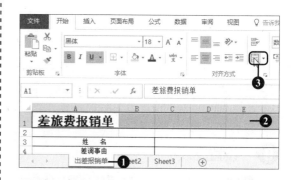

❸ 单击"行高"命令

❶此时单元格区域被合并了，标题显示在居中位置，❷选中整个工作表，右击任意行号，❸在弹出的快捷菜单中单击"行高"命令，如下图所示。

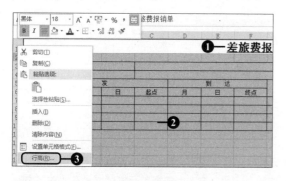

❹ 设置行高值

弹出"行高"对话框，❶在"行高"文本框中输入"20"，❷单击"确定"按钮，如下图所示。

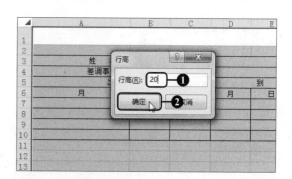

❺ 单击"列宽"命令

❶右击任意列标，❷在弹出的快捷菜单中单击"列宽"命令，如下图所示。

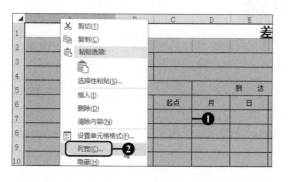

❻ 设置列宽值

弹出"列宽"对话框，❶在"列宽"文本框中输入"12"，❷单击"确定"按钮，如下图所示。

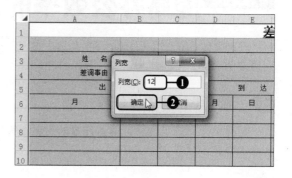

第6章 Excel 2016初探   129

❼ 单击"字体"组对话框启动器

此时工作表的列宽和行高被设置好了，然后单击"字体"组中的对话框启动器，如下图所示。

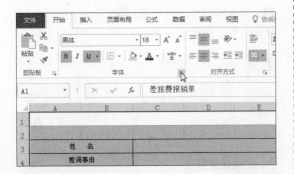

❾ 设置底纹

❶切换到"填充"选项卡，❷在"背景色"中选择合适的填充颜色，如下图所示。

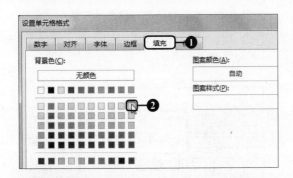

❽ 设置边框

弹出"设置单元格格式"对话框，切换到"边框"选项卡，❶设置边框的颜色为"红色"，❷在"样式"列表中选择样式，❸单击"外边框"图标，如下图所示。

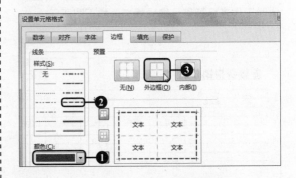

❿ 添加边框和底纹后的效果

返回工作表，可以看到添加了边框和底纹后的效果如下图所示。

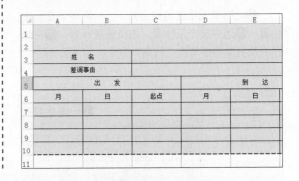

知识进阶 **跨越合并单元格**

如果要对一个包含有多个单元格行和单元格列的单元格区域进行逐行分别合并，可以使用跨越合并单元格的功能来实现。合并后的单元格行数保持不变而列数变为一列。方法为选择单元格区域，在"对齐方式"组中单击"合并后居中"按钮右侧的下三角按钮，在展开的下拉列表中单击"跨越合并"选项。

专家点拨 提高办公效率的诀窍

在对 Excel 进行了初探后，读者一定希望知道在使用 Excel 办公的时候有什么技巧可以快速达到想要的目的。下面就为读者介绍三种在制作工作表的时候可以用到的诀窍。

❶ 调整默认的工作表数

打开一个新的工作簿，其工作表的数量是系统自动决定的，但是用户也可以自行设置打开的工作表的个数。

其具体的方法为：打开一个工作簿，单击"文件"按钮，❶在打开的视图窗口中单击"选项"命令，如下左图所示。弹出"Excel 选项"对话框，❷在"常规"下的"新建工作簿时"选项组中设置"包含的工作表数"为"3"，如下右图所示，除此之外，用户还可以设置工作表中的默认字体、字号等。

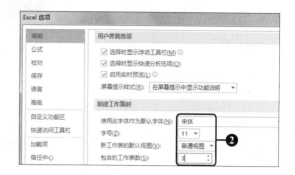

❷ 用拖动法快速复制工作表

利用对话框来复制工作表是一种常用的方法，但是对于复制工作表的操作还存在一个更方便快捷的方法。

具体方法为：单击工作表标签，按住【Ctrl】键不放，拖动鼠标至合适的位置，如下左图所示，释放鼠标后，即可快速完成对工作表的复制，如下右图所示。

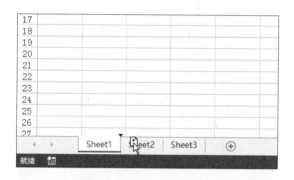
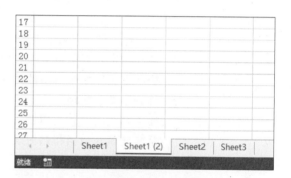

❸ 使用跨越合并功能快速合并多行

要合并多行单元格时，一行一行地进行合并比较麻烦，并且也相当费时，此时可以使用单元格的"跨越合并"功能来实现。

具体方法为：❶选择一个多行的单元格区域，❷在"开始"选项卡下单击"对齐方式"组中的"合并后居中"右侧的下三角按钮，❸在展开的下拉列表中单击"跨越合并"选项，如下左图所示。即可快速地合并多行单元格，如下右图所示。

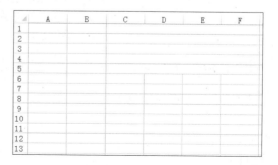

第 **7** 章

7

数据的录入与编辑

在了解了 Excel 2016 中单元格的基本操作之后，本
章开始进入对数据录入和编辑的学习。要达到快速、熟
练地在工作表中编辑数据内容的目的，首先需要学习各
种数据类型的输入方式，然后需要了解在输入数据的过
程中需要用到的实用技巧，最后要掌握如何利用填充功
能快速输入数据和如何设置数据有效性来防止输入数据
时错误的发生。

7.1　在单元格中输入数据
7.2　快速填充数据
7.3　利用数据验证限制数据的录入类型
7.4　设置单元格的数据格式
7.5　编辑数据

7.1 在单元格中输入数据

了解在单元格中输入各种数据的方法是制作 Excel 工作表最基本的要求，输入的数据类型包括文本、数字、日期和时间。每种类型数据的输入方法总体上基本相同，在细节上又各有各的特点。

7.1.1 输入文本和数字

文本包含汉字、英文字母、数字等，其中数字是可以直接用于加减乘除计算的数据，在 Excel 工作表中还可以输入分数来实现数据的计算。在单元格中输入内容一般包括直接选中单元格输入和在编辑栏中输入两种方式。

◎ 原始文件：无
◎ 最终文件：下载资源\实例文件\第7章\最终文件\销售统计表.xlsx

❶ **在单元格中输入**

打开一个空白的 Excel 表格，选中 A1 单元格，输入所需的文本"销售日期"，如下图所示。

A1	▼ : × ✓ fx	销售日期		
	A	B	C	D	E
1	销售日期				
2					
3					
4					
5					
6					
7					
8					
9					

❷ **在编辑栏中输入**

按【Enter】键完成输入后重复上述操作，输入其他文本，❶选中 D2 单元格，❷在编辑栏中输入"20"，如下图所示。

D2	▼ : × ✓ fx	20 ❷			
	A	B	C	D	E	F
1	销售日期	货品名称	面积大小	销售数量	销售数量	备注
2		红色瓷砖		20 ❶		
3		白色瓷砖				
4		蓝色瓷砖				
5		黄色瓷砖				
6						
7						
8						
9						
10						

❸ **输入后的效果**

按【Enter】键完成输入后，重复上述操作，继续输入 D 列中其他数据，显示效果如下图所示。

	A	B	C	D	E	F
1	销售日期	货品名称	面积大小	销售数量	销售数量	备注
2		红色瓷砖		20		
3		白色瓷砖		40		
4		蓝色瓷砖		30		
5		黄色瓷砖		10		
6						
7						
8						
9						
10						
11						

❹ **输入分数**

在 C2 单元格中输入"0 3/4"，其中，"0"和"3/4"之间有一个空格，如下图所示。

	A	B	C	D	E	F
1	销售日期	货品名称	面积大小	销售数量	销售数量	备注
2		红色瓷砖	0 3/4	20		
3		白色瓷砖		40		
4		蓝色瓷砖		30		
5		黄色瓷砖		10		
6						
7						
8						
9						
10						
11						

⑤ 完成输入

按【Enter】键，即可完成分数的输入。继
续使用相同的方法输入面积大小，最后即可看到
完成数据输入后的表格效果，如右图所示。

	A	B	C	D	E
1	销售日期	货品名称	面积大小	销售数量	销售数量↓备注
2		红色瓷砖	3/4	20	
3		白色瓷砖	1	40	
4		蓝色瓷砖	2/3	30	
5		黄色瓷砖	4/5	10	
6					
7					
8					

扩 展 操 作

在 Excel 单元格中输入分数的时候，如果直接输入"3/4"，就会生成"3月4日"的日期格式，如
果想要让 Excel 将其以分数格式显示，就必须先输入 0，接着输入一个空格，最后输入"3/4"。

7.1.2 输入日期和时间

在单元格中输入日期和时间的方法与输入文本和数字的方法相似，不同的是，日期和时间都具
有特定的分隔符。日期可以用斜线"/"、连接符"-"或者直接输入汉字来进行分隔，时间只能用":"
进行分隔。

◎ 原始文件：下载资源\实例文件\第7章\原始文件\销售统计表1.xlsx
◎ 最终文件：下载资源\实例文件\第7章\最终文件\销售统计表1.xlsx

❶ 使用斜线输入日期

打开原始文件，在 A2 单元格中输入日期
"2015/12/5"，如下图所示。

A2		▼	:	×	✓	fx	2015/12/5

	A	B	C	D	E	F
1	销售日期	货品名称	面积大小	销售数量	销售数量↓备注	
2	2015/12/5		3/4	20		
3		白色瓷砖	1	40		
4		蓝色瓷砖	2/3	30		
5		黄色瓷砖	4/5	10		
6						

❷ 使用连接符输入日期

按【Enter】键完成输入，选中 A3 单元格，
输入日期"2015-12-6"，如下图所示。

A3		▼	:	×	✓	fx	2015-12-6

	A	B	C	D	E	F
1	销售日期	货品名称	面积大小	销售数量	销售数量↓备注	
2	2015/12/5	红色瓷砖	3/4	20		
3	2015-12-6	白色瓷砖	1	40		
4		蓝色瓷砖	2/3	30		
5		黄色瓷砖	4/5	10		
6						

❸ 输入时间

按【Enter】键完成输入，❶然后继续使用
相同的方法输入其他日期，❷选中 F2 单元格，
输入"最后统计时间：12 月 10 日 17:20"，按
【Enter】键完成输入，如右图所示。

7.1.3 输入指数上标

在输入平方米、立方米等特殊数据的时候，需要在单元格中输入数据的指数。数据的指数不会
和数据显示在一条水平线上，而是显示在数据的右上角。这种显示效果属于单元格格式显示中特殊
效果的一种。

❶ 选中指数上标的数字

打开原始文件，选择 C2 单元格，单元格中的分数自动化为小数，在分数后输入"m2"，拖动鼠标选中数字"2"，如下图所示。

❷ 单击"设置单元格格式"命令

❶右击鼠标，❷在弹出的快捷菜单中单击"设置单元格格式"命令，如下图所示。

❸ 勾选"上标"复选框

弹出"设置单元格格式"对话框，在"特殊效果"选项组下勾选"上标"复选框，如下图所示。

❹ 设置指数上标后的效果

单击"确定"按钮后，返回到工作表中，按【Enter】键，完成指数上标的输入，效果如下图所示。

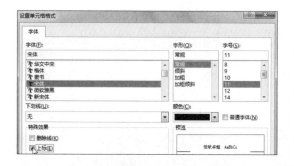

7.2 快速填充数据

在制作的表格中填写数据时，经常会遇到一些在结构上有规律的数据，这些数据可以通过填充数据的功能进行输入。

7.2.1 通过填充柄填充数据

通过填充柄可以任意拖动单元格填充相同的数据或是具有特定规律的数据，可以横向拖动鼠标在单元格行中填充，也可以纵向拖动在单元格列中填充。

1 填充相同数据

用户在输入信息时，如果希望在一列或一行单元格区域的不同单元格中输入大量相同的数据信息，可以不用逐个单元格输入，而是直接利用填充柄拖动法为单元格区域填充相同的数据。

◎ 原始文件：下载资源\实例文件\第7章\原始文件\员工统计表.xlsx
◎ 最终文件：下载资源\实例文件\第7章\最终文件\员工统计表.xlsx

❶ 选中单元格

打开原始文件，选中 E2 单元格，将鼠标指针指向单元格的右下角，此时鼠标指针呈十字形，如下图所示。

	A	B	C	D	E
1	员工编号	姓名	性别	入职时间	所在部门编号
2	100101	张三	男	2012/5/20	1001
3		李思			
4		张毅			
5		张罗			
6		刘鹏			
7		刘希			
8		李亚男			
9					
10					

❷ 拖动填充柄

向下拖动鼠标至 E8 单元格，如下图所示。

E2   fx   1001

	A	B	C	D	E	F
1	员工编号	姓名	性别	入职时间	所在部门编号	
2	100101	张三	男	2012/5/20	1001	
3		李思				
4		张毅				
5		张罗				
6		刘鹏				
7		刘希				
8		李亚男				

❸ 填充相同数据后的效果

释放鼠标后，可以在 E2:E8 单元格区域利用填充功能填充相同的数据，如右图所示。

E2   fx   1001

	A	B	C	D	E
1	员工编号	姓名	性别	入职时间	所在部门编号
2	100101	张三	男	2012/5/20	1001
3		李思			1001
4		张毅			1001
5		张罗			1001
6		刘鹏			1001
7		刘希			1001
8		李亚男			1001
9					

知识进阶   "自动填充选项"按钮的使用

当拖动填充柄进行填充后，在最后一个单元格右侧将出现一个"自动填充选项"按钮，单击此按钮后，在展开的下拉列表中可以选择填充的方式，包括复制单元格、填充序列、仅填充格式和不带格式填充。

2 填充有规律的数据

在 Excel 表格的制作过程中，经常需要输入一些按规律递增或递减的数据内容，利用拖动填充柄自动填充数据的功能，可以将这些有规律的数据填充到指定的单元格中。

❶ 拖动鼠标

继续使用上面的工作簿，在 A2 单元格中输入员工"李思"的编号，选择 A2:A3 单元格区域，拖动单元格右下角填充柄至 A8 单元格，如右图所示。

A2   fx   100101

	A	B	C	D	E
1	员工编号	姓名	性别	入职时间	所在部门编号
2	100101	张三	男	2012/5/20	1001
3	100102	李思			1001
4					1001
5		张罗			1001
6		刘鹏			1001
7		刘希			1001
8		李亚男			1001

❷ 填充后的效果

释放鼠标后，在 A4:A8 单元格区域内填充了有规律的员工编号，如右图所示。

	A	B	C	D	E
1	员工编号	姓名	性别	入职时间	所在部门编号
2	100101	张三	男	2012/5/20	1001
3	100102	李思			1001
4	100103	张毅			1001
5	100104	张罗			1001
6	100105	刘鹗			1001
7	100106	刘希			1001
8	100107	李亚男			1001

（A2 单元格内容：100101）

知识进阶 判断填充数据的规律

通过比较两个单元格中数据的差别，可以简单地判断出在某个单元格区域内所需要输入数据的规律，所以填充的数据规律并不是随意的，而是以选择单元格区域中数据的规律作为依据，实行等差填充或等比填充。

7.2.2 通过对话框填充数据

除了可以利用填充柄填充数据以外，还可以通过对话框来填充数据。在"序列"对话框中可以对数据的规律做出更多选择，例如可以选择序列生成在表格的某一行或某一列，也可以选择序列的类型，还可以设置序列的步长值（即等差序列中等差的差额和等比序列中等比的比例值）和终止值。

◎ 原始文件：下载资源\实例文件\第7章\原始文件\员工统计表1.xlsx
◎ 最终文件：下载资源\实例文件\第7章\最终文件\员工统计表1.xlsx

❶ 选中区域

打开原始文件，选择 D2:D8 单元格区域，如下图所示。

	A	B	C	D	E
1	员工编号	姓名	性别	入职时间	所在部门编号
2	100101	张三	男	2012/5/20	1001
3	100102	李思			1001
4	100103	张毅			1001
5	100104	张罗			1001
6	100105	刘鹗			1001
7	100106	刘希			1001
8	100107	李亚男			1001
9					
10					
11					

（D2 单元格内容：2012/5/20）

❷ 选择"序列"选项

❶在"开始"选项卡下单击"编辑"组中的"填充"按钮，❷在展开的下拉列表中单击"序列"选项，如下图所示。

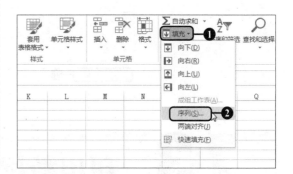

❸ 设置填充的类型

弹出"序列"对话框，在"类型"选项组中单击"日期"单选按钮，在"日期单位"选项组中单击"工作日"单选按钮，最后单击"确定"按钮，如右图所示。

④ 填充的效果

单击"确定"按钮后，返回到工作表，在 D2:D8 单元格区域中以工作日为依据，以 D2 单元格中的日期为起点，填充了入职时间，如右图所示。

⊿	A	B	C	D	E
1	员工编号	姓名	性别	入职时间	所在部门编号
2	100101	张三	男	2012/5/20	1001
3	100102	李思		2012/5/21	1001
4	100103	张毅		2012/5/22	1001
5	100104	张罗		2012/5/23	1001
6	100105	刘鹏		2012/5/24	1001
7	100106	刘希		2012/5/25	1001
8	100107	李亚男		2012/5/28	1001
9					

7.2.3 通过快速填充功能填充数据

快速填充能让一些不太复杂的字符串处理工作变得更简单。其不仅可以进行复制和按照一定的规律自动扩展，还能实现日期拆分、字符串分列和合并等以前需要借助公式或分列功能才能实现的功能。

◎ 原始文件：下载资源\实例文件\第7章\原始文件\员工统计表2.xlsx
◎ 最终文件：下载资源\实例文件\第7章\最终文件\员工统计表2.xlsx

❶ 使用快捷菜单填充

打开原始文件，选中 C2 单元格，❶在"开始"选项卡中单击"编辑"组中的"填充"按钮，❷在展开的列表中单击"快速填充"命令，如下图所示。

❷ 填充格式后的效果

完成操作之后，在选中的单元格区域下方就自动填充了类似的格式，如下图所示。

7.3 利用数据验证限制数据的录入类型

数据有效性是对单元格或单元格区域中输入的数据从内容到数量上的限制。设置数据有效性包括设置数据的限制验证条件、设置数据输入的提示信息、设置数据输入错误时的错误警告。

7.3.1 限制验证条件

使用数据限制验证条件可以控制用户输入单元格的数据或数值的类型。例如，当需要将数据输入限制在某个日期范围或某个列表范围内、确保只输入正整数等。设置好验证条件之后，数据就需要符合一定的规则才能被输入。

◎ 原始文件：下载资源\实例文件\第7章\原始文件\试用和实习员工统计.xlsx
◎ 最终文件：下载资源\实例文件\第7章\最终文件\试用和实习员工统计.xlsx

❶ 设置数据验证

打开原始文件，❶选中 D3 单元格，❷切换到"数据"选项卡，❸单击"数据工具"组中的"数据验证"下三角按钮，❹在展开的下拉列表中单击"数据验证"选项，如下图所示。

❸ 引用单元格区域

❶选择 F3:F9 单元格区域，引用此单元格区域中的内容，❷然后单击单元格引用按钮，如下图所示。

❺ 下拉列表制作的效果

此时在 D3 单元格右侧出现一个倒三角按钮，单击倒三角按钮，在展开的下拉列表中列出了所需的内容，单击即可选入单元格，如右图所示。

❷ 设置数据验证条件

弹出"数据验证"对话框，❶在"允许"下拉列表中选择"序列"选项，❷默认勾选"忽略空值"和"提供下拉箭头"复选框，❸单击"来源"右侧的单元格引用按钮，如下图所示。

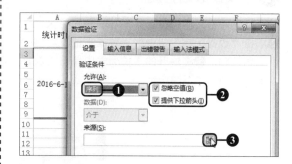

❹ 单击"确定"按钮

返回"数据验证"对话框，单击"确定"按钮，如下图所示。

7.3.2 设置提示信息

　　为选定的单元格或单元格区域设置提示信息，可以让提示的内容一直显示在要输入数据的单元格旁边，以此来提醒用户需要注意的事项。

　◎ 原始文件：下载资源\实例文件\第7章\原始文件\试用和实习员工统计1.xlsx
　◎ 最终文件：下载资源\实例文件\第7章\最终文件\试用和实习员工统计1.xlsx

❶ 设置数据验证

　　打开原始文件，❶选择 B6:C9 单元格区域，❷单击"数据工具"组中的"数据验证"右侧的下三角按钮，❸在展开的下拉列表中单击"数据验证"选项，如下图所示。

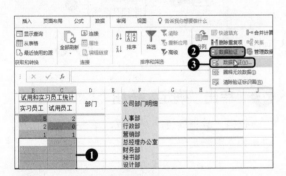

❸ 设置提示信息效果

　　单击"确定"按钮，返回工作表中，单击 B6:C9 单元格区域中的任意单元格，将出现信息提示框，效果如右图所示。

❷ 设置输入信息

　　弹出"数据验证"对话框，❶切换到"输入信息"选项卡下，❷在"标题"文本框中输入"请输入人数"，❸在"输入信息"文本框中输入"人数范围在 10 以下"，如下图所示。

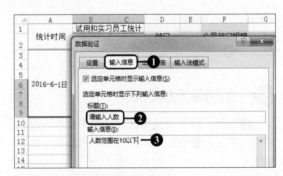

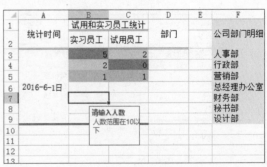

7.3.3 设置错误警告

　　在设置完验证条件和提示信息后，还可以设置出错警告的样式和内容。出错警告的样式包括三种，即"停止""警告"和"信息"。而出错警告的内容可以自定义为任意的内容。

❶ 设置数据验证

打开原始文件，❶选择 B6:C9 单元格区域，❷单击"数据工具"组中的"数据验证"下三角按钮，❸在展开的列表中单击"数据验证"选项，如下图所示。

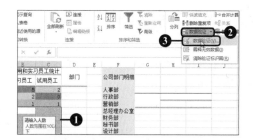

❷ 设置出错警告

弹出"数据验证"对话框，❶切换到"出错警告"选项卡，❷在"样式"下拉列表中单击"停止"选项，❸在"标题"文本框中输入"无效数据"，❹在"错误信息"文本框中输入"输入数据超过有效范围"，如下图所示。

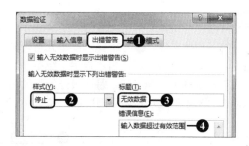

❸ 设置验证条件

❶切换到"设置"选项卡，❷在"允许"下拉列表中选择"整数"选项，❸在"数据"下拉列表选择"介于"选项，❹将"最小值"设置为"0"，❺将"最大值"设置为"10"，如下图所示。

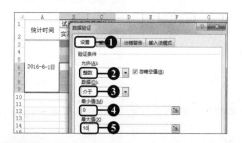

❹ 设置后的效果

单击"确定"按钮之后，❶在 B7 单元格中输入"12"并按【Enter】键，弹出"无效数据"错误警告提示框，❷在提示对话框中出现设置好的提示信息，效果如下图所示。

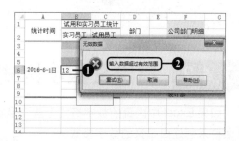

知识进阶 **"停止""警告"和"信息"的区别**

选择"停止"样式时，系统在给出提示的同时强行终止输入；选择"警告"样式时，系统将弹出出错提示框；选择"信息"样式时，屏幕上只是提示出错，不会自动采取任何措施。

7.4 设置单元格的数据格式

对于不同的数据，需要设置不同的格式才能达到数据的表现效果。数据格式的类型包含有很多种，用户应该根据不同的需要来选择，例如在输入金额数据的时候，就可以选择数据的格式为货币格式。

7.4.1 套用预设的数据格式

　　一般情况下，在工作表中输入数据，数据的表现形式都为常规格式，例如在输入金额的时候，希望在数据的前面显示货币符号，以及使用分隔符将数据按位数分开，那么可以直接套用系统预设的数据格式。

◎　原始文件：下载资源\实例文件\第7章\原始文件\客户美容账单明细.xlsx
◎　最终文件：下载资源\实例文件\第7章\最终文件\客户美容账单明细.xlsx

❶ 选择数字格式为货币格式

　　打开原始文件，❶选择 C3:C9 单元格区域，❷在"开始"选项卡下单击"数字"组中"数字格式"右侧的下三角按钮，❸在展开的下拉列表中单击"货币"选项，如下图所示。

❷ 设置货币格式后的效果

　　完成操作之后，返回工作表即可看到，此时选中的单元格区域内的数据以货币的形式表现，如下图所示。

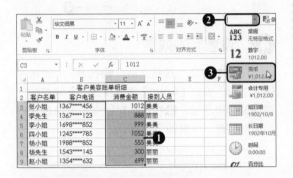

 7.4.2 自定义数字格式

　　如果 Excel 中内置的数字格式无法满足实际工作中的需要，用户还可以通过"设置单元格格式"对话框来创建自定义的数字格式。

◎　原始文件：下载资源\实例文件\第7章\原始文件\客户美容账单明细1.xlsx
◎　最终文件：下载资源\实例文件\第7章\最终文件\客户美容账单明细1.xlsx

❶ 设置单元格格式

　　打开原始文件，❶选择 C3:C9 单元格区域，❷右击鼠标，在弹出的快捷菜单中单击"设置单元格格式"命令，如右图所示。

② 自定义单元格格式

弹出"设置单元格格式"对话框，❶在"分类"列表框中单击"自定义"选项，❷在"类型"文本框中输入"[蓝色][>1000]####;¥0.00"，如下图所示。

③ 设置单元格效果

单击"确定"按钮后，返回工作表中，此时可见消费金额在 1000 以上的数据突出显示为蓝色，如下图所示。

	A	B	C	D	E
1		客户美容账单明细			
2	客户名单	客户电话	消费金额	接到人员	
3	张小姐	1367****456	1012	美美	
4	李先生	1367****123	¥888.00	丽丽	
5	李小姐	1698****852	¥999.00	美美	
6	四小姐	1245****785	1052	美美	
7	杨小姐	1988****852	¥555.00	美美	
8	杨先生	1543****145	¥300.00	丽丽	
9	赵小姐	1354****632	¥699.00	丽丽	
10					
11		消费总金额	¥5,505.00		
12					

7.5 编辑数据

在编辑数据时，除了需要输入各种数据以外，在整个编辑过程中还需要利用一些常用的、简单的功能来辅助数据的编辑，如果需要重复输入相同的数据内容，就可以利用移动、复制、粘贴的功能来提高工作效率。

7.5.1 移动/复制单元格数据

移动单元格数据是指将某个单元格或单元格区域的数据移动到另一个位置上显示，而原来位置上的数据将消失；复制单元格数据不仅可以将内容移动到新的位置上，同时还会保留原来位置上的数据。

◎ 原始文件：下载资源\实例文件\第7章\原始文件\客户美容账单明细2.xlsx
◎ 最终文件：下载资源\实例文件\第7章\最终文件\客户美容账单明细2.xlsx

① 选择单元格区域

打开原始文件，选择 C2:C9 单元格区域，将鼠标指针指向单元格区域边框，此时鼠标指针的上方有一个十字箭头，效果如右图所示。

	A	B	C	D	E
1		客户美容账单明细			
2	客户名单	客户电话	消费金额	接到人员	
3	张小姐	1367****456	1012	美美	
4	李先生	1367****123	¥888.00	丽丽	
5	李小姐	1698****852	¥999.00	美美	
6	四小姐	1245****785	1052	美美	
7	杨小姐	1988****852	¥555.00	美美	
8	杨先生	1543****145	¥300.00	丽丽	
9	赵小姐	1354****632	¥699.00	丽丽	
10					
11		消费总金额	¥5,505.00		

❷ 拖动单元格

按住鼠标左键不放，拖动单元格区域至 E 列单元格，如下图所示。

	A	B	C	D	E
1	客户美容账单明细				
2	客户名单	客户电话	消费金额	接到人员	
3	张小姐	1367****456	1012	美美	
4	李先生	1367****123	¥888.00	丽丽	
5	李小姐	1698****852	¥999.00	美美	
6	四小姐	1245****785	1052	美美	
7	杨小姐	1988****852	¥555.00	美美	
8	杨先生	1543****145	¥300.00	丽丽	
9	赵小姐	1354****632	¥699.00	丽丽	
10					
11	消费总金额		¥5,505.00		

❸ 移动后的效果

释放鼠标后，单元格区域中的内容移动到了 E 列单元格中，原单元格区域位置上的内容消失不见了，如下图所示。

	A	B	C	D	E
1	客户美容账单明细				
2	客户名单	客户电话		接到人员	消费金额
3	张小姐	1367****456		美美	1012
4	李先生	1367****123		丽丽	¥888.00
5	李小姐	1698****852		美美	¥999.00
6	四小姐	1245****785		美美	1052
7	杨小姐	1988****852		美美	¥555.00
8	杨先生	1543****145		丽丽	¥300.00
9	赵小姐	1354****632		丽丽	¥699.00
10					
11	消费总金额		¥0.00		

❹ 选择单元格区域

选择 E2:E9 单元格区域，按住【Ctrl】键不放，将鼠标指针指向单元格区域边框，待鼠标指针右上角出现一个十字形，如下图所示。

	A	B	C	D	E
1	客户美容账单明细				
2	客户名单	客户电话		接到人员	消费金额
3	张小姐	1367****456		美美	1012
4	李先生	1367****123		丽丽	¥888.00
5	李小姐	1698****852		美美	¥999.00
6	四小姐	1245****785		美美	1052
7	杨小姐	1988****852		美美	¥555.00
8	杨先生	1543****145		丽丽	¥300.00
9	赵小姐	1354****632		丽丽	¥699.00
10					
11	消费总金额		¥0.00		

❺ 按住【Ctrl】键拖动单元格

按住鼠标左键不放，将 E2:E9 单元格区域拖动至 C 列单元格，如下图所示。

	A	B	C	D	E
1	客户美容账单明细				
2	客户名单	客户电话		接到人员	消费金额
3	张小姐	1367****456		美美	1012
4	李先生	1367****123		丽丽	¥888.00
5	李小姐	1698****852	C2:C9	美美	¥999.00
6	四小姐	1245****785		美美	1052
7	杨小姐	1988****852		美美	¥555.00
8	杨先生	1543****145		丽丽	¥300.00
9	赵小姐	1354****632		丽丽	¥699.00
10					
11	消费总金额		¥0.00		

❻ 复制后的效果

释放鼠标后，在 C 列单元格中显示了复制的内容，原单元格区域内的内容保持不变，效果如右图所示。

	A	B	C	D	E
1	客户美容账单明细				
2	客户名单	客户电话	消费金额	接到人员	消费金额
3	张小姐	1367****456	1012	美美	1012
4	李先生	1367****123	¥888.00	丽丽	¥888.00
5	李小姐	1698****852	¥999.00	美美	¥999.00
6	四小姐	1245****785	1052	美美	1052
7	杨小姐	1988****852	¥555.00	美美	¥555.00
8	杨先生	1543****145	¥300.00	丽丽	¥300.00
9	赵小姐	1354****632	¥699.00	丽丽	¥699.00
10					
11	消费总金额		¥5,505.00		

扩展操作

除了使用拖动鼠标的方法来移动单元格外，还可以选择单元格区域，右击鼠标，在弹出的快捷菜单中单击"剪切"命令，再单击要放置内容的单元格，右击鼠标，在弹出的快捷菜单中单击"粘贴"命令，此时单元格中的数据将被移动。同理，在单元格区域的右键快捷菜单中选择"复制"命令可以将其复制。

7.5.2 选择性粘贴数据

在使用复制粘贴功能时，可以根据需要对数据实行选择性粘贴，例如只粘贴单元格中数据的值、单元格的格式或单元格中的公式等。

◎ 原始文件：下载资源\实例文件\第7章\原始文件\客户美容账单明细3.xlsx
◎ 最终文件：下载资源\实例文件\第7章\最终文件\客户美容账单明细3.xlsx

❶ **复制文本**

打开原始文件，❶选中 C11 单元格并右击鼠标，❷在弹出的快捷菜单中单击"复制"命令，如下图所示。

❷ **粘贴文本**

❶选中 E11 单元格并右击鼠标，❷在弹出的快捷菜单中单击"选择性粘贴"命令，如下图所示。

❸ **选择粘贴公式**

弹出"选择性粘贴"对话框，在"粘贴"选项组下单击"公式"单选按钮，如下图所示。

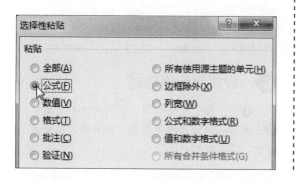

❹ **选择粘贴公式后的效果**

❶在 E11 单元格中不但显示出了复制的文本数据，❷而且可以在编辑栏中看到复制了文本的公式，如下图所示。

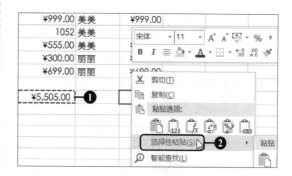

同步演练 录入员工档案

通过对本章知识的学习，相信用户已经对 Excel 2016 中数据的录入和编辑有了初步的认识，掌握了快速填充数据、利用数据验证限制数据的录入、设置单元格的数据格式的操作方法。为了加深用户对本章知识的理解，下面通过一个实例来融会贯通这些知识点。

◎ 原始文件：下载资源\实例文件\第7章\原始文件\员工档案.xlsx
◎ 最终文件：下载资源\实例文件\第7章\最终文件\员工档案.xlsx

❶ 输入文本内容

打开原始文件，选中 C2 单元格，在单元格中输入文本"张三"，如下图所示。

	A	B	C	D
1	员工档案			
2	基本情况	姓名	张三	性别
3		出生日期		身份证号码
4		政治面貌		婚姻状况
5		毕业学校		学历
6		毕业时间		参加工作时间
7		专业		户口所在地
8		籍贯		邮政编码
9		地址		联系电话
10		手机		电子信箱
11		备注		
12	入司情况	所属部门		担任职务

❷ 输入日期

按【Enter】键完成输入，选中 C3 单元格，在单元格中输入日期"1982/3/15"，如下图所示。

| C3 | | × | ✓ | fx | 1982/3/15 |

	A	B	C	D
1	员工档案			
2	基本情况	姓名	张三	性别
3		出生日期	1982/3/15	身份证号码
4		政治面貌		婚姻状况
5		毕业学校		学历
6		毕业时间		参加工作时间
7		专业		户口所在地
8		籍贯		邮政编码
9		地址		联系电话
10		手机		电子信箱

❸ 选中多个单元格

按【Enter】键完成输入，继续输入其他的内容。按住【Ctrl】键不放，同时选中需要输入相同数据的 E7、C8 和 C9 单元格，如下图所示。

B	C	D	E	F
姓名	张三	性别	男	民族
出生日期	1982/3/15	身份证号码		512321******
政治面貌	群众	婚姻状况		( )已 ( )
毕业学校	师范	学历		
毕业时间	2010/7/7	参加工作时间		
专业	金融	户口所在地		
籍贯		邮政编码		
地址		联系电话		
手机		电子信箱		
备注				
所属部门		担任职务		
入公司时间		转正时间		

❹ 在单元格中输入内容

在 C9 单元格中输入地址"成都市锦江区"，如下图所示。

	A	B	C	D
1	员工档案			
2	基本情况	姓名	张三	性别
3		出生日期	1982/3/15	身份证号码
4		政治面貌	群众	婚姻状况
5		毕业学校	师范	学历
6		毕业时间	2010/7/7	参加工作时间
7		专业	金融	户口所在地
8		籍贯		邮政编码
9		地址	成都市锦江区	联系电话
10		手机		电子信箱
11		备注		
12	入司情况	所属部门		担任职务

❺ 按【Ctrl+Enter】组合键

按【Ctrl+Enter】组合键，此时选中的单元格区域内便会同时输入相同的数据，效果如下图所示。

B	C	D	E	F
姓名	张三	性别	男	民族
出生日期	1982/3/15	身份证号码		512321**********
政治面貌	群众	婚姻状况		( )已 ( )未
毕业学校	师范	学历		
毕业时间	2010/7/7	参加工作时间		
专业	金融	户口所在地		成都市锦江区
籍贯	成都市锦江区	邮政编码		
地址	成都市锦江区	联系电话		
手机		电子信箱		
备注				
所属部门		担任职务		
入公司时间		转正时间		
合同到期时间		续签时间		
是否已调档		聘用形式		

❻ 设置单元格格式

❶选中整个数据区域，在列号上右击鼠标，❷在弹出的快捷菜单中单击"设置单元格格式"命令，如下图所示。

	A	B	C	D
1	员工档案		✂ 剪切(T)	❶
2	基本情况	姓名	📋 复制(C)	
3		出生日期	粘贴选项:	证号码
4		政治面貌	📋	状况
5		毕业学校		
6		毕业时间	选择性粘贴(S)…	工作时间
7		专业	插入(I)	所在地
8		籍贯	删除(D)	编码
9		地址	清除内容(N)	电话
10		手机	设置单元格格式(F)… ❷	
11		备注	列宽(C)…	
12	入司情况	所属部门		职务

❼ 设置自动换行

弹出"设置单元格格式"对话框，❶切换到"对齐"选项卡，❷在"文本控制"组中勾选"自动换行"复选框，如下图所示。

❽ 自动换行后的效果

单击"确定"按钮，工作表中某些单元格的内容根据单元格的长度自动进行换行显示，如下图所示。

	A	B	C	D
10		手机		电子信箱
11		备注		
12	入司情况	所属部门		担任职务
13		入公司时间		转正时间
14		合同到期时间		续签时间
15		是否已调档		聘用形式
16		如未调档，档案所在地		
17		备注		
18				
19				

专家点拨 提高办公效率的诀窍

使用 Excel 进行办公的时候，用户一定希望知道在数据的录入与编辑过程中使用哪些技巧能够快速达到目标效果。下面就为用户介绍三种在编辑工作表时可以用到的诀窍。

❶ 输入以"0"开头的数字

和输入其他常规数字的方法有所不同，输入以"0"开头的数字时，如果直接在单元格中输入，系统会使数字开头的"0"自动消失不见，通过一些小技巧可以保留这个开头的数字"0"。

❶选中要输入数字的 A1 单元格，右击鼠标，❷在弹出的快捷菜单中单击"设置单元格格式"命令，如下左图所示。❸在弹出的"设置单元格格式"对话框中单击"数字"选项卡下"分类"列表框中的"文本"选项，如下中图所示。单击"确定"按钮后，❹在 A1 单元格输入以"0"开头的数字，则数字自动显示为以"0"开头了，如下右图所示。

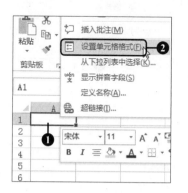

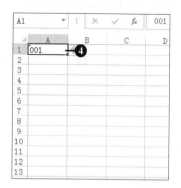

❷ 在工作表中圈释凸显无效的数据

利用数据验证功能限制了数据的录入类型之后，单元格中输入的数据就有了一定的录入规范。当一些不符合规范的数据被录入以后，可以使用明显的圈释来凸显这些无效的数据，方便数据的浏览和管理。

在对一个单元格区域设置了数据验证之后，切换到"数据"选项卡，❶单击"数据工具"组中的"数据验证"下三角按钮，❷在展开的下拉列表中单击"圈释无效数据"选项，如下左图所示。❸此时不符合数据验证条件的数据就被打上了红色圈释，如下右图所示。

❸ 修改预设的数字格式

设置好了的数字格式并非是不可改变的，用户可以根据实际工作需求对某个单元格或者某一个单元格区域的数字格式进行修改。

❶选中需要设置数字格式的单元格并右击，❷在弹出的快捷菜单中单击"设置单元格格式"选项，如下左图所示。弹出"设置单元格格式"对话框，❸在"数字"选项卡的"分类"组中选择符合需求的数字格式，如选择"会计专用"的数字格式，特点是小数点后的位数可以精确地自由选择，❹单击"小数位数"文本框右侧的数字调节按钮，设置小数位数为"4"，如下中图所示。完成设置之后，单击对话框中的"确定"按钮，❺返回工作表，即可看到在选中的单元格中修改好了预设的数字格式，如下右图所示。

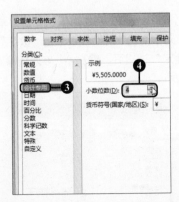

第 **8** 章

8

使用公式与函数
高效处理表格数据

在了解了 Excel 2016 中数据的录入和编辑操作后,
本章开始对在 Excel 2016 中输入公式和函数处理进行学
习。要达到高效处理表格中数据的目的,首先需要学习
公式的输入和引用,然后需要了解在公式中引用不同工
作表或不同工作簿中数据的操作,最后需要掌握一些常
用函数的使用方法。

8.1 利用公式快速计算Excel数据

计算 Excel 工作表中数据的时候，大多都需要采用公式进行计算。在利用公式计算数据的时候，要熟悉公式的输入和修改的方法，在不同单元格中输入相同的公式，可以利用公式的复制功能来实现，如果要在单元格区域之间进行计算，就可以使用数组公式。

8.1.1 公式的输入和修改

在单元格中输入公式和输入文本数据的方式几乎相同，在公式中输入单元格名称的时候，可以单击单元格或选择单元格区域引用单元格的名称。当单元格处于编辑状态的时候，可以选中公式中的内容进行修改，以此来实现修改整个公式的计算过程或结果。

◎ 原始文件：下载资源\实例文件\第8章\原始文件\衬衣销售统计.xlsx
◎ 最终文件：下载资源\实例文件\第8章\最终文件\衬衣销售统计.xlsx

❶ 输入公式

打开原始文件，❶选中 E3 单元格，输入"="，❷然后选中 B3 单元格，如下图所示。

❷ 编辑公式

❶在 E3 单元格中继续输入"*"，❷选中 C3 单元格，如下图所示。

❸ 计算结果

按【Enter】键，完成输入，计算结果如下图所示。

❹ 修改公式

❶双击 E3 单元格，此时单元格处于编辑状态，在单元格中继续输入"+"，❷选中 D3 单元格，如下图所示。

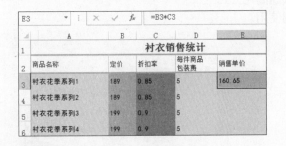

⑤ 修改后的结果

按【Enter】键，完成公式的修改，修改后的计算结果如右图所示。

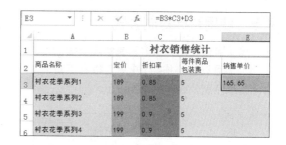

8.1.2 公式的复制

对同一列单元格区域中的不同单元格应用相同的公式时，可以利用复制粘贴功能来复制公式。在复制的公式中，系统会自动调整原公式中所有移动单元格的引用位置。

◎ 原始文件：下载资源\实例文件\第8章\原始文件\衬衣销售统计1.xlsx
◎ 最终文件：下载资源\实例文件\第8章\最终文件\衬衣销售统计1.xlsx

❶ 复制公式

打开原始文件，❶选中 E3 单元格，右击鼠标，❷在弹出的快捷菜单中单击"复制"命令，如下图所示。

❷ 粘贴公式

❶选中 E4 单元格，右击鼠标，❷在弹出的快捷菜单中单击"粘贴选项"组下的"公式"按钮，如下图所示。

❸ 粘贴公式后的效果

❶在 E4 单元格中可以看到粘贴公式后的计算结果，❷在编辑栏中可以看到公式中系统自动调整了所有移动单元格的引用位置，如右图所示。

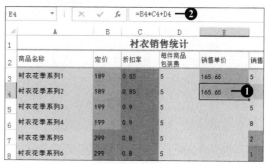

④ 使用鼠标复制公式

除了可以使用以上方法来实现公式的复制粘贴外，还可以直接拖动 E4 单元格右下角的十字填充柄来复制公式，如下图所示。

⑤ 显示复制效果

最后即可看到复制公式后的表格效果，选中 E7 单元格，可在编辑栏中看到公式自动调整了引用位置，如下图所示。

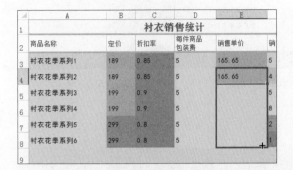

扩 展 操 作

除了利用复制和粘贴功能来复制公式以外，还可以拖动填充柄来复制公式，例如上述的操作方法可以改为：将鼠标指针指向 E3 单元格右下角，拖动填充柄至 E7 单元格，释放鼠标后，完成公式的复制，计算出所有商品的销售单价。

8.1.3 输入数组公式

数组公式和一般公式的区别在于数组公式中包含符号"{}"，数组公式是用一个公式来统一计算多个单元格区域。

◎ 原始文件：下载资源\实例文件\第8章\原始文件\衬衣销售统计2.xlsx
◎ 最终文件：下载资源\实例文件\第8章\最终文件\衬衣销售统计2.xlsx

❶ 输入公式

打开原始文件，选中 F10 单元格，输入公式"=SUM(E3:E8*F3:F8)"，如下图所示。

❷ 数组公式的计算结果

按【Ctrl+Shift+Enter】组合键，❶此时可以在编辑栏中看到公式自动加上了大括号，❷在 F10 单元格中显示了公式的计算结果，如下图所示。

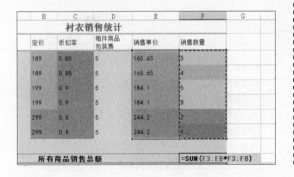

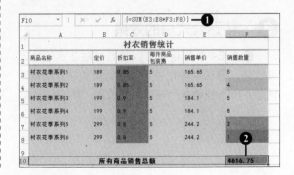

8.2 公式中的引用功能

利用序列向下填充公式可以实现公式在单元格中的引用。引用功能分为相对引用、绝对引用、混合引用这三种。对单元格采用相对引用时，单元格地址会发生相应的变化，采用绝对引用时，单元格的地址不会发生任何变化，而混合引用是相对引用和绝对引用的组合。

8.2.1 相对引用、绝对引用、混合引用

单元格中的地址是由单元格所在的行号和列号组合而成的。一般来说，在单元格中输入公式，系统都默认为相对引用，在公式中的单元格列或行标志前加一个美元符号"$"，则可以将相对引用变成绝对引用。

◎ 原始文件：下载资源\实例文件\第8章\原始文件\打折明细.xlsx
◎ 最终文件：下载资源\实例文件\第8章\最终文件\打折明细.xlsx

❶ 输入公式

打开原始文件，选中 D4 单元格，输入公式"=B4*C4"，公式中对单元格采用相对引用，如下图所示。

C4		▼	:	×	✓	fx	=B4*C4	
	A	B	C	D	E
1	打折明细（上装商务系列）				年中折扣率
2					0.7
3	商品名称	定价	平时折扣率	销售单价	年中售价
4	上装商务系列1	1999	0.9	=B4*C4	
5	上装商务系列2	1299	0.9		
6	上装商务系列3	1899	0.9		
7	上装商务系列4	1799	0.8		

❸ 相对引用单元格效果

❶在 D5:D8 单元格区域中显示了所有商品的单价，单击 D8 单元格，❷在编辑栏中可以看到公式中引用的单元格地址发生了相应的变化，如右图所示。

❷ 填充公式

❶按【Enter】键后，在 D4 单元格中显示出计算的结果，单击 D4 单元格，❷拖动右下角填充柄至 D8 单元格，利用序列向下填充公式，如下图所示。

D4		▼	:	×	✓	fx	=B4*C4		
	A	B	C	D	E	元旦1日
1	打折明细（上装商务系列）				年中折扣率	
2					0.7	0.5
3	商品名称	定价	平时折扣率	销售单价	年中售价	元旦1日
4	上装商务系列1	1999	0.9	1799.1	❶	
5	上装商务系列2	1299	0.9		
6	上装商务系列3	1899	0.9		
7	上装商务系列4	1799	0.8		
8	上装商务系列5	1599	0.8	❷	

D8		▼	:	×	✓	fx	=B8*C8 ❷		
	A	B	C	D	E	元旦1日
1	打折明细（上装商务系列）				年中折扣率	
2					0.7	0
3	商品名称	定价	平时折扣率	销售单价	年中售价	元旦1日
4	上装商务系列1	1999	0.9	1799.1	
5	上装商务系列2	1299	0.9	1169.1	
6	上装商务系列3	1899	0.9	1709.1	
7	上装商务系列4	1799	0.8	1439.2	
8	上装商务系列5	1599	0.8	1279.2 ❶	

④ 输入公式

❶选中 E4 单元格，输入公式"=B4*$E$2"，公式中对 E2 单元格采用绝对引用，❷按【Enter】键后计算出公式的计算结果，如下图所示。

E4	▼ : × ✓ fx	=B4*$E$2 ❶				
▲	A	B	C	D	E	
1	打折明细（上装商务系列）				年中折扣率	元旦1
2					0.7	
3	商品名称	定价	平时折扣率	销售单价	年中售价	元旦
4	上装商务系列1	1999	0.9	1799.1	1399.3 ❷	
5	上装商务系列2	1299	0.9	1169.1		
6	上装商务系列3	1899	0.9	1709.1		
7	上装商务系列4	1799	0.8	1439.2		
8	上装商务系列5	1599	0.8	1279.2		

⑤ 绝对引用单元格效果

拖动鼠标填充公式，❶在 E5:E8 单元格区域中显示填充公式计算的结果，选中 E8 单元格，❷在编辑栏中可看到引用的 B 列单元格发生了变化，E2 单元格固定不变，效果如下图所示。

E8	▼ : × ✓ fx	=B8*$E$2 ❷				
▲	A	B	C	D	E	元旦1
1	打折明细（上装商务系列）				年中折扣率	
2					0.7	0
3	商品名称	定价	平时折扣率	销售单价	年中售价	元旦1
4	上装商务系列1	1999	0.9	1799.1	1399.3	
5	上装商务系列2	1299	0.9	1169.1	909.3	
6	上装商务系列3	1899	0.9	1709.1	1329.3	
7	上装商务系列4	1799	0.8	1439.2	1259.3	
8	上装商务系列5	1599	0.8	1279.2	1119.3 ❶	

⑥ 输入公式

❶选中 F4 单元格，输入公式"=$B4*F$2"，公式中对单元格采用混合引用，❷按【Enter】键后，计算结果如下图所示。

F4	▼ : × ✓ fx	=$B4*F$2 ❶				
▲	A	B	C	D	E	F
1	打折明细（上装商务系列）				年中折扣率	元旦1日折扣率
2					0.7	0.5
3	商品名称	定价	平时折扣率	销售单价	年中售价	元旦1日售价
4	上装商务系列1	1999	0.9	1799.1	1399.3	999.5 ❷
5	上装商务系列2	1299	0.9	1169.1	909.3	
6	上装商务系列3	1899	0.9	1709.1	1329.3	
7	上装商务系列4	1799	0.8	1439.2	1259.3	
8	上装商务系列5	1599	0.8	1279.2	1119.3	

⑦ 向下混合引用单元格效果

选中 F4 单元格，向下拖动鼠标填充公式，❶在 F5:F8 单元格区域中显示出填充公式计算的结果，公式中 F2 单元格绝对引用行，所以折扣为"0.5"保持不变，❷选中 F4 单元格，向右拖动鼠标至 G4 单元格，效果如下图所示。

× ✓ fx	=$B4*F$2					
	B	C	D	E	F	G
	明细（上装商务系列）			年中折扣率	元旦1日折扣率	元旦2日折扣率
				0.7	0.5	0.55
	定价	平时折扣率	销售单价	年中售价	元旦1日售价	元旦2日售价
	1999	0.9	1799.1	1399.3	999.5	❷
	1299	0.9	1169.1	909.3	649.5	
	1899	0.9	1709.1	1329.3	949.5 ❶	
	1799	0.8	1439.2	1259.3	899.5	
	1599	0.8	1279.2	1119.3	799.5	

⑧ 向右混合引用单元格效果

❶G4 单元格中显示了计算的结果，❷此时 G4 单元格在编辑栏中的公式为"=$B4*G$2"，由于 B4 单元格绝对引用列，因此商品的"定价"不会变，而 F2 单元格没有绝对引用列，被引用的"折扣率"向右移动发生了相应的变化，❸向下拖动鼠标至 G8 单元格，如下图所示。

✓ fx	=$B4*G$2 ❷					
	B	C	D	E	F	G
	细（上装商务系列）			年中折扣率	元旦1日折扣率	元旦2日折扣率
				0.7	0.5	0.55
	定价	平时折扣率	销售单价	年中售价	元旦1日售价	元旦2日售价
	1999	0.9	1799.1	1399.3	999.5	1099.45 ❶
	1299	0.9	1169.1	909.3	649.5	
	1899	0.9	1709.1	1329.3	949.5	
	1799	0.8	1439.2	1259.3	899.5	
	1599	0.8	1279.2	1119.3	799.5	❸

⑨ 填充效果

释放鼠标后，完成了"元旦2日售价"数据的计算，混合引用单元格的填充效果如下图所示。

▲	B	C	D	E	F	G
1	明细（上装商务系列）			年中折扣率	元旦1日折扣率	元旦2日折扣率
2				0.7	0.5	0.55
3	定价	平时折扣率	销售单价	年中售价	元旦1日售价	元旦2日售价
4	1999	0.9	1799.1	1399.3	999.5	1099.45
5	1299	0.9	1169.1	909.3	649.5	714.45
6	1899	0.9	1709.1	1329.3	949.5	1044.45
7	1799	0.8	1439.2	1259.3	899.5	989.45
8	1599	0.8	1279.2	1119.3	799.5	879.45

8.2.2 调用外部数据

在单元格中输入公式，除了应用同一个工作表中的数据外，还可以调用外部数据进行计算，包括引用不同工作表中的数据和引用不同工作簿中的数据。通过引用外部数据，可以避免在多个工作表中输入重复的数据。

1 引用不同工作表中的数据

同一个工作簿中因为拥有多个不同的工作标签而拥有标签数相同的工作表，当用户需要在一个工作表中引用另一个工作表中的数据时，只需要切换到相应的工作表标签，直接选取数据进行引用即可。

◎ 原始文件：下载资源\实例文件\第8章\原始文件\打折明细1.xlsx、上装成本.xlsx
◎ 最终文件：下载资源\实例文件\第8章\最终文件\打折明细1.xlsx

❶ 选择引用的工作表标签

打开原始文件，❶切换到"汇总"工作表中，❷单击 B2 单元格，在单元格中输入"="，❸单击"明细"工作表标签，如下图所示。

❷ 选择引用的单元格

❶此时切换到"明细"工作表中，❷在编辑栏中自动显示了"明细！"，选中 E4 单元格，引用"明细"工作表中 E4 单元格中的数据，效果如下图所示。

❸ 引用后的效果

按【Enter】键，自动返回到"汇总"工作表中，在 B2 单元格中显示出引用的数据，选中 B2 单元格，拖动填充柄至 B6 单元格，如下图所示。

❹ 单元格区域的引用效果

此时在 B2:B6 单元格区域中引用了"明细"工作表中 E4:E8 单元格区域中的数据，效果如下图所示。参照类似的步骤继续在工作表中引用数据并完善工作表。

2 引用不同工作簿中的数据

在引用不同工作簿中的数据时，可以同时打开两个不同的 Excel 工作簿，在一个工作簿中输入"="号后，切换到另一个工作簿中引用数据即可。

1 输入计算符号

继续使用上面的工作表，在"打折明细"工作簿的"汇总"工作表中的 E1 单元格中输入"成本"，选中 E2 单元格，在 E2 单元格中输入"="，如下图所示。

	B	C	D	E
1	年中售价	元旦1日售价	元旦2日售价	成本
2	1399.3	999.5	1099.45	=
3	909.3	649.5	714.45	
4	1329.3	949.5	1044.45	
5	1259.3	899.5	989.45	
6	1119.3	799.5	879.45	
7				

明细　汇总　Sheet3

2 选择引用的工作表

❶在"上装成本 .xlsx"工作簿中单击"成本"工作表标签，❷在编辑栏中自动出现"=[上装成本 .xlsx] 成本！"，如下图所示。

PV　　fx　=[上装成本.xlsx]成本！❷

	A	B	C	D	E
1	商品名称	成本			
2	上装商务系列1	599.7			
3	上装商务系列2	389.7			
4	上装商务系列3	569.7			
5	上装商务系列4	539.7			
6	上装商务系列5	479.7			
7					

成本❶　Sheet2　Sheet3

点

3 选择引用的单元格区域

❶选择 B2:B6 单元格区域，❷此时在编辑栏中显示为"=[上装成本 .xlsx] 成本！$B$2: $B$6"，系统默认对单元格进行绝对引用，如下图所示。

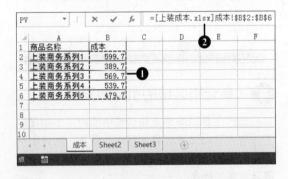

4 引用的结果

按【Enter】键后，自动返回到"打折明细"工作簿的"汇总"工作表中，在 E2 单元格中显示出引用的结果，拖动鼠标至 E6 单元格，如下图所示。

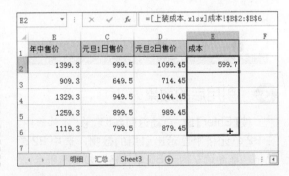

5 引用所有商品的成本效果

释放鼠标后，E2:E6 单元格区域中引用了"上装成本 .xlsx"工作簿中 B2:B6 单元格区域中的数据，如右图所示。

	A	B	C	D	E
1	商品名称	年中售价	元旦1日售价	元旦2日售价	成本
2	上装商务系列1	1399.3	999.5	1099.45	599.7
3	上装商务系列2	909.3	649.5	714.45	389.7
4	上装商务系列3	1329.3	949.5	1044.45	569.7
5	上装商务系列4	1259.3	899.5	989.45	539.7
6	上装商务系列5	1119.3	799.5	879.45	479.7
7					
8					
9					
10					

8.3 使用名称快速简化公式

要达到快速简化公式的目的，可以为单元格或单元格区域定义一个名称，然后将定义好的名称引用到公式中去。定义的名称应该和单元格中的数据有直接的相关性，把名称应用到公式中才能使用户理解每个名称代表的数据含义。

8.3.1 定义名称

名称是工作簿中某些项目的标志符，用户可以给一个单元格或一个单元格区域编辑一个常量名称来为其命名。在定义名称的时候，根据不同的情况可以选择不同的命名方法，一般常用的定义名称的方法包括使用名称框定义名称、使用对话框新建名称和根据选定内容快速创建名称等。

◎ 原始文件：下载资源\实例文件\第8章\原始文件\利润统计.xlsx
◎ 最终文件：下载资源\实例文件\第8章\最终文件\利润统计.xlsx

❶ 在名称框中定义名称

打开原始文件，❶选择 A3:A7 单元格区域，❷单击名称框，在名称框中输入"商品名称"，如下图所示。

❷ 定义名称后的效果

按【Enter】键完成输入，❶选择 A3:A7 单元格区域，❷在名称框中显示定义的名称，如下图所示。

❸ 使用定义名称功能定义名称

将光标定位在数据区域中的任意单元格，❶切换到"公式"选项卡，❷单击"定义名称"组中的"定义名称"按钮，❸在展开的下拉列表中单击"定义名称"选项，如下图所示。

❹ 输入新建的名称

弹出"新建名称"对话框，❶在"名称"文本框中输入"年中售价"，❷单击引用位置右侧的单元格引用按钮，如下图所示。

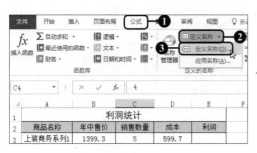

❺ 引用单元格区域

❶选择 B3:B7 单元格区域，❷单击引用单元格按钮，效果如下图所示。

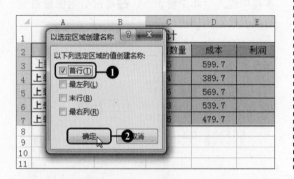

❻ 完成新建名称的设置

返回到"新建名称"对话框中，单击"确定"按钮完成新建名称的设置，如下图所示。

❼ 定义名称的效果

❶选择 B3:B7 单元格区域，❷在名称框中可以看到为此单元格区域新建的名称"年中售价"，如下图所示。

	A	B	C	D	E
	年中售价 ❷	: × ✓ fx	1399.3		
1			利润统计		
2	商品名称	年中售价	销售数量	成本	利润
3	上装商务系列1	1399.3	5	599.7	
4	上装商务系列2	909.3	4	389.7	
5	上装商务系列3	1329.3 ❶	6	569.7	
6	上装商务系列4	1259.3	3	539.7	
7	上装商务系列5	1119.3	5	479.7	
8					

❽ 根据所选内容创建名称

❶选择 C2:E7 单元格区域，❷在"定义的名称"组中单击"根据所选内容创建"按钮，如下图所示。

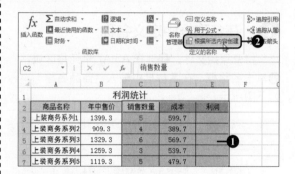

❾ 选择创建名称的区域值

弹出"以选定区域创建名称"对话框，❶勾选"首行"复选框，❷然后单击"确定"按钮，如下图所示。

❿ 定义名称的效果

选择 C3:C7 单元格区域，在名称框中可以看见新定义的名称为选定区域中首行的值，如下图所示。此时分别选择 D3:D7 和 E3:E7 单元格区域，即可得知新建的名称分别为"成本"和"利润"。

	A	B	C	D	E
	销售数量 ▼	: × ✓ fx	5		
1			利润统计		
2	商品名称	年中售价	销售数量	成本	利润
3	上装商务系列1	1399.3	5	599.7	
4	上装商务系列2	909.3	4	389.7	
5	上装商务系列3	1329.3	6	569.7	
6	上装商务系列4	1259.3	3	539.7	
7	上装商务系列5	1119.3	5	479.7	
8					
9					

8.3.2 公式中名称的应用

在一个计算公式中，除了应用单元格的地址外，还可以应用单元格的名称。应用单元格的名称来输入公式，可以使公式的整个计算过程变得更清晰明了。

◎ 原始文件：下载资源\实例文件\第8章\原始文件\利润统计1.xlsx
◎ 最终文件：下载资源\实例文件\第8章\最终文件\利润统计1.xlsx

❶ 选择"年中售价"

打开原始文件，❶选中E3单元格，在单元格中输入"="，切换到"公式"选项卡，❷单击"定义的名称"组中的"用于公式"按钮，❸在展开的下拉列表中单击"年中售价"选项，如下图所示。

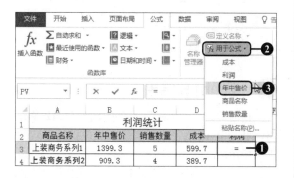

❷ 选择"成本"

❶在E3单元格中继续输入"-"，❷单击"定义的名称"组中的"用于公式"按钮，❸在展开的下拉列表中单击"成本"选项，如下图所示。

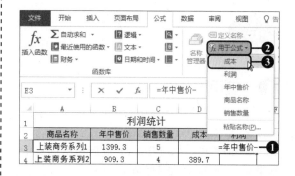

❸ 选择"销售数量"

❶在E3单元格中输入"()"和"*"，❷单击"定义的名称"组中的"用于公式"按钮，❸在展开的下拉列表中单击"销售数量"选项，如下图所示。

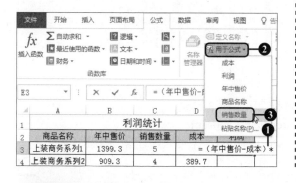

❹ 计算结果

❶按【Enter】键，计算出商品的利润，并将公式复制到其他单元格中，❷在编辑栏中可以看到单元格区域的名称应用到了公式中，如下图所示。

	A	B	C	D	E
1	利润统计				
2	商品名称	年中售价	销售数量	成本	利润
3	上装商务系列1	1399.3	5	599.7	3998
4	上装商务系列2	909.3	4	389.7	2078.4
5	上装商务系列3	1329.3	6	569.7	4557.6
6	上装商务系列4	1259.3	3	539.7	2158.8
7	上装商务系列5	1119.3	5	479.7	3198

编辑栏：=(年中售价-成本)*销售数量

知识进阶 公式错误检查

在单元格中输入公式进行计算后，如果公式出现错误提示，可以单击"公式审核"组中的"错误检查"按钮，在弹出的"错误检查"对话框中会显示错误的原因，单击对话框中相应的按钮可找到错误的位置。

8.4 常用函数的使用

Excel 工作表中包含的函数多种多样，要了解每个函数的使用相当困难，可以选择性地熟悉几个在日常工作中常用的函数。常用的函数主要包括条件函数 IF 函数、统计函数 COUNTIF 函数和 SUMIF 函数以及引用函数 VLOOKUP 函数。

8.4.1 IF函数的使用

需要判断一个单元格中的数据是否满足某个条件为依据来返回一个特定的值时，可以使用 IF 函数。IF 函数的功能就是执行条件真假的判断，条件为真和条件为假时将返回不同的结果。

◎ 原始文件：下载资源\实例文件\第8章\原始文件\业务情况统计.xlsx
◎ 最终文件：下载资源\实例文件\第8章\最终文件\业务情况统计.xlsx

❶ 使用IF函数

打开原始文件，选中 C3 单元格，在编辑栏中输入公式 "=IF(A3>40000,"1000",IF(A3>=30000,"600"))"，按【Enter】键后得出计算的结果为 "1000"，如下图所示。

C3		▼	:	×	✓	fx	=IF(A3>40000,"1000",IF(A3>=30000,"600"))	
	A	B	C	D	E	F	G	H
1			业务情况统计					
2	签单金额	业务人员	绩效提成					
3	50000	张力	1000	统计业务人员签单数量				
4	45200	洪武		张力				
5	30000	李成		洪武				
6	35000	李玲		李成				
7	32000	李成		李玲				
8	44000	李玲		统计业务人员签单总金额				
9	45000	张力		张力				
10	38000	洪武		洪武				
11	46000	李玲		李成				
12	33000	张力		李玲				

❷ 返回计算结果

拖动 C3 单元格右下角的填充柄至 C12 单元格，利用 IF 函数完成所有绩效提成的计算，如下图所示。

	A	B	C	D	E	F	G
1			业务情况统计				
2	签单金额	业务人员	绩效提成				
3	50000	张力	1000	统计业务人员签单数量			
4	45200	洪武	1000	张力			
5	30000	李成	600	洪武			
6	35000	李玲	600	李成			
7	32000	李成	600	李玲			
8	44000	李玲	1000	统计业务人员签单总金额			
9	45000	张力	1000	张力			
10	38000	洪武	600	洪武			
11	46000	李玲	1000	李成			
12	33000	张力	600	李玲			

知识进阶 IF函数解析

IF 函数的功能是执行真假判断，根据逻辑计算的真假值返回不同的结果。

IF 函数的语法表达式为：IF(logical_test,value_if_true,value_if_false)。

该函数共有 3 个参数，logical_test 为判断条件，value_if_true 为条件为真时返回的值，value_if_false 为条件为假时返回的值。

8.4.2 COUNTIF函数的使用

在一个工作表中，如果要统计某个单元格区域中满足一个给定的条件的单元格的个数，可以使用 COUNTIF 函数。

❶ 使用COUNTIF函数

打开原始文件，❶选中 E4 单元格，在编辑栏中输入公式 "=COUNTIF($B$3:$B$12,D4)"，❷按【Enter】键后显示出计算的结果为 "3"，如下图所示。

❷ 填充公式

将鼠标指针指向 E4 单元格的右下角，拖动填充柄至 E7 单元格，如下图所示。

❸ 返回计算结果

释放鼠标后，利用 COUNTIF 函数公式完成所有人员签单数量的统计，如右图所示。

> **知识进阶 | COUNTIF函数解析**
>
> COUNTIF 函数的功能是统计区域中满足给定条件的单元格的个数。
>
> COUNTIF 函数的语法表达式为：COUNTIF(range,criteria)。
>
> 参数 range 为必需参数，表示需要计算其中满足条件的单元格数目的单元格区域；criteria 为必需参数，表示确定哪些单元格将被计算在内的条件，其形式可以为数字、表达式或文本。

8.4.3 SUMIF函数的使用

SUMIF 函数和 SUM 函数的功能都是对多个单元格进行求和，不同的是，使用 SUMIF 函数需要选择一个指定的条件，根据这个条件对若干个单元格进行求和。

❶ 使用SUMIF函数

打开原始文件，选中 E9 单元格，❶在编辑栏中输入公式"=SUMIF(B3:B12,D9,A3:A12)"求"张力"的签单总金额，❷按【Enter】键后显示出计算的结果为"128000"，如下图所示。

E9	▼	:	×	✓	fx	=SUMIF(B3:B12,D9,A3:A12) ❶	
▲	A	B	C	D	E	F	G
1			业务情况统计				
2	签单金额	业务人员	绩效提成				
3	50000	张力	1000	统计业务人员签单数量			
4	45200	洪武	1000	张力		3	
5	30000	李成	600	洪武		2	
6	35000	李玲	600	李成		2	
7	32000	李成	600	李玲		3	
8	44000	李玲	1000	统计业务人员签单总金额			
9	45000	张力	1000	张力	128000 ❷		
10	38000	洪武	600	洪武			

❷ 返回计算结果

将编辑栏中的公式修改为"=SUMIF($B$3:$B$12,D9,$A$3:$A$12)"，让公式采用绝对引用功能，拖动 E9 单元格右下角填充柄至 E12，完成公式的填充，计算出每个人员签单的总金额，如下图所示。

E9	▼	:	×	✓	fx	=SUMIF($B$3:$B$12,D9,$A$3:$A$12)	
▲	A	B	C	D	E	F	G	H
1			业务情况统计				
2	签单金额	业务人员	绩效提成				
3	50000	张力	1000	统计业务人员签单数量			
4	45200	洪武	1000	张力		3	
5	30000	李成	600	洪武		2	
6	35000	李玲	600	李成		2	
7	32000	李成	600	李玲		3	
8	44000	李玲	1000	统计业务人员签单总金额			
9	45000	张力	1000	张力	128000		
10	38000	洪武	600	洪武	83200		
11	46000	李玲	1000	李成	62000		
12	33000	张力	600	李玲	125000		

知识进阶 **SUMIF函数解析**

SUMIF 函数的功能是根据指定条件对若干单元格进行求和。

SUMIF 函数的语法表达式为：SUMIF(range,criteria,[sum_range])。

参数 range 为必需参数，用于条件计算的单元格区域；criteria 为必需参数，用于确定对哪些单元格求和；sum_range 为可选参数，指定要进行实际求和的单元格区域。

8.4.4 VLOOKUP函数的使用

使用 VLOOKUP 函数，是在一个工作表中以一个指定的值为条件，在一定范围内查找出相应的数据。当工作表中的文本数据内容较多的时候，VLOOKUP 函数更能体现出自身查找的实用性。

◎ 原始文件：下载资源\实例文件\第8章\原始文件\业务情况统计3.xlsx
◎ 最终文件：下载资源\实例文件\第8章\最终文件\业务情况统计3.xlsx

❶ 在单元格中输入内容

打开原始文件，❶在 A14 和 A15 单元格中分别输入文本数据"签单金额最大值"和"签单金额最小值"，❷在 C14 和 C15 单元格中输入数值"50000"和"30000"，如下图所示。

❷ 插入函数

根据需要分别查找签单金额最大值和签单金额最小值的人员名称，❶选中 D14 单元格，❷切换到"公式"选项卡，单击"函数库"组中的"插入函数"按钮，如下图所示。

❸ 选择VLOOKUP函数

此时弹出"插入函数"对话框，❶单击"或选择类别"下三角按钮，从展开的下拉列表中选择"查找与引用"选项，❷之后在"选择函数"列表框中选择 VLOOKUP 函数，如下图所示。

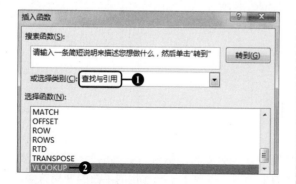

❹ 设置参数Lookup_value

单击"确定"按钮后，弹出"函数参数"对话框，将光标定位在 Lookup_value 文本框中，选择 C14 单元格，如下图所示。

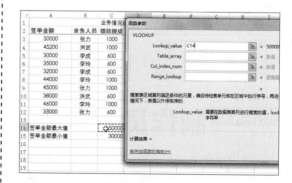

❺ 设置参数Table_array

将光标定位在 Table_array 文本框中，选择 A2:B12 单元格区域，如下图所示。

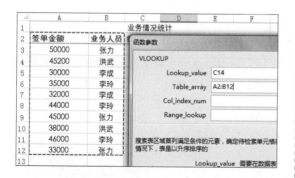

❻ 设置其他参数

❶在 Col_index_num 文本框中输入"2"，❷在 Range_lookup 文本框中输入"FALSE"，如下图所示。

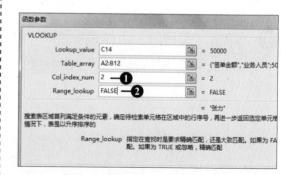

❼ 设置绝对引用

在编辑栏中选中公式中的"A2:B12"，加入绝对引用符号，使 A2:B12 单元格区域采用绝对引用，如下图所示。

❽ 返回查找到的结果

按【Enter】键，在 D14 单元格中显示出查找到的结果，签单金额最大值的人员名称为"张力"，拖动鼠标填充公式，查找到签单金额最小值的人员名称为"李成"，如下图所示。

同步演练 制作员工工资条

通过本章的学习，相信用户已经对在 Excel 2016 中使用公式与函数进行数据的处理有了初步的认识，学会了通过 "插入函数" 对话框找到各种需要的函数，掌握了一些常用的函数的使用方法，以及如何利用单元格的引用功能来引用相同的公式，从而完成整个单元格区域的计算。为了加深用户对本章知识的理解，下面通过一个制作员工工资条的实例来融会贯通这些知识点。

◎ 原始文件：下载资源\实例文件\第8章\原始文件\员工工资表.xlsx
◎ 最终文件：下载资源\实例文件\第8章\最终文件\员工工资表.xlsx

❶ 单击 "工资条" 工作表标签

打开原始文件，单击 "工资条" 工作表标签，如下图所示。

	A	B	C	D	E	F
1	姓名	工号	工龄	工资	罚金	证件费
2	A	1001	3年	3850	50	20
3	B	1002	2年	4000	0	20
4	C	1003	3年	3500	0	20
5	D	1004	1年	2600	50	20
6	E	1005	1年	2700	50	20

❷ 选中B1单元格

在 "工资条" 工作表中选中 B1 单元格并输入 "=" 号，如下图所示。

❸ 输入函数

在 B1 单元格中输入 "CHOOSE(MOD(ROW(),3)+1,"",工资明细 !A\$1,OFFSET(工资明细 !A\$1,ROW()/3+1,))" 函数，之后按【Enter】键完成操作，如下图所示。

	A	B	C	D	E	F	G	H
1		姓名						

❹ 填充数据

拖动 B1 单元格右下角填充柄至 J1 单元格，将剩余表头数据填充，显示结果如下图所示。

⑤ 填充剩余数据

完成操作之后，❶在工作表中选中 B1:J1 单元格，❷拖动 J1 单元格右下角的填充柄至 J14 单元格，如下图所示。

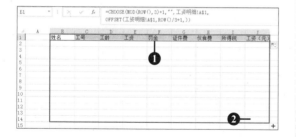

⑥ 显示填充效果

此时在 B1:J14 单元格区域便显示出了所有员工的工资条明细，如下图所示。

	姓名	工号	工龄	工资	罚金	证件费	伙食费	所得税	工资（元）
1	姓名	工号	工龄	工资	罚金	证件费	伙食费	所得税	工资（元）
2	A	1001	3年	3850	50	20	30	0	3750
3									
4	姓名	工号	工龄	工资	罚金	证件费	伙食费	所得税	工资（元）
5	B	1002	2年	4000	0	20	30	0	3950
6									
7	姓名	工号	工龄	工资	罚金	证件费	伙食费	所得税	工资（元）
8	C	1003	3年	3500	0	20	30	0	3450
9									
10	姓名	工号	工龄	工资	罚金	证件费	伙食费	所得税	工资（元）
11	D	1004	1年	2600	50	20	30	0	2500
12									
13	姓名	工号	工龄	工资	罚金	证件费	伙食费	所得税	工资（元）
14	E	1005	1年	2700	50	20	30	0	2600

⑦ 为表格添加边框

至此初步完成了员工工资条明细的制作，为了使得工资条的样式更加美观，可以为每个工资条添加边框。❶首先选中 B1:J2 单元格，❷在"开始"选项卡中单击"字体"组的"边框"下三角按钮，❸在展开的列表中单击"所有框线"选项，如下图所示。

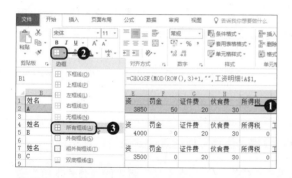

⑧ 填充边框效果

完成了操作之后，返回工作表中即可看到，❶此时在 B1:J2 单元格中增加了边框，设置了一个员工的工资条之后，可以使用填充功能继续为其他员工的工资条添加边框效果，❷选中 B1:J3 单元格区域，❸拖动 J3 单元格右下角的填充柄至 J14 单元格，如下图所示。

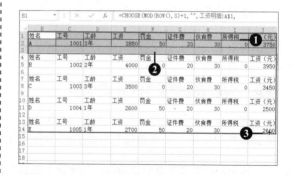

⑨ 边框填充效果

完成了以上操作之后，在"工资条"工作表中的数据即被制作为了表头独立的工资条，显示效果如下图所示。

⑩ 为工资表添加数据

❶切换至"工资明细"工作表中，❷继续在工作表中添加数据，如下图所示。

G22						
	A	B	C	D	E	F
1	姓名	工号	工龄	工资	罚金	证件费	伙1
2	A	1001	3年	3850	50	20
3	B	1002	2年	4000	0	20
4	C	1003	3年	3500	0	20
5	D	1004	1年	2600	50	20
6	E	1005	1年	2700	50	20
7	F	1006	1年	2800	80	20

工资明细 ❶ 工资条

就绪

⑪ 填充工资条数据

❶切换至"工资条"工作表中，❷选中 B13:J15 单元格，❸拖动 J15 单元格右下角的填充柄至 J18 单元格，如下图所示。

⑫ 工资条制作效果

此时在 B16:J18 单元格中填充了在"工资明细"工作表中添加的数据，如下图所示。至此便完成了工资条的制作。

	B	C	D	E	F	G	H	I	J
1	姓名	工号	工龄	工资	罚金	证件费	伙食费	所得税	工资（元）
2	A	1001	3年	3850	50	20	30	0	3750
3									
4	姓名	工号	工龄	工资	罚金	证件费	伙食费	所得税	工资（元）
5	B	1002	2年	4000	0	20	30	0	3950
6									
7	姓名	工号	工龄	工资	罚金	证件费	伙食费	所得税	工资（元）
8	C	1003	3年	3500	0	20	30	0	3450
9									
10	姓名	工号	工龄	工资	罚金	证件费	伙食费	所得税	工资（元）
11	D	1004	1年	2600	50	20	30	0	2500
12									
13	姓名	工号	工龄	工资	罚金	证件费	伙食费	所得税	工资（元）
14	E	1005	1年	2700	50	20	30	0	2600
15									
16	姓名	工号	工龄	工资	罚金	证件费	伙食费	所得税	工资（元）
17	F	1006	1年	2800	80	20	30	0	2670

专家点拨 提高办公效率的诀窍

为了提高办公效率，用户一定希望知道在单元格中使用公式有哪些技巧能够快速达到目标效果。下面就为用户介绍一些在使用公式和函数的时候能提高办公效率的诀窍。

诀窍① 使用快捷函数工具计算数据

在使用函数工具对数据进行计算的时候，一些简单的求和、求平均值、计数、最大值、最小值的计算都可以通过快捷函数工具"自动求和"来实现。切换至"公式"选项卡，单击"函数库"组中的"自动求和"下三角按钮即可找到相关的功能。

诀窍② 对嵌套函数进行分步求值

相对于一般的函数，嵌套函数的运算比较复杂。要清楚地查看公式计算中的每一个步骤的运算情况，可以使用"公式求值"对函数进行分步求值。分步求值还可以检查公式中的运算错误。

选中含有嵌套函数的单元格，切换到"公式"选项卡，❶单击"公式审核"组中的"公式求值"按钮，如下左图所示。弹出"公式求值"对话框，❷单击"求值"按钮，如下中图所示。❸此时在"求值"显示框中可以看见公式中第一步计算的结果值，如下右图所示。❹重复单击"求值"按钮，即可对嵌套函数进行分步求值，直到显示出最后的结果。

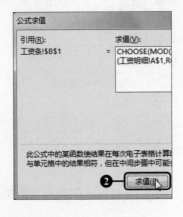

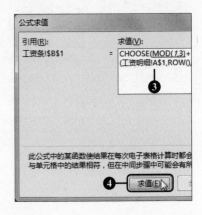

❸ 搜索具有指定功能的函数

在 Excel 中，函数根据不同的功能分为了不同的类型。在这些不同的类型当中，每种类型又包含了许多个函数。Excel 中拥有大大小小数百个函数，面对这些纷繁复杂的函数，想要快速找到适用的函数，可以通过"插入函数"对话框中的搜索功能来完成。

❶在工作表中选中一个需要添加函数的单元格或单元格区域，❷切换至"公式"选项卡，单击"函数库"组中的"插入函数"按钮，如下左图所示。弹出"插入函数"对话框，❸在"搜索函数"文本框中输入合适的函数关键字，例如输入"财务"，❹单击"转到"按钮，如下中图所示。❺之后在"选择函数"列表框中列出了相关功能的函数，选择合适的函数插入工作表中，如下右图所示。

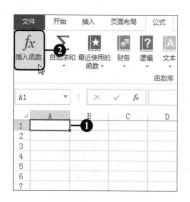  

❹ 监视单元格中的数据变化

在某些复杂的数据表中，如果单元格中的数据发生了变化，是很难发现的。如果希望随时了解某个单元格中数据的变化情况，就需要对单元格进行监视。

具体方法为：在"公式"选项卡下的"公式审核"组中单击"监视窗口"按钮，弹出"监视窗口"对话框，在其中单击"添加监视"按钮。在弹出的"添加监视点"对话框中设置要监视的单元格，然后单击"添加"按钮，随后即可在"监视窗口"对话框的显示框中看到该单元格的信息。当改动了该单元格中的数据或数据位置时，在显示框中可以监测到单元格的变化。

9

办公数据的分析与处理

在了解了使用公式与函数高效计算表格数据的方法之后，本章开始进入对表格数据的分析和处理方法的学习。要达到快速分析数据的目的，首先就需要了解如何对数据进行排序和筛选，其次需要掌握对数据进行分类汇总和合并计算等技巧，必要的时候还需要熟知各种数据工具，以辅助对数据进行处理。

9.1　使用排序功能快速分析数据
9.2　使用筛选功能快速分析数据
9.3　使用分类汇总快速汇总数据
9.4　对数据进行合并计算
9.5　数据工具的使用

9.1 使用排序功能快速分析数据

在一个有大量数据的工作表中，为了更好地分析各种数据，往往需要对整个工作表中的数据进行排序处理。一般来说，排序的方法有对单一字段排序、对多关键字排序、自定义排序三种。

9.1.1 对单一字段进行排序

对单一字段进行排序是所有排序方法中最简单的一种，用户只需要直接使用升序或降序按钮，就可以实现该操作。

◎ 原始文件：下载资源\实例文件\第9章\原始文件\报销费用统计.xlsx
◎ 最终文件：下载资源\实例文件\第9章\最终文件\报销费用统计.xlsx

❶ 按升序排列

打开原始文件，❶选中 C 列数据单元格区域中任意单元格，❷切换到"数据"选项卡，❸单击"排序和筛选"组中的"升序"按钮，如下图所示。

❷ 排序效果

完成操作后，可以看见工作表中的"交通费"按升序排列，如下图所示。

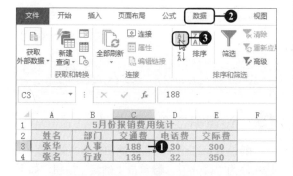

扩展操作

除了按照升序排列外，还可以根据需要让交通费的数据按照降序排列，只需在"排序和筛选"组中单击"降序"按钮即可。

9.1.2 多关键字的排序

多关键字排序是指在主要关键字排序的基础上，如果主要关键字相同，就根据次要关键字以升序或降序的方式排序。

① 单击"排序"按钮

打开原始文件，❶单击数据区域中的任意单元格，❷切换到"数据"选项卡，❸单击"排序和筛选"组中的"排序"按钮，如下图所示。

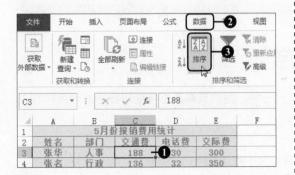

② 设置主要条件

弹出"排序"对话框，❶选择主要关键字为"交通费"，❷设置排序依据为"数值"，❸在"次序"下拉列表中单击"降序"选项，如下图所示。

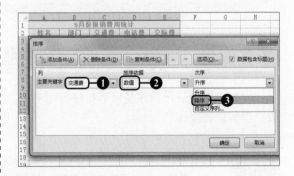

③ 添加第二个条件

单击"添加条件"按钮，如下图所示。

④ 设置次要条件

❶设置"次要关键字"为"电话费"，❷在"次序"下拉列表中单击"降序"选项，如下图所示。

⑤ 添加第三个条件

再次单击"添加条件"按钮，如下图所示。

⑥ 设置第二个次要条件

❶设置第二个"次要关键字"为"交际费"，❷次序为"降序"，❸单击"确定"按钮，如下图所示。

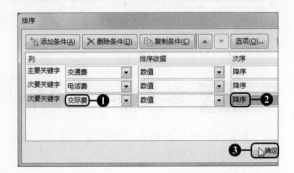

❼ 显示排序效果

返回工作表后，可以看见工作表中数据的排序效果，以交通费为主要条件按降序排列，在交通费相同的情况下，以电话费为次要条件，按降序排列，最后再按交际费降序，如右图所示。

	A	B	C	D	E	F
1	5月份报销费用统计					
2	姓名	部门	交通费	电话费	交际费	
3	张鸥	秘书	189	36	362	
4	张华	人事	188	30	300	
5	刘丹	交际	163	35	320	
6	丽丽	交际	156	29	360	
7	刘策	行政	147	32	314	
8	浮萍	交际	147	28	340	
9	张名	行政	136	32	350	
10	刘鸥	人事	125	30	365	
11	李奇微	秘书	123	31	320	
12	李泽	秘书	123	26	350	

扩展操作

在"排序"对话框中，对于添加错误的条件，可单击"删除条件"按钮删除；主要关键字与次要关键字可以通过上下移动按钮调整；复制条件可以达到快速建立相同条件的目的。

9.1.3 自定义排序

升序和降序的排序方式相对来说比较固定，在实际的办公操作中，有时候往往需要用到一些特殊的排序方式。当使用升序或降序无法满足需要的时候，可以根据工作表中的内容自定义设置特殊的排序方式。

◎ 原始文件：下载资源\实例文件\第9章\原始文件\报销费用统计2.xlsx
◎ 最终文件：下载资源\实例文件\第9章\最终文件\报销费用统计2.xlsx

❶ 单击"排序"按钮

打开原始文件，❶单击数据区域中的任意单元格，❷切换到"数据"选项卡，❸单击"排序和筛选"组中的"排序"按钮，如下图所示。

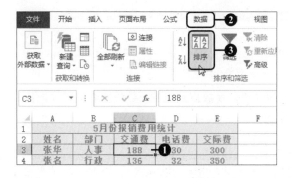

❷ 自定义序列

弹出"排序"对话框，在"次序"下拉列表中单击"自定义序列"选项，如下图所示。

❸ 输入序列内容

弹出"自定义序列"对话框，❶在"输入序列"文本框中输入自定义的序列内容，❷单击"添加"按钮，如右图所示。

④ 显示自定义序列的内容

❶此时在"自定义序列"列表框中显示出自定义的序列内容，❷最后单击"确定"按钮，如下图所示。

⑥ 自定义排序后的效果

返回工作表，可以看到 B 列单元格中的数值根据自定义的序列顺序排列，如右图所示。

⑤ 设置排序条件

返回"排序"对话框，❶设置主要关键字为"部门"，❷设置排序依据为"数值"，❸最后单击"确定"按钮，如下图所示。

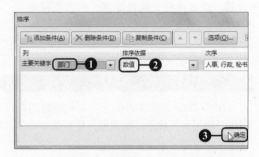

	A	B	C	D	E	F
1			5月份报销费用统计			
2	姓名	部门	交通费	电话费	交际费	
3	张华	人事	188	30	300	
4	刘鸥	人事	125	30	365	
5	张名	行政	136	32	350	
6	刘策	行政	147	32	314	
7	张鸥	秘书	189	36	362	
8	李奇徽	秘书	123	31	320	
9	李泽	秘书	123	26	350	
10	刘丹	交际	163	35	320	
11	丽丽	交际	156	29	360	
12	浮萍	交际	147	28	340	

9.2 使用筛选功能快速分析数据

筛选功能是在工作表中查找各种数据的主要方式，筛选的方法主要包括按关键字筛选、自定义筛选和高级筛选等。

9.2.1 按关键字筛选

在数据较多的情况下，用户可以利用筛选功能达到快速查找数据的目的。要快速查找某项数据，只需要在筛选下拉列表的列表框直接勾选要查找数据的类型即可。

◎ 原始文件：下载资源\实例文件\第9章\原始文件\报销费用统计3.xlsx
◎ 最终文件：下载资源\实例文件\第9章\最终文件\报销费用统计3.xlsx

① 筛选数据

打开原始文件，❶单击数据区域中的任意单元格，❷切换到"数据"选项卡，❸单击"排序和筛选"组中的"筛选"按钮，如右图所示。

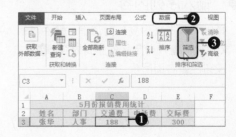

❷ 选择要查找的数据

在 A2:E2 单元格区域中的每个单元格右侧出现筛选按钮，❶单击 B2 单元格右侧的筛选按钮，❷在展开的列表框中取消勾选"全选"复选框，❸然后勾选"行政"复选框，如下图所示。

❸ 筛选的结果

单击"确定"按钮后，筛选出所有"行政"部门的人员报销费用信息，如下图所示。

9.2.2 自定义筛选

除了通过简单的方法筛选数据外，用户还可以自定义筛选数据。利用自定义筛选，可以设置筛选数据的条件为"大于"某个值、"小于"某个值或者是"开头是"某个值等，让搜索筛选更加符合实际需求。

◎ 原始文件：下载资源\实例文件\第9章\原始文件\报销费用统计4.xlsx
◎ 最终文件：下载资源\实例文件\第9章\最终文件\报销费用统计4.xlsx

❶ 单击"筛选"按钮

打开原始文件，❶单击数据区域中的任意单元格，❷切换到"数据"选项卡，❸单击"排序和筛选"组中的"筛选"按钮，如下图所示。

❷ 选择文本筛选

❶单击 A2 单元格右侧的筛选按钮，❷在展开的下拉列表中单击"文本筛选 > 开头是"选项，如下图所示。

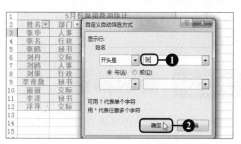

❸ 输入筛选条件

弹出"自定义自动筛选方式"对话框，❶在"姓名"右侧的文本框中输入"张"，❷单击"确定"按钮，如右图所示。

④ 筛选结果

此时筛选出所有关于姓张的员工的报销费用信息，如下图所示。

	A	B	C	D	E
1	5月份报销费用统计				
2	姓名	部门	交通费	电话费	交际费
3	张华	人事	188	30	300
4	张名	行政	136	32	350
5	张鸥	秘书	189	36	362
13					
14					
15					
16					

⑤ 清除筛选

如果要进行其他筛选，可清除当前筛选。❶单击"姓名"右侧的筛选按钮，❷在展开的下拉列表中单击"从'姓名'中清除筛选"选项，如下图所示。

⑥ 选择数字筛选

❶单击"交际费"右侧的筛选按钮，❷在展开的下拉列表中单击"数字筛选＞前10项"选项，如下图所示。

⑦ 设置筛选条件

弹出"自动筛选前10个"对话框，❶单击"显示"下的下三角按钮，在展开的下拉列表中选择"最小"，❷设置数字为"3"，❸单击"确定"按钮，如下图所示。

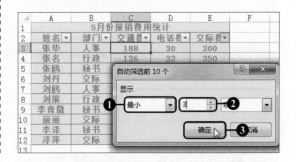

知识进阶 使用通配符筛选

在设置自定义筛选时，可以使用通配符进行筛选。一般常用的通配符为星号"*"和问号"?"这两个符号，其中问号"?"代表任意单个字符，星号"*"代表任意一组字符。例如，打开"自定义自动筛选方式"对话框，设置好显示方式，如"等于"，然后在文本框中输入"?国"，单击"确定"按钮后，将筛选出所有长度为两个字符并且以"国"字结尾的词组。

---

⑧ 筛选结果

此时筛选出交际费中最小的三个值，如右图所示。由于存在两个相同的数据，所以此时列举出的值实际上有4个。

	A	B	C	D	E
1	5月份报销费用统计				
2	姓名	部门	交通费	电话费	交际费
3	张华	人事	188	30	300
6	刘丹	交际	163	35	320
8	刘策	行政	147	32	314
9	李奇微	秘书	123	31	320

9.2.3 高级筛选

自动筛选只能筛选出条件比较简单的数据，当需要筛选一些条件比较复杂的数据时，就要用到高级筛选的功能了。相对于一般的筛选方式，高级筛选的筛选条件可以更复杂一些。一般来说要实现在某个工作表中进行高级筛选，都需要在工作表中输入一个满足筛选条件的数据区域，以此来规范高级筛选的范围。

◎ 原始文件：下载资源\实例文件\第9章\原始文件\报销费用统计5.xlsx

◎ 最终文件：下载资源\实例文件\第9章\最终文件\报销费用统计5.xlsx

❶ 高级筛选

打开原始文件，❶在 G2:I3 单元格区域输入筛选的条件内容，❷选中报销费用统计表数据区域中的任意单元格，❸切换到"数据"选项卡，❹单击"排序和筛选"组中的"高级"按钮，如下图所示。

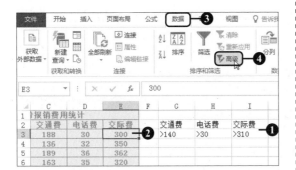

❷ 选择筛选方式

弹出"高级筛选"对话框，❶在"方式"选项组下单击"在原有区域显示筛选结果"单选按钮，❷"列表区域"文本框中自动显示了列表区域的位置，❸单击"条件区域"右侧的单元格引用按钮，如下图所示。

❸ 选择条件区域

❶选择 G3:I3 单元格区域作为条件区域，❷单击单元格引用按钮，如下图所示。

❹ 确定筛选

返回到"高级筛选"对话框，单击"确定"按钮，如下图所示。

❺ 筛选结果

此时可以看到，工作表中已经筛选出了报销费用中同时满足交通费大于140、电话费大于 30 并且交际费大于 310 的人员信息，如右图所示。

	A	B	C	D	E	F
1		5月份报销费用统计				
2	姓名	部门	交通费	电话费	交际费	
5	张鸥	秘书	189	36	362	
6	刘丹	交际	163	35	320	
8	刘策	行政	147	32	314	
13						
14						
15						
16						
17						
18						

9.3 使用分类汇总快速汇总数据

对工作表中的数据进行分析的时候，为了比较各种不同类别的数据的总和的大小，对数据使用分类汇总将是必不可少的操作。对数据创建了分类汇总后，就可以利用显示按钮分级查看分类汇总的结果。

9.3.1 创建分类汇总

创建多级分类汇总之前必须对工作表中的数据进行排序，如果工作表中的分类字段数据排列凌乱，不具有某种次序，那么使用分类汇总的功能将不能达到想要的结果。

◎ 原始文件：下载资源\实例文件\第9章\原始文件\货品运输账单.xlsx
◎ 最终文件：下载资源\实例文件\第9章\最终文件\货品运输账单.xlsx

1 对数据进行升序

打开原始文件，❶选中 B3 单元格，❷切换到"数据"选项卡，单击"排序和筛选"组中的"升序"按钮，如下图所示。

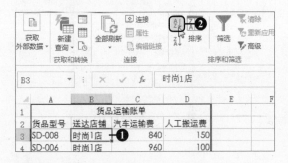

2 单击"分类汇总"按钮

在"数据"选项卡的"分级显示"组中单击"分类汇总"按钮，如下图所示。

3 设置分类汇总

弹出"分类汇总"对话框，在"分类字段"下拉列表中选择"送达店铺"选项，其余设置保持默认，如右图所示。

❹ 分类汇总效果

单击"确定"按钮之后返回工作表，即可看到分类汇总效果，如右图所示。

知识进阶 创建和删除组

在设置好了分类汇总之后，用户还可以根据自身的需求对工作表中的汇总进行组的创建和删除。选中需要添加组的单元格或单元格区域，在"分级显示"组中单击"创建组"按钮即可完成组的创建，单击"取消组合"按钮即可将组删除。

9.3.2 创建嵌套分类汇总

对多个条件进行多层分类汇总，即在主要分类字段已经汇总计算的情况下，对次要分类字段再次进行汇总。在创建嵌套分类汇总之前，需要对分类字段对应的主要关键词和次要关键字进行排序。

◎ 原始文件：下载资源\实例文件\第9章\原始文件\货品运输账单1.xlsx
◎ 最终文件：下载资源\实例文件\第9章\最终文件\货品运输账单1.xlsx

❶ 对数据进行排序

打开原始文件，❶选中 B3 单元格，❷切换到"数据"选项卡，❸单击"排序和筛选"组中的"排序"按钮，如下图所示。

❸ 单击分类汇总按钮

在"数据"选项卡的"分级显示"组中单击"分类汇总"按钮，如右图所示。

❷ 设置排序

弹出"排序"对话框，❶单击"添加条件"按钮，为排序添加条件，❷设置首要关键字为"送达店铺"、次要关键字为"货品型号"、排序依据为"数值"、次序为"升序"，❸之后单击"确定"按钮，如下图所示。

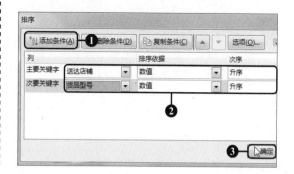

④ 设置一级分类汇总方式

❶弹出"分类汇总"对话框,在"分类字段"下拉列表中选择"送达店铺"选项,❷在汇总方式下拉列表中选择"求和"选项,❸勾选"人工搬运费"复选框,如下图所示。

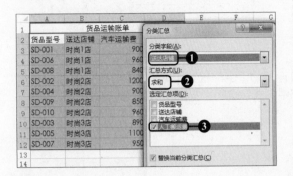

⑤ 分类汇总效果

完成操作之后返回工作表中,可以看到数据区域的单元格执行了分类汇总的操作,显示效果如下图所示。

⑥ 添加二级分类汇总

单击数据区域的任意单元格,再次单击"分类汇总"按钮,如下图所示。

⑦ 设置二级分类汇总方式

弹出"分类汇总"对话框,❶在"分类字段"下拉列表中选择"货品型号",❷取消勾选"替换当前分类汇总"复选框,如下图所示。

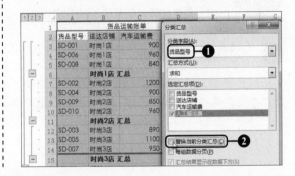

⑧ 多级嵌套汇总效果

单击"确定"按钮之后返回工作表中,即可看到设置的多级分类汇总效果,如右图所示。

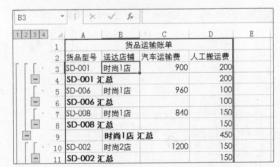

知识进阶 删除分类汇总

如果要对分类汇总进行删除,将光标定位在数据区域,在"分级显示"组中单击"分类汇总"按钮,在弹出的"分类汇总"对话框中单击"全部删除"按钮,此时工作表中分类汇总的效果将被删除。

9.4 对数据进行合并计算

如果想要将多个工作表中的数据合并在一起，可以使用合并计算的功能来实现这一操作。合并计算分为按位置合并计算和按类型合并计算。

9.4.1 按位置合并计算

当使用按位置合并计算数据的时候，必须保证每一个数据源区域中的数据被相同地排列。这种方法通常用于处理相同表格的合并工作。

◎ 原始文件：下载资源\实例文件\第9章\原始文件\销售数量统计.xlsx

◎ 最终文件：下载资源\实例文件\第9章\最终文件\销售数量统计.xlsx

❶ 合并计算

打开原始文件，❶选中 H3 单元格，❷切换到"数据"选项卡，单击"数据工具"组中的"合并计算"按钮，如下图所示。

❸ 引用数据区域

❶选择 C3:D6 单元格区域，引用"一分店"中的数据，❷单击单元格引用按钮，如下图所示。

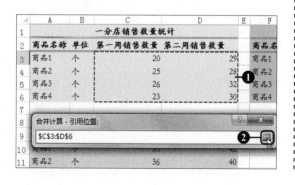

❷ 单击单元格引用按钮

弹出"合并计算"对话框，单击"引用位置"右侧的单元格引用按钮，如下图所示。

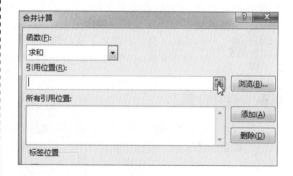

❹ 添加引用位置

❶单击"添加"按钮，❷在"所有引用位置"列表框中显示出单元格区域地址，如下图所示。

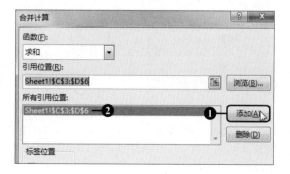

❺ 添加第二个引用位置

❶重复以上步骤，添加"二分店"中的引用位置，即 C10:D13 单元格区域，❷单击"确定"按钮，如下图所示。

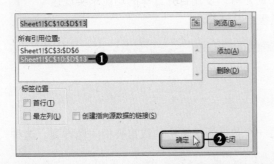

❻ 按位置合并计算的结果

此时可见，按位置合并计算出上半个月两个分店销售数量的总和，如下图所示。

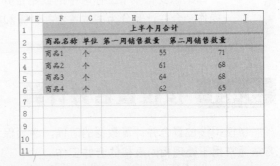

扩 展 操 作

除了利用单元格引用按钮引用单元格地址外，还可以直接在"合并计算"对话框中的"引用位置"文本框中输入要引用的单元格地址。

9.4.2 按分类合并计算

在多个工作表中的数据类别相同但排序的顺序不同的情况下，可以使用分类合并计算的方法来计算数据，计算出的数据的显示顺序将和第一个引用位置中数据的排序方式相同。

◎ 原始文件：下载资源\实例文件\第9章\原始文件\销售数量统计1.xlsx

◎ 最终文件：下载资源\实例文件\第9章\最终文件\销售数量统计1.xlsx

❶ 合并计算

打开原始文件，❶选中 F17 单元格，❷切换到"数据"选项卡，单击"数据工具"组中的"合并计算"按钮，如下图所示。

❸ 引用数据区域

❶选择 A17:D20 单元格区域，引用"一分店"中的数据，❷单击单元格引用按钮，如右图所示。

❷ 单击单元格引用按钮

弹出"合并计算"对话框，单击"引用位置"右侧的单元格引用按钮，如下图所示。

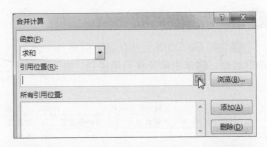

④ 添加引用位置

❶单击"添加"按钮后，❷在"所有引用位置"列表框中显示了选择的单元格区域地址，❸再次单击单元格引用按钮，如下图所示。

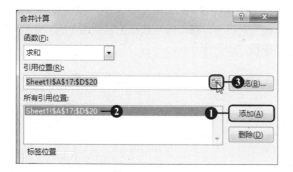

⑤ 添加第二个引用位置

❶选择 A24:D27 单元格区域，引用"二分店"中的数据，❷单击单元格引用按钮，如下图所示。

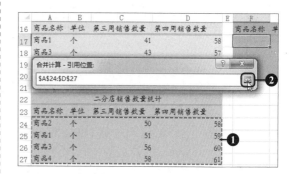

⑥ 选择标签位置

返回到"合并计算"对话框，❶单击"添加"按钮后，❷勾选"最左列"复选框，❸单击"确定"按钮，如下图所示。

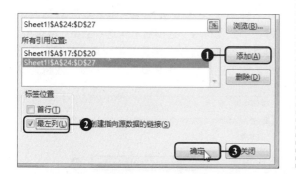

⑦ 按分类合并计算结果

返回工作表，可以看到按照类别合并计算出下半个月的销售数量统计，如下图所示。

	E	F	G	H	I	J
13						
14						
15			下半个月合计			
16		商品名称 单位 第三周销售数量		第四周销售数量		
17		商品1		92	117	
18		商品3		99	117	
19		商品4		107	111	
20		商品2		90	110	
21						
22						
23						

9.5 数据工具的使用

为了更方便地分析工作表中的数据，可以使用系统中提供的数据工具。使用数据工具中的不同按钮，可以实现不同的数据分析结果。例如，可以对单元格进行分列，删除工作表中的重复项或模拟分析数据等。

9.5.1 对单元格进行分列处理

当一个单元格中的数据包含分隔符或为两种类型的数值的情况下，可以将单元格中的数据分列在两个单元格中。例如，为了方便用户利用数字之间的乘积来计算货品的面积，可以把显示长度和宽度数据的单元格中的数字和单位分列开来。

❶ 插入单元格列

打开原始文件,对单元格中的数据进行分列之前,在 B 列和 D 列单元格右侧分别插入一列空白列,如下图所示。

	A	B	C	D	E
1			尺寸统计		
2	名称	长度		宽度	
3	普通大床	2.00 m		1.8m	
4	普通小床	1.50 m		1.2m	
5	软床	2.20 m		2.0m	
6	木床	1.80 m		1.5m	
7	铁床	1.80 m		1.5m	
8	铁床	1.80 m		1.5m	
9	吊床	1.50 m		1.3m	
10	上下床	1.80 m		1.5m	
11		1.50 m		1.2m	
12	儿童床	1.20 m		1.0m	

❷ 分列

❶选择 B3:B12 单元格区域,❷切换到“数据”选项卡,❸单击“数据工具”组中的“分列”按钮,如下图所示。

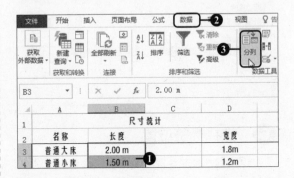

❸ 选择分列依据

弹出“文本分列向导-第1步”对话框,单击“分隔符号”单选按钮,如下图所示,然后单击“下一步”按钮。

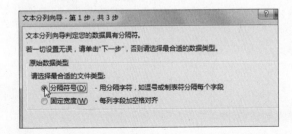

❹ 选择分隔符号

弹出“文本分列向导-第2步”对话框,❶在“分隔符号”选项组下勾选“空格”复选框,❷默认勾选“连续分隔符号视为单个处理”复选框,如下图所示,然后单击“下一步”按钮。

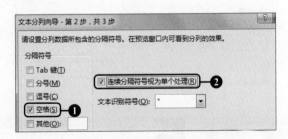

❺ 选择数据格式

弹出“文本分列向导-第3步”对话框,❶在列表框中单击左侧列,❷单击“文本”单选按钮,如下图所示。

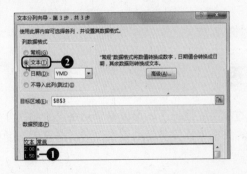

❻ 利用分隔符号分列的效果

单击“完成”按钮后,返回到工作表中,此时单元格中的数据已经被分列,并且左侧的数据以文本形式显示,如下图所示。

	A	B	C	D
1		尺寸统计		
2	名称	长度		宽度
3	普通大床	2.00	m	1.8m
4	普通小床	1.50	m	1.2m
5	软床	2.20	m	2.0m
6	木床	1.80	m	1.5m
7	铁床	1.80	m	1.5m
8	铁床	1.80	m	1.5m
9	吊床	1.50	m	1.3m
10	上下床	1.80	m	1.5m
11		1.50	m	1.2m

7 分列

❶选择 D3:D12 单元格区域，❷单击"数据工具"中的"分列"按钮，如下图所示。

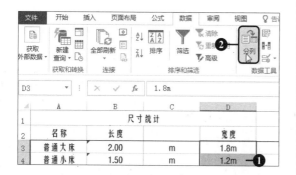

8 选择分列依据

弹出"文本分列向导 - 第 1 步"对话框，单击"固定宽度"单选按钮，如下图所示，然后单击"下一步"按钮。

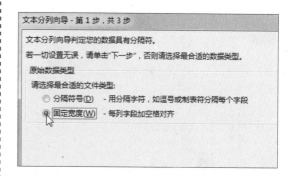

9 设置分隔线位置

弹出"文本分列向导 - 第 2 步"对话框，按住分列线拖动鼠标至适当的位置，如下图所示。

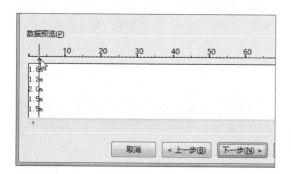

10 完成分列

❶释放鼠标后，在指定的位置上添加了一条分隔线，❷单击"完成"按钮，如下图所示。

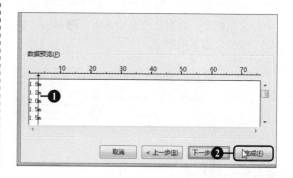

11 设置固定宽度的分列效果

返回工作表，可以看到选择的单元格数据以分隔线的位置被分列了，此时左侧的数据以数值的形式显示，如右图所示。

	A	B	C	D	E
1	尺寸统计				
2	名称	长度		宽度	
3	普通大床	2.00	m	1.8	m
4	普通小床	1.50	m	1.2	m
5	软床	2.20	m	2	m
6	木床	1.80	m	1.5	m
7	铁床	1.80	m	1.5	m
8	铁床	1.80	m	1.5	m
9	吊床	1.50	m	1.3	m
10	上下床	1.80	m	1.5	m
11		1.50	m	1.2	m

9.5.2 删除表格中的重复项

一些工作表中因为各种原因可能存在有重复项，如果一个一个去查看和比较，将会相当麻烦，此时用户就可以利用删除重复项的功能直接清除工作表中重复的数据。

◎ 原始文件：下载资源\实例文件\第9章\原始文件\尺寸统计1.xlsx

◎ 最终文件：下载资源\实例文件\第9章\最终文件\尺寸统计1.xlsx

① 取消合并单元格

打开原始文件，❶选中 A10 单元格，❷在"开始"选项卡下，单击"对齐方式"组中的"合并后居中"按钮，如下图所示。

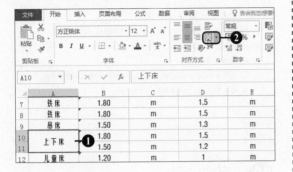

② 单击"删除重复项"按钮

取消 A10 单元格的合并状态后，❶选择 A2:D12 单元格区域，❷切换到"数据"选项卡，❸单击"数据工具"组中的"删除重复项"按钮，如下图所示。

③ 选择列

弹出"删除重复项"对话框，❶勾选"数据包含标题"复选框，此时在列表框中显示出每列中包含的标题，并自动全部被选中，❷单击"确定"按钮，如下图所示。

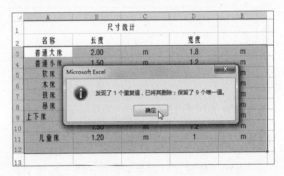

④ 删除重复项后的效果

弹出提示对话框，提示用户"发现了 1 个重复值，已将其删除；保留了 9 个唯一值"，然后单击"确定"按钮，完成删除，如下图所示。

⑤ 显示删除重复项的结果

返回工作表中，即可看到删除重复项后的工作表结果，如右图所示。

	A	B	C	D	E
1		尺寸统计			
2	名称	长度		宽度	
3	普通大床	2.00	m	1.8	m
4	普通小床	1.50	m	1.2	m
5	软床	2.20	m	2	m
6	木床	1.80	m	1.5	m
7	铁床	1.80	m	1.5	m
8	吊床	1.50	m	1.3	m
9	上下床	1.80	m	1.5	m
10		1.50	m	1.2	m
11	儿童床	1.20	m	1	m

9.5.3 使用"方案管理器"模拟分析数据

在市场营销中，往往会制作一些推广商品的方案，此时就需要对此方案做一个初步的模拟分析，来预估整个方案可能获得的利润。

① 输入公式

打开原始文件，选中 L3 单元格，❶在编辑栏中输入公式 "=D3*(1+J3)-C3*(1+I3)-E3*(1+K3)"，❷按【Enter】键后计算出结果，如下图所示。

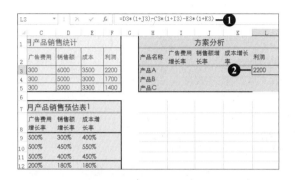

② 复制公式

拖动 L3 单元格右侧的填充柄至 L5 单元格，如下图所示。

③ 使用方案管理器

切换到"数据"选项卡，❶单击"预测"组中的"模拟分析"按钮，❷在展开的下拉列表中单击"方案管理器"选项，如下图所示。

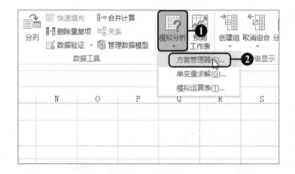

④ 添加方案

弹出"方案管理器"对话框，单击"添加"按钮，如下图所示。

⑤ 设置方案名称

弹出"添加方案"对话框，❶在"方案名"文本框中输入"方案一：电视广告"，❷单击"可变单元格"下的单元格引用按钮，如下图所示。

⑥ 引用可变单元格

❶选择 I3:K5 单元格区域，❷单击单元格引用按钮，如下图所示。

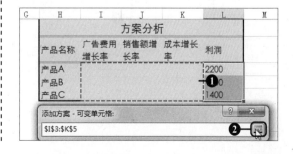

❼ 单击"确定"按钮

返回到对话框中，❶此时在"可变单元格"文本框中可以看到引用的单元格地址，❷然后单击"确定"按钮，如下图所示。

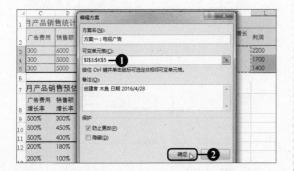

❾ 添加第二个方案

返回"方案管理器"对话框，❶此时在"方案"列表框中添加了第一个方案，❷单击"添加"按钮，继续添加下一个方案，如下图所示。

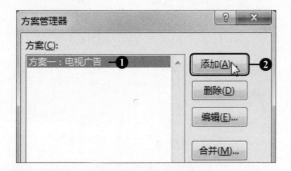

⓫ 输入可变单元格的值

弹出"方案变量值"对话框，❶输入相应的可变单元格的值，❷单击"确定"按钮，如下图所示。

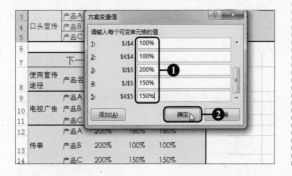

❽ 输入可变单元格的值

弹出"方案变量值"对话框，❶根据工作表中对应的值，输入对话框中每个可变单元格的值，❷单击"确定"按钮，如下图所示。

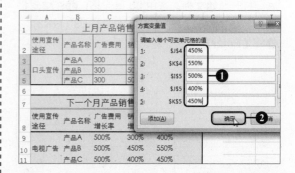

❿ 设置方案名称

弹出"添加方案"对话框，❶在"方案名"文本框中输入"方案二：传单"，❷单击"确定"按钮，如下图所示。

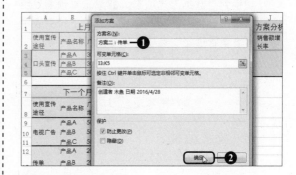

⓬ 显示方案一

返回"方案管理器"对话框，❶在"方案"列表框中单击"方案一：电视广告"选项，❷单击"显示"按钮，如下图所示。

⓭ 方案一的显示效果

此时在工作表中显示出第一个方案的利润分析明细，如下图所示。

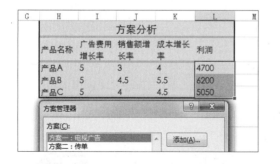

⓮ 方案二的显示效果

❶在"方案"列表框中单击"方案二：传单"选项，单击"显示"按钮，❷在工作表中显示出第二个方案的利润分析明细，如下图所示。

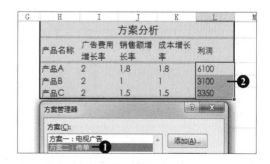

同步演练 汇总并分析各部门销售统计情况

通过本章的学习，相信用户已经对 Excel 2016 中数据的分析操作有了初步的认识，能够通过筛选、分类汇总、合并计算等操作分析工作表中的数据。为了加深用户对本章知识的理解，下面通过一个实例来融会贯通这些知识点。

◎ 原始文件：下载资源\实例文件\第9章\原始文件\各部门销售统计情况.xlsx
◎ 最终文件：下载资源\实例文件\第9章\最终文件\各部门销售统计情况.xlsx

❶ 合并计算

打开原始文件，❶选中 G3 单元格，❷切换到"数据"选项卡，单击"数据工具"组中的"合并计算"按钮，如下图所示。

❷ 单击单元格引用按钮

弹出"合并计算"对话框，单击"引用位置"右侧的单元格引用按钮，如下图所示。

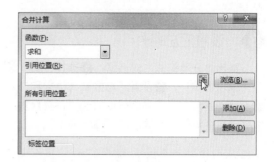

❸ 引用条件区域

❶选择 C3:D6 单元格区域，引用"销售A部"中的数据，❷单击单元格引用按钮，如右图所示。

4 添加引用位置

返回到"合并计算"对话框，❶单击"添加"按钮，❷在"所有引用位置"列表框中显示出单元格区域地址，❸再次单击单元格引用按钮，如下图所示。

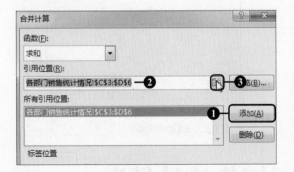

5 添加所有引用位置

重复以上操作，完成销售B部和销售C部中数据的引用，❶此时"所有引用位置"列表框中显示出所有引用数据单元格的地址，❷单击"确定"按钮，效果如下图所示。

6 合并计算的结果

此时，按位置合并计算出每种商品销售数量和销售金额的总和，如下图所示。

商品名称	销售总计	
	销售数量	销售金额
洗衣机	170	¥211,500.00
冰箱	112	¥262,600.00
电视机	102	¥294,000.00
空调	130	¥334,030.00

7 分类汇总

选中A2:D16单元格区域中的任意单元格，单击"分级显示"组中的"分类汇总"按钮，如下图所示。

8 设置汇总条件

弹出"分类汇总"对话框，❶选择分类字段为"部门名称"，❷设置汇总方式为"求和"，❸在"选定汇总项"列表框中勾选"销售数量"和"销售金额"复选框，如下图所示。

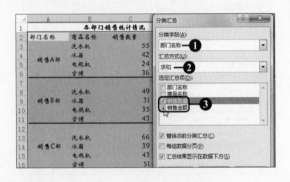

9 分类汇总的结果

单击"确定"按钮，返回工作表中即可看到分类汇总的显示结果，如下图所示。

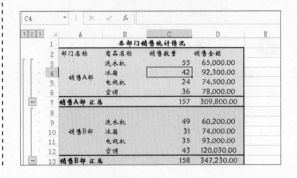

❿ 分级查看分类汇总

单击工作表列标签左侧的数字分级显示按钮，如下图所示。

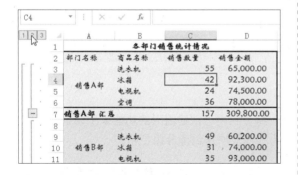

⓫ 二级分类汇总的效果

此时显示出二级分类汇总的结果，可以很清晰地看出每个部门的汇总结果，如下图所示。

⓬ 添加条件格式

选择 D7:D19 单元格区域，切换到"开始"选项卡，❶单击"样式"组中的"条件格式"按钮，❷在展开的下拉列表中单击"数据条 > 渐变填充 > 红色数据条"选项，如下图所示。

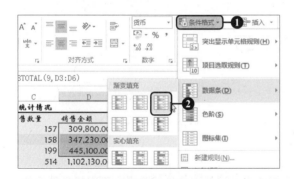

⓭ 添加条件格式后的效果

此时为单元格区域添加了条件格式，根据数据条的长短，直接分析了各销售部销售额的大小，如下图所示。

专家点拨 提高办公效率的诀窍

为了提高办公效率，用户一定希望知道在分析和处理数据的时候使用哪些技巧能够快速达到目标效果。下面就为用户介绍三种关于这方面的办公诀窍。

诀窍❶ 利用关键字筛选分析数据

在使用筛选功能对数据进行分析的时候，使用关键字筛选能够使筛选更加快捷简便。用户可以根据工作表中的任意关键字进行搜索，极大地提高筛选的效率。

在 Excel 2016 中打开一个已有的工作表，❶单击数据区域的任意单元格，❷切换至"数据"选项卡，❸单击"排序和筛选"组中的"筛选"按钮，如下左图所示。❹之后单击需要筛选数据列中的下三角按钮，❺在展开的列表中的搜索栏中输入需要筛选数据的关键字，如下中图所示。❻完成操作之后返回工作表，即可看到利用搜索的功能快速地找到了数据内容，如下右图所示。

2 自动建立分级显示

当用户想对工作表中的内容进行分级显示的时候，除了利用"创建组"的功能来手动创建分级显示外，还可以直接使用"自动建立分级显示"功能为工作表快速创建分级显示。

打开下载资源\实例文件\第9章\原始文件\各部门销售统计情况.xlsx，❶在 E2 单元格中输入公式"=E3:E6"，在 E7 单元格中输入公式"=E8:E11"，在 E12 单元格中输入"=E13:E16"，当按【Enter】键后，在单元格中显示出结果为"#VALUE!"，如下左图所示。❷切换到"数据"选项卡，单击"分级显示"组中的"创建组"按钮，❸在展开的下拉列表中单击"自动建立分级显示"选项，如下中图所示。❹此时可以看到为工作表建立的自动分级显示效果，如下右图所示。

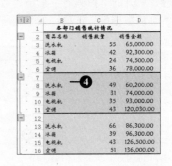

3 "或"条件的高级查找

利用高级筛选来查找关于"或"条件的内容，只需要在设置筛选条件的时候将不同的条件设置在不同的单元格行中，即可实现"或"条件的查找。

打开一个已有的工作表，❶在工作表中任意单元格区域中设置第一个筛选的条件，然后在相邻行设置第二个筛选的条件，选中数据区域，❷切换到"数据"选项卡，单击"排序和筛选"组中的"高级"按钮，如下左图所示。弹出"高级筛选"对话框，❸单击"将筛选结果复制到其他位置"单选按钮，❹然后设置好"列表区域""条件区域"和"复制到"的位置，❺单击"确定"按钮，如下中图所示。❻返回工作表中，此时将筛选出满足其中任意一个条件的数据，如下右图所示。

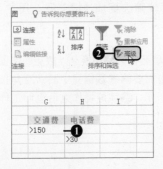

交通费 电话费
>150
    >30

姓名	部门	交通费	电话费	交际费
张华	人事	188	30	300
张名	行政	136	32	350
张鹤	秘书	189	36	362
刘丹	交际	163	35	320
刘馨	行政	147	32	314
李音薇	秘书	123	31	320
丽丽	交际	156	29	360

第10章

10

运用图表直观表现数据

在了解了 Excel 2016 中对于数据的分析和处理的操作后，本章开始学习在 Excel 2016 中运用图表来直观地表现数据。要使图表能达到直观表现数据的目的，首先需要学习在工作表中创建迷你图和图表的方法，然后需要掌握更改图表的数据源、图表的类型、图表元素的样式等操作，最后还需要进一步了解如何利用趋势线和误差线来预测和分析数据。

10.1 利用条件格式快速分析数据

利用对单元格添加条件格式的方法来分析数据，是在改变单元格格式的基础上来观察数据。用户可以为满足条件的单元格添加默认的条件格式，也可以自定义设置条件格式的规则。

10.1.1 添加条件格式

为单元格添加条件格式的类型包括突出显示单元格规则、项目选取规则、数据条等。下面以突出显示单元格规则为例，来介绍为单元格添加条件格式的方法。

◎ 原始文件：下载资源\实例文件\第10章\原始文件\费用分析表.xlsx
◎ 最终文件：下载资源\实例文件\第10章\最终文件\费用分析表.xlsx

❶ 选择区域

打开原始文件，选择 B3:B14 单元格区域，如下图所示。

	A	B	C	D	E	F
1				费用分析表		
2	月份	广告费	销售数量	产品单价	产品成本	销售额
3	1月	1,200.00	102.00	119.00	69.50	12,138.00
4	2月	1,300.00	110.00	119.00	69.50	13,090.00
5	3月	1,400.00	135.00	119.00	69.50	16,065.00
6	4月	1,980.00	178.00	119.00	69.50	21,182.00
7	5月	1,000.00	100.00	119.00	69.50	11,900.00
8	6月	2,000.00	177.00	119.00	69.50	21,063.00
9	7月	3,000.00	265.00	119.00	69.50	31,535.00
10	8月	2,500.00	203.00	119.00	69.50	24,157.00
11	9月	2,300.00	213.00	119.00	69.50	25,347.00
12	10月	2,200.00	222.00	119.00	69.50	26,418.00
13	11月	1,700.00	186.00	119.00	69.50	22,134.00
14	12月	1,800.00	178.00	119.00	69.50	21,182.00

❷ 选择条件格式

❶在"开始"选项卡下单击"样式"组中的"条件格式"按钮，❷在展开的下拉列表中单击"突出显示单元格规则 > 大于"选项，如下图所示。

❸ 选择格式样式

弹出"大于"对话框，❶在"为大于以下值的单元格设置格式"文本框中输入"￥2000.00"，❷在"设置为"下拉列表中选择"浅红填充色深红色文本"，❸单击"确定"按钮，如下图所示。

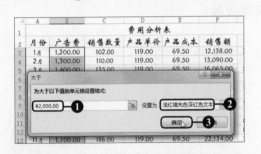

❹ 添加后的效果

返回到工作表中，在选择的单元格区域中为满足条件的单元格设置添加了条件格式，显示效果如下图所示。

	A	B	C	D	E	F	
1				费用分析表			
2	月份	广告费	销售数量	产品单价	产品成本	销售额	
3	1月	1,200.00	102.00	119.00	69.50	12,138.00	3
4	2月	1,300.00	110.00	119.00	69.50	13,090.00	4
5	3月	1,400.00	135.00	119.00	69.50	16,065.00	5
6	4月	1,980.00	178.00	119.00	69.50	21,182.00	6
7	5月	1,000.00	100.00	119.00	69.50	11,900.00	3
8	6月	2,000.00	177.00	119.00	69.50	21,063.00	6
9	7月	3,000.00	265.00	119.00	69.50	31,535.00	10
10	8月	2,500.00	203.00	119.00	69.50	24,157.00	7
11	9月	2,300.00	213.00	119.00	69.50	25,347.00	8
12	10月	2,200.00	222.00	119.00	69.50	26,418.00	8
13	11月	1,700.00	186.00	119.00	69.50	22,134.00	7
14	12月	1,800.00	178.00	119.00	69.50	21,182.00	7

10.1.2　自定义条件格式规则

如果已有的条件格式规则不能满足用户的需求，还可以自定义条件格式规则。自定义规则可以使用公式设置要应用条件格式的区域。

◎　原始文件：下载资源\实例文件\第10章\原始文件\费用分析表1.xlsx
◎　最终文件：下载资源\实例文件\第10章\最终文件\费用分析表1.xlsx

❶ 新建规则

打开原始文件，❶选择A3:G14单元格区域，❷在"开始"选项卡下单击"样式"组中的"条件格式"按钮，❸在展开的下拉列表中单击"新建规则"选项，如下图所示。

❸ 设置字形

弹出"设置单元格格式"对话框，在"字体"选项卡下选择字体的"字形"为"加粗"，如下图所示。

❺ 单击"填充效果"按钮

❶切换到"填充"选项卡，❷单击"填充效果"按钮，如右图所示。

❷ 选择规则类型

弹出"新建格式规则"对话框，❶在"选择规则类型"列表框中单击"使用公式确定要设置格式的单元格"选项，❷在"为符合此公式的值设置格式"文本框中输入公式"=MOD(ROW(),2)=0"，❸单击"格式"按钮，如下图所示。

❹ 设置边框

❶切换到"边框"选项卡，❷在"样式"列表框中选择合适的样式，❸单击"外边框"按钮，如下图所示。

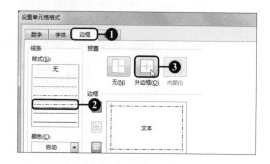

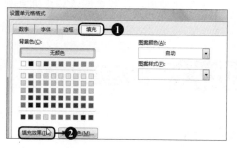

⑥ 设置填充效果

弹出"填充效果"对话框，❶在"颜色"组中单击"双色"单选按钮，❷设置颜色 1 为"橙色，个性色 2，淡色 80%"，❸设置颜色 2 为"橙色，个性色 2，淡色 60%"，如下图所示。

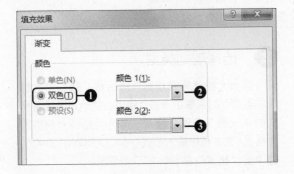

⑦ 设置底纹样式

❶在"底纹样式"组中单击"垂直"单选按钮，❷在"变形"库中选择"变形 3"，如下图所示。

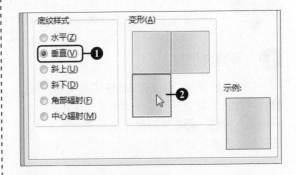

⑧ 单击"确定"按钮

依次单击"确定"按钮完成修改，返回到"新建格式规则"对话框，❶此时可以看到自定义格式的预览效果，❷单击"确定"按钮，如下图所示。

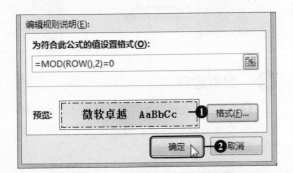

⑨ 添加格式的效果

在选择的单元格区域中为偶数月的单元格行添加了自定义的格式，使偶数月和奇数月的数据区别开来，如下图所示。

	A	B	C	D	E	F
1				费用分析表		
2	月份	广告费	销售数量	产品单价	产品成本	销售额
3	1月	1,200.00	102.00	119.00	69.50	12,138.00
4	2月	1,300.00	110.00	119.00	69.50	13,090.00
5	3月	1,400.00	135.00	119.00	69.50	16,065.00
6	4月	1,980.00	178.00	119.00	69.50	21,182.00
7	5月	1,000.00	100.00	119.00	69.50	11,900.00
8	6月	2,000.00	177.00	119.00	69.50	21,063.00
9	7月	3,000.00	265.00	119.00	69.50	31,535.00
10	8月	2,500.00	203.00	119.00	69.50	24,157.00
11	9月	2,300.00	213.00	119.00	69.50	25,347.00
12	10月	2,200.00	222.00	119.00	69.50	26,418.00
13	11月	1,700.00	186.00	119.00	69.50	22,134.00
14	12月	1,800.00	178.00	119.00	69.50	21,182.00
15						

10.2 创建与编辑迷你图

迷你图和图表属于同一种类型，只不过迷你图是一种比图表更小的微型图表。在日常工作中统计数据的时候，利用迷你图来反应数据，可以直观地看出数据系列的变化趋势，让数据的表达更加直观。

10.2.1 创建迷你图

在工作表中使用迷你图的时候，处理一组数据时可以用单个迷你图，在处理多组数据时可以使用迷你图组。

创建单个迷你图的时候，选择的数据范围必须是单行单元格或单列单元格中的数据。如果选择的数据范围不正确，就将出现错误提示框，使用户无法创建迷你图。

◎ 原始文件：下载资源\实例文件\第10章\原始文件\进账分析表.xlsx
◎ 最终文件：下载资源\实例文件\第10章\最终文件\进账分析表.xlsx

❶ 插入柱形图

打开原始文件，❶选中 E3 单元格，❷单击"插入"选项卡下"迷你图"组中的"柱形图"按钮，如下图所示。

❸ 选中单元格区域

❶选择B3:D3单元格区域，❷单击引用按钮，如下图所示。

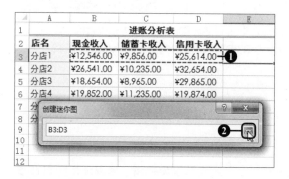

❺ 创建迷你图的效果

完成操作之后返回工作表中，可以看到此时在 E3 单元格中创建了一个柱形迷你图，如右图所示。

❷ 使用单元格引用按钮

弹出"创建迷你图"对话框，❶在"位置范围"文本框中自动显示了选中的单元格地址。❷单击"数据范围"右侧的单元格引用按钮，如下图所示。

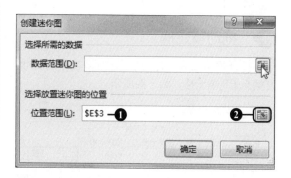

❹ 确定设置

返回"创建迷你图"对话框，单击"确定"按钮，如下图所示。

2 创建迷你图组

在创建了单个迷你图的基础上，将多个迷你图放在一起便组成了一个迷你图组。在一个工作表中，可以拖动单个迷你图的填充柄，通过复制填充的方式来对迷你图组进行创建。

◎ 原始文件：下载资源\实例文件\第10章\原始文件\进账分析表1.xlsx
◎ 最终文件：下载资源\实例文件\第10章\最终文件\进账分析表1.xlsx

❶ 拖动填充柄

打开原始文件，拖动单元格 E3 右下角的填充柄至 E8 单元格，如下图所示。

	A	B	C	D	E
1			进账分析表		
2	店名	现金收入	储蓄卡收入	信用卡收入	合
3	分店1	¥12,546.00	¥9,856.00	¥25,614.00	¥4
4	分店2	¥26,541.00	¥10,235.00	¥32,654.00	¥6
5	分店3	¥18,654.00	¥8,965.00	¥29,865.00	¥5
6	分店4	¥19,852.00	¥11,235.00	¥19,874.00	¥5
7	分店5	¥32,651.00	¥7,896.00	¥49,877.00	¥9
8	分店6	¥25,321.00	¥9,632.00	¥28,645.00	¥6
9					

❷ 创建迷你图组效果

释放鼠标后，在 E3:E8 单元格区域中生成了迷你图组，如下图所示。

	A	B	C	D	E
1			进账分析表		
2	店名	现金收入	储蓄卡收入	信用卡收入	
3	分店1	¥12,546.00	¥9,856.00	¥25,614.00	
4	分店2	¥26,541.00	¥10,235.00	¥32,654.00	
5	分店3	¥18,654.00	¥8,965.00	¥29,865.00	
6	分店4	¥19,852.00	¥11,235.00	¥19,874.00	
7	分店5	¥32,651.00	¥7,896.00	¥49,877.00	
8	分店6	¥25,321.00	¥9,632.00	¥28,645.00	

10.2.2 编辑迷你图

对于插入工作表中的迷你图，可以根据需要利用迷你图工具进行重新编辑。修改迷你图包括修改迷你图的类型、修改迷你图的样式、更改迷你图的数据源或是显示迷你图的数据点等几个方面。

1 更改迷你图的数据源

在选择的数据范围内，如果有数据的增加或者减少，即数据源发生了变化，那么原来插入的迷你图将不能再反应数据的变化。对已有的迷你图可以重新编辑迷你图的数据源，使迷你图和数据区域重新匹配。

❶　输入新数据源

打开原始文件，在工作表中原迷你图所在列单元格之前插入一个新列，在 E2 单元格中输入"购物卡收入"，在其他相应的单元格中输入对应的数据，如下图所示。

❷　编辑数据

选中迷你图，此时整个迷你图组显示一个蓝色的边框，❶切换到"迷你图工具 - 设计"选项卡，❷单击"迷你图"组中的"编辑数据"按钮，❸在展开的下拉列表中单击"编辑组位置和数据"选项，如下图所示。

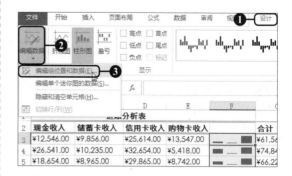

❸　输入数据区域范围

弹出"编辑迷你图"对话框，❶在"数据范围"文本框中输入"B3:E8"，❷单击"确定"按钮，如下图所示。

❹　更改数据源后的效果

此时迷你图组中的每个迷你图数据源区域发生了相应的变化，迷你图中由 3 个柱形图形状变成了 4 个柱形图，效果如下图所示。

2 更改迷你图类型和样式

在 Excel 2016 中，迷你图的类型包括折线图、柱形图和盈亏三种，每种迷你图都有自身特定的功能，例如使用折线图更着重于观察数据的发展趋势，而使用柱形图就更偏向于比较各个数据的大小。使用迷你图的时候，应该根据数据表达的需要，合理地选择迷你图的类型。如果对于一个迷你图的表达效果不满意，可以更改迷你图的类型。在更改迷你图类型的时候，也可以更改迷你图的样式，更改样式后或许会使图形更美观。

❶ 选择迷你图类型

打开原始文件，❶选中整个迷你图组，切换到"迷你图工具 - 设计"选项卡，❷单击"类型"组中的"折线图"按钮，如下图所示。

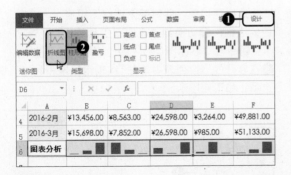

❷ 更改类型后的效果

此时迷你图组由柱形图变成了折线图。通过折线图，可以看出在第一个季度中分店1每月各种类型的进账发展趋势，如下图所示。

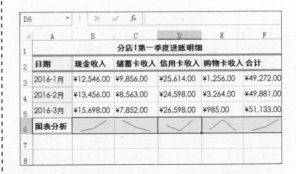

❸ 选择样式

选中迷你图，单击"样式"组中的快翻按钮，在展开的样式库中选择合适的样式，如下图所示。

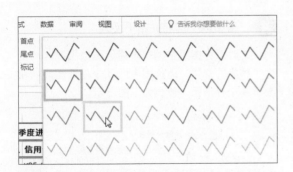

❹ 设置样式

❶在"样式"组中单击"迷你图颜色"按钮，❷在展开的下拉列表中单击"粗细 >3 磅"选项，如下图所示。

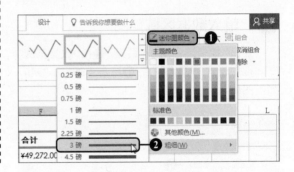

❺ 更改样式后的效果

完成操作之后，返回工作表中，此时会显示出更改后的迷你图样式，效果如右图所示。

❸ 显示迷你图数据点及修改其标记颜色

迷你图的数据点包括数据的高点、低点、首点、尾点、负点和标记这 6 种。插入的迷你图系统将自动默认为隐藏数据点，用户可以通过设置，选择需要的数据点，使数据点显示出来。对于显示出的数据点，还可以改变其标记颜色以便区分。

◎ 原始文件：下载资源\实例文件\第10章\原始文件\分店1第一季度进账明细1.xlsx
◎ 最终文件：下载资源\实例文件\第10章\最终文件\分店1第一季度进账明细1.xlsx

① 勾选数据点

打开原始文件，❶切换到"迷你图工具 - 设计"选项卡，❷勾选"显示"组中的"高点""低点"复选框，如下图所示。

② 显示数据点效果

此时在迷你图中显示出勾选的数据点，如下图所示。

	A	B	C	D	E	F
1	分店1第一季度进账明细					
2	日期	现金收入	储蓄卡收入	信用卡收入	购物卡收入	合计
3	2016-1月	¥12,546.00	¥9,856.00	¥25,614.00	¥1,256.00	¥49,272.00
4	2016-2月	¥13,456.00	¥8,563.00	¥24,598.00	¥3,264.00	¥49,881.00
5	2016-3月	¥15,698.00	¥7,852.00	¥26,598.00	¥985.00	¥51,133.00
6	图表分析					
7						
8						
9						

③ 修改高点的颜色

❶在"样式"组中单击"标记颜色"按钮，❷在展开的下拉列表中指向"高点"，❸在展开的列表中选择合适的填充颜色，如下图所示。

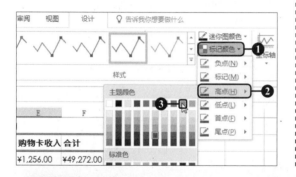

④ 修改颜色后的效果

对高点应用了其他颜色后，可以使用户更易区分高点和低点所在的位置，显示效果如下图所示。

	A	B	C	D	E	F
1	分店1第一季度进账明细					
2	日期	现金收入	储蓄卡收入	信用卡收入	购物卡收入	合计
3	2016-1月	¥12,546.00	¥9,856.00	¥25,614.00	¥1,256.00	¥49,272.00
4	2016-2月	¥13,456.00	¥8,563.00	¥24,598.00	¥3,264.00	¥49,881.00
5	2016-3月	¥15,698.00	¥7,852.00	¥26,598.00	¥985.00	¥51,133.00
6	图表分析					
7						
8						

知识进阶 取消迷你图组合

如果想要对迷你图组中的单个迷你图进行样式、颜色的更改，可以先取消迷你图的组合：切换到"迷你图工具 - 设计"选项卡，单击"分组"组中的"取消组合"按钮，此时将一组迷你图分割为单个迷你图，然后只对单个的迷你图做修改即可。

10.3 使用数据图表分析数据

在对 Excel 工作表中的数据进行分析的时候，可以选择插入图表来更直观地分析数据。在插入图表的时候，不仅需要在工作表中选择正确的数据源，还需要根据分析数据的目的来选择符合的图表类型。

10.3.1 创建图表

在 Excel 工作表中输入了一系列的数据后，便可以插入图表，让图表来表现这些数据。图表是以图形形式来显示数据系列的，通过图表使工作表中的大量数据变得更容易理解，也方便观察不同数据系列之间的关系。

1 使用推荐的图表功能创建图表

对于一个没有图表制作经验的人来说，要设计出一个既符合主题又能表达数据效果的图表实属不易。不过在 Excel 2016 中加入了一个十分方便的"推荐的图表"功能，在创建图表的时候，用户可以通过这个功能快速找到符合设计目的的图表样式。

◎ 原始文件：下载资源\实例文件\第10章\原始文件\各部门交际费比较.xlsx
◎ 最终文件：下载资源\实例文件\第10章\最终文件\各部门交际费比较.xlsx

❶ 单击"推荐的图表"按钮

打开原始文件，❶选中 A2:D8 单元格区域，❷切换至"插入"选项卡，❸单击"图表"组中"推荐的图表"按钮，如下图所示。

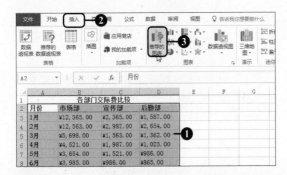

❷ 选择推荐的图表

弹出"插入图表"对话框，在"推荐的图表"选项卡中列出了推荐的常用图表，单击列表中的"簇状柱形图"按钮，如下图所示。

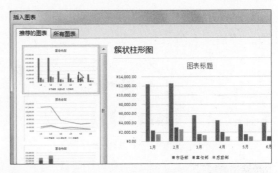

❸ 推荐的图表效果

单击"确定"按钮之后，返回工作表中，此时即可看到推荐的图表样式，如右图所示。

> **扩 展 操 作**
>
> 每个图表的样式下方都有一段关于此图表的文字叙述，详细介绍了该图表的适用范围以及表达数据的特点。用户在选择图表之前可以先熟悉图表的注释。

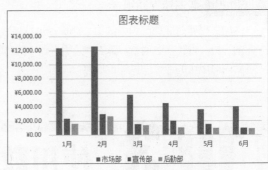

2 手动选择图表类型

如果对于系统推荐的图表样式不满意，用户可以手动选择图表类型。手动选择的图表类型更加丰富，并且每个类型中都有不同的样式可供选择。

❶ 单击图表按钮

打开原始文件，❶选中 A2:D8 单元格区域，❷切换至"插入"选项卡，❸单击"图表"组中的"插入折线图"按钮，❹在展开的列表中单击"二维折线图 > 折线图"选项，如下图所示。

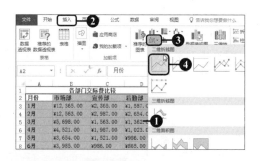

❷ 选择图表类型

完成操作之后，返回工作表中即可看到显示的折线图效果，如下图所示。

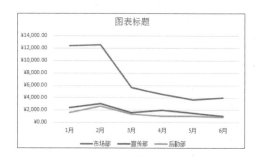

10.3.2 更改图表类型

相对于迷你图，图表类型更丰富，不仅包括折线图、柱形图，还包括饼图、条形图、面积图、股价图、曲面图等。在选择每种图表的类型基础上还可以选择其类型中的不同样式。

❶ 更改图表类型

打开原始文件，❶选中图表，❷切换到"图表工具 - 设计"选项卡，❸单击"类型"组中的"更改图表类型"按钮，如下图所示。

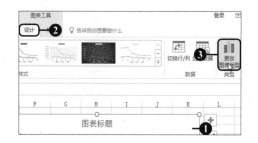

❸ 更改图表类型效果

之后单击"确定"按钮，返回工作表中，之前的折线图图表变成了条形图图表，如右图所示。

❷ 选择图表类型

弹出"更改图表类型"对话框，❶单击"条形图"选项，❷在"条形图"选项面板中单击"簇状条形图"选项，如下图所示。

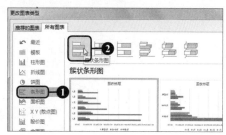

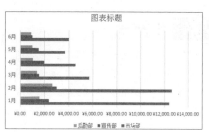

10.3.3 更改图表数据源

图表数据源反映了图表数据与工作表数据之间的链接。当工作表中的数据源中发生了数据范围的变化时，就需要对已插入的图表更改其引用的数据源，通过更改图表的数据源可以使图表的内容更加符合要求。

◎ 原始文件：下载资源\实例文件\第10章\原始文件\各部门交际费比较3.xlsx
◎ 最终文件：下载资源\实例文件\第10章\最终文件\各部门交际费比较3.xlsx

❶ 输入数据源

打开原始文件，在 A9:D9 单元格区域添加 7 月份的交际费数据，如下图所示。

	A	B	C	D
1	各部门交际费比较			
2	月份	市场部	宣传部	后勤部
3	1月	¥12,365.00	¥2,365.00	¥1,587.00
4	2月	¥12,563.00	¥2,987.00	¥2,654.00
5	3月	¥5,698.00	¥1,563.00	¥1,362.00
6	4月	¥4,521.00	¥1,987.00	¥1,023.00
7	5月	¥3,654.00	¥1,521.00	¥986.00
8	6月	¥3,985.00	¥986.00	¥865.00
9	7月	¥4,316.00	¥1,204.00	¥1,506.00
10				

❸ 输入数据区域地址

弹出"选择数据源"对话框，❶在"图表数据区域"中输入"=Sheet1!$A$2:$D$9"，❷单击"确定"按钮，如下图所示。

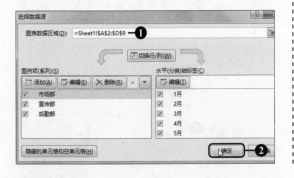

❷ 选择数据

❶选中图表，❷切换到"图表工具 - 设计"选项卡，❸单击"数据"组中的"选择数据"按钮，如下图所示。

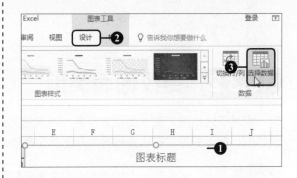

❹ 更改图表数据源后的效果

返回工作表，此时在图表中添加了 7 月份的数据，如下图所示。

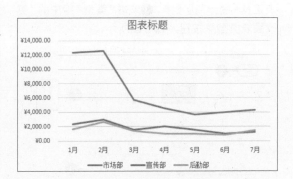

知识进阶 移动图表

对于创建好的图表，可以将其移动到另一个工作表中使用。选择要移动的图表，在"图表工具 - 设计"选项卡中的"位置"组单击"移动图表"按钮，在弹出的"移动图表"对话框中单击选中"新工作表"单选按钮，在右侧的文本框中输入新工作表的名称，单击"确定"按钮，此时图表将被移动到指定的工作表中。

10.4 图表布局和样式的设置

在工作表中创建一个图表后，可以对图表进行设置，一般包括设置图表的样式和图表的布局。在设置图表的时候，可以对整个图表进行设置，也可以对图表中的某个图表元素进行手动设置。

10.4.1 应用预设的图表布局和样式

在 Excel 2016 工作表中包含有许多预设的图表布局和样式，不同的图表布局表现在图表中各元素之间的相对位置不同。应用预设的图表样式可以对图表中图形的默认样式进行改变。

◎ 原始文件：下载资源\实例文件\第10章\原始文件\各部门费用比较4.xlsx
◎ 最终文件：下载资源\实例文件\第10章\最终文件\各部门费用比较4.xlsx

❶ 选择图表布局类型

打开原始文件，切换到"图表工具 - 设计"选项卡，❶在"图表布局"组中单击"快速布局"按钮，❷在展开的列表中选择"布局 1"，如下图所示。

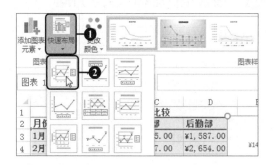

❸ 选择图表样式

单击"图表样式"组中的快翻按钮，在展开的样式库中选择合适的样式，如下图所示。

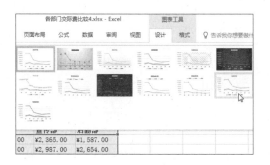

❷ 更改图表布局后的效果

此时图表的整体布局变成了布局 1 的样式，如下图所示。

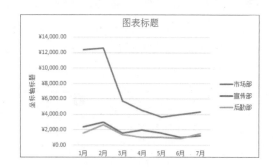

❹ 更改图表样式后的效果

图表中应用了新样式后的显示效果如下图所示。

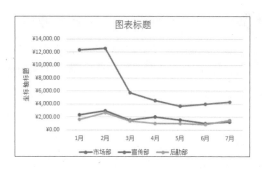

10.4.2 手动更改图表元素的布局和格式

默认的布局样式比较有限，如果套用后细节上还需要调整，可以手动更改其中某些图表元素的布局和格式。

◎ 原始文件：下载资源\实例文件\第10章\原始文件\各部门交际费比较5.xlsx
◎ 最终文件：下载资源\实例文件\第10章\最终文件\各部门交际费比较5.xlsx

❶ 设置图表标题的布局

打开原始文件，切换到"图表工具-设计"选项卡，❶单击"图表布局"组中的"添加图表元素"按钮，❷在展开的下拉列表中单击"图表标题 > 居中覆盖"选项，如下图所示。

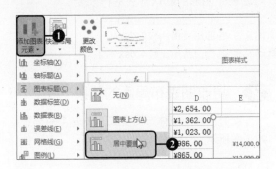

❷ 更改图表标题布局后的效果

此时图表标题布局发生了变化，移动到了图表中居中位置，选中图表标题文本内容，如下图所示。

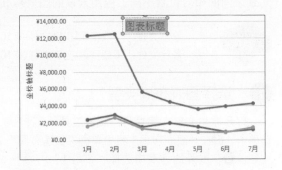

❸ 设置图表中坐标轴标题的布局

❶将"图表标题"更改为"各部门交际费比较"，❷然后双击坐标轴标题，如下图所示。

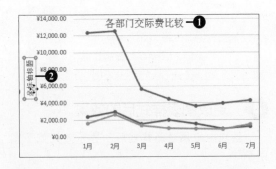

❹ 设置坐标轴标题文字方向

弹出"设置坐标轴标题格式"窗格，❶单击"标题选项 > 大小与属性"按钮，❷将"对齐方式"组中的"文字方向"设置为"竖排"，如下图所示。

❺ 改变坐标轴标题文字方向效果

单击"关闭"按钮之后，更改文字方向，并将坐标轴标题更改为"交际费金额"，如右图所示。

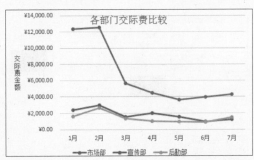

⑥ 选择图表元素

❶切换到"图表工具-格式"选项卡，在"当前所选内容"组的"图表元素"列表框中选择"绘图区"，❷单击"设置所选内容格式"按钮，如下图所示。

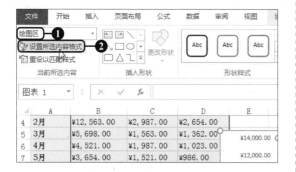

⑧ 设置绘图区格式后的效果

单击"关闭"按钮后，在图表中的绘图区填充了选择的图案样式，如下图所示。

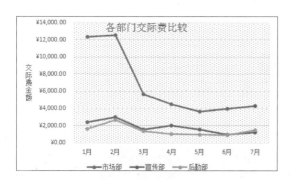

⑩ 设置图表区格式效果

单击"关闭"按钮，图表区格式被修改，并为图表区填充了颜色，如右图所示。

⑦ 设置绘图区格式

弹出"设置绘图区格式"任务窗格，❶在"填充"选项面板中单击"图案填充"单选按钮，❷在展开的图案库中选择图案，如下图所示。

⑨ 设置图表区格式

参照类似的步骤打开"设置图表区格式"任务窗格，❶在"填充"选项面板中单击"纯色填充"单选按钮，❷然后设置好填充颜色，如下图所示。

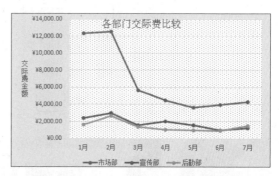

扩 展 操 作

　　选择图表元素的时候，除了在"当前所选内容"组中的"图表元素"列表框中选择要更改的图表元素外，还可以直接在图表中单击要设置的元素。只是前者定位会更明确，在图表元素有重叠的时候，使用当前所选内容定位将非常方便。

10.4.3 手动更改图表元素的样式

对于图表中的每个元素，Excel 工作表都为用户提供了多种样式。如果需要手动更改图表元素的样式，可以先选择要更改的图表元素，然后直接套用形状样式库中已有的样式。

◎ 原始文件：下载资源\实例文件\第10章\原始文件\各部门交际费比较6.xlsx
◎ 最终文件：下载资源\实例文件\第10章\最终文件\各部门交际费比较6.xlsx

❶ 设置网格线的样式

打开原始文件，切换到"图表工具 - 格式"选项卡，❶在"当前所选内容"组的"图表元素"列表框中选择"垂直（值）轴主要网格线"，❷单击"形状样式"组中的样式，如下图所示。

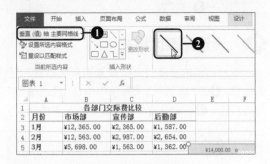

❷ 套用样式后的效果

此时绘图区中的网格线便套用了选择的样式，显示效果如下图所示。

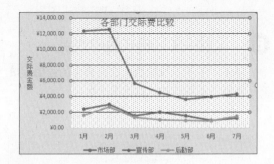

❸ 设置垂直轴标题的样式

❶在"图表元素"列表框中选择"垂直（值）轴 标题"，单击"形状样式"组中的快翻按钮，❷在展开的样式库中选择合适的样式，如下图所示。

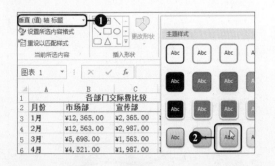

❹ 套用样式后的效果

图表中的垂直轴标题套用了选择的样式，效果如下图所示。

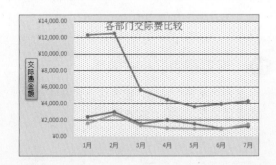

10.5 预测与分析图表数据

在工作表中插入了图表后，即可使用图表对工作表中的数据进行预测和分析。在预测和分析图表数据的时候，可以为图表添加趋势线和误差线，利用趋势线和误差线的功能来辅助分析数据的变化趋势和潜在误差。

206 Word/Excel/PPT 2016从新手到高手

10.5.1 为图表添加趋势线

如果想要对图表做预测分析，可以为图表添加趋势线。在图表中添加趋势线可以预测工作表中数据的发展趋势，用户应该根据 R 的平方值来选择所用趋势线的类型。R 的平方值越接近"1"，说明趋势线越准确。

◎ 原始文件：下载资源\实例文件\第10章\原始文件\公司盈利表.xlsx
◎ 最终文件：下载资源\实例文件\第10章\最终文件\公司盈利表.xlsx

① 选择其他趋势线

打开原始文件，❶选中图表，切换到"图表工具 - 设计"选项卡，❷单击"图表布局"组中的"添加图表元素"按钮，❸在展开的下拉列表中单击"趋势线 > 其他趋势线选项"，如下图所示。

② 选择趋势线类型

弹出"设置趋势线格式"窗格，❶单击"填充与线条"选项，❷在"趋势线选项"下单击"线性"单选按钮，如下图所示。

③ 设置趋势线线型箭头

❶在"线条"选项面板中单击"箭头末端类型"右侧的下三角按钮，❷在展开的下拉列表中单击"箭头"选项，如下图所示。

④ 添加箭头后的效果

单击"关闭"按钮后，在趋势线的后端添加了一个箭头，用于表示趋势发展的方向，如下图所示。

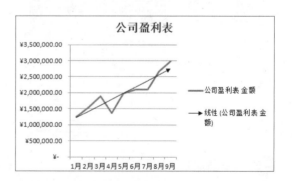

知识进阶 趋势线的应用范围

并不是所有的图表类型都可以添加趋势线，趋势线的应用范围包括柱形图、条形图、折线图、XY散点图、面积图和气泡图等二维图表。如果要确认添加的趋势线是否正确，可以调出"设置趋势线格式"任务窗格，勾选"显示 R 的平方值"复选框，其值越接近于 1，趋势线越有效。

10.5.2 为图表添加误差线

误差线就是表示图形上每种数据系列中的每个数据点或数据标记的潜在误差量。在图表类型中，并不是每种类型都可以添加误差线。可以添加误差线的图表类型只有柱形图、条形图、折线图、XY 散点图、面积图和气泡图等二维图表。

◎ 原始文件：下载资源\实例文件\第10章\原始文件\公司盈利表1.xlsx

◎ 最终文件：下载资源\实例文件\第10章\最终文件\公司盈利表1.xlsx

❶ 添加工作表的数据

打开原始文件，根据需要在 C 列单元格中添加公司预计盈利额的数据，并调整好单元格的格式，如下图所示。

	A	B	C	D
1	公司盈利表			
2	月份	金额	预计	
3	1月	1,236,547.00	1,598,654.00	
4	2月	1,532,648.00	1,698,745.00	
5	3月	1,896,523.00	1,745,896.00	
6	4月	1,368,547.00	1,569,852.00	
7	5月	1,987,456.00	1,896,523.00	
8	6月	2,103,211.00	1,987,456.00	
9	7月	2,109,865.00	2,031,564.00	
10	8月	2,658,410.00	2,412,563.00	
11	9月	2,986,541.00	2,896,541.00	
12				

❷ 选择数据

在工作表中增加了数据后，需要变更图表的数据源，❶切换到"图表工具 - 设计"选项卡，❷单击"数据"组中的"选择数据"按钮，如下图所示。

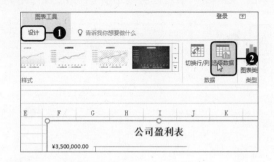

❸ 更改数据范围

弹出"选择数据源"对话框，❶在"图表数据区域"文本框中输入新的数据区域地址"= Sheet1! $A$1:$C$11"，❷单击"确定"按钮，如下图所示。

❹ 删除趋势线

为了更好地观察误差，可将图表中的趋势线删除。切换到"图表工具 - 设计"选项卡，❶单击"添加图表元素"按钮，❷在展开的下拉列表中单击"趋势线 > 无"选项，如下图所示。

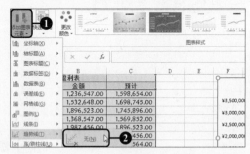

❺ 设置后的图表显示效果

变更了图表的数据源并删除了趋势线后的显示效果如右图所示。

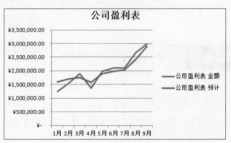

❻ **单击"其他误差线选项"选项**

❶单击"添加图表元素"按钮，❷在展开的列表中单击"误差线 > 其他误差线选项"选项，如下图所示。

❼ **选择基数系列**

弹出"添加误差线"对话框，❶选中"公司盈利表 预计"，❷单击"确定"按钮，如下图所示。

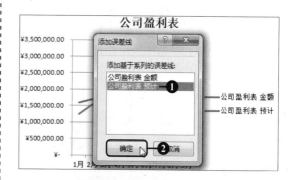

❽ **设置误差线方向**

弹出"设置误差线格式"窗格，在"垂直误差线"选项面板中的"方向"选项组下，单击"正负偏差"单选按钮，如下图所示。

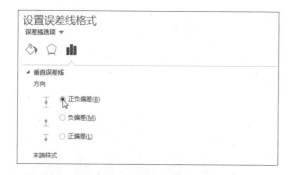

❾ **设置误差量**

❶在"误差量"选项组下单击"固定值"单选按钮，❷设置误差量为"200000"，如下图所示。

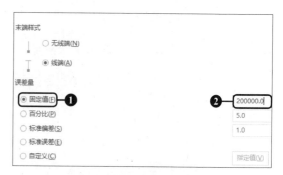

❿ **添加误差线后的效果**

单击"关闭"按钮后，为图表添加了误差线。此时公司盈利金额系列显示在误差线范围内，表示公司的实际盈利额在预计盈利额误差范围之内，显示效果如右图所示。

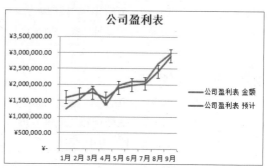

同步演练 使用图表分析企业资产的变化状况

通过本章的学习，相信用户已经对在 Excel 2016 中应用图表分析数据有了初步的认识，能够根据工作表中的数据插入相应的图表，学会了改变图表的样式、布局，为图表添加趋势线、误差线等方法。为了加深用户对本章知识的理解，下面通过一个实例来融会贯通这些知识点。

❶ 选择插入图表的类型

打开原始文件，❶选择 A2:G4 单元格区域，❷切换到"插入"选项卡，❸单击"图表"组中的"柱形图"按钮，❹在展开的下拉列表中单击"簇状柱形图"选项，如下图所示。

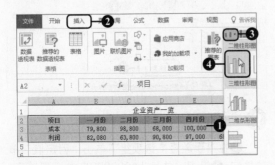

❷ 插入图表的效果

此时在文档中插入了一个以 A2:G4 单元格区域为数据源的簇状柱形图，效果如下图所示。

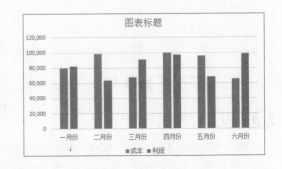

❸ 设置图表布局

选中图表，❶切换到"图表工具 - 设计"选项卡，单击"图表布局"组中的"快速布局"按钮，❷在展开的布局库中选择"布局5"，如下图所示。

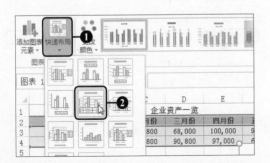

❹ 应用布局后的效果

图表显示了布局 5 的效果，选中图表标题中的文本内容，输入图表标题"企业资产"，如下图所示。

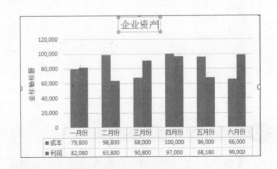

❺ 设置图表样式

选中图表，切换到"图表工具 - 格式"选项卡，单击"形状样式"组中的快翻按钮，在展开的样式库中选择合适的样式，如下图所示。

❻ 设置样式后的效果

此时为图表套用了现有的样式。为了使图表更美观，选中图表标题，设置其样式，如下图所示。

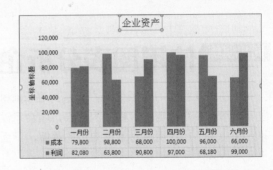

⑦ 设置艺术字样式

在"艺术字样式"组中单击快翻按钮，在展开的样式库中选择合适的样式，如下图所示。

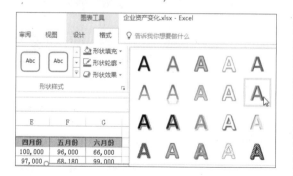

⑧ 设置图表标题后的效果

为图表标题应用了艺术字样式后，显示效果如下图所示。

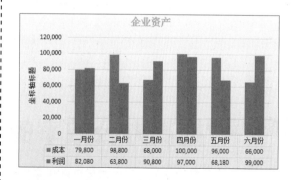

⑨ 添加趋势线

切换到"图表工具 - 设计"选项卡，❶单击"图表布局"组中的"添加图表元素"按钮，❷在展开的下拉列表中单击"趋势线 > 其他趋势线选项"选项，如下图所示。

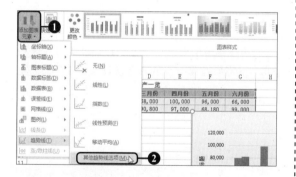

⑩ 选择添加趋势线的系列

❶弹出"添加趋势线"对话框，在"添加基于系列的趋势线"列表框中单击"成本"选项，❷之后单击"确定"按钮，如下图所示。

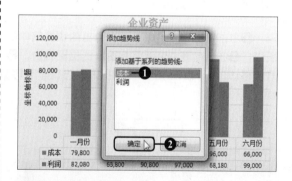

⑪ 选择趋势线类型

弹出"设置趋势线格式"窗格，在"趋势线选项"面板中单击"多项式"单选按钮，如下图所示。

⑫ 显示R平方值

继续在该面板中勾选"显示 R 平方值"复选框，如下图所示。

13 显示添加趋势线后的效果

单击"关闭"按钮后，返回到工作表中，此时可以看到在图表中添加的趋势线，根据趋势线，可以分析数据发展的趋势，如右图所示。

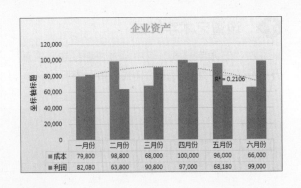

专家点拨 提高办公效率的诀窍

为了提高办公效率，用户一定希望知道在工作表中使用图表的时候，有哪些技巧能够快速达到设置图表的目标。下面就为用户介绍移动图表至新的工作表、更改图表类型、保存图表这三个方面的诀窍。

诀窍 1 将图表移至新工作表中

在一个工作簿中，建立的图表可以根据用户的需求方便地进行复制和粘贴的操作，甚至可以在不同的工作表中切换。

❶右击需要移动的图表，在弹出的快捷菜单中选择"剪切"选项，如下左图所示。切换至新的工作表中，❷在工作表中需要添加图表的位置右击，❸在弹出的快捷菜单中单击"粘贴"按钮，即可完成图表的移动，如下右图所示。复制图表的方式和剪切图表类似，只需要在第一步的右键快捷菜单中单击"复制"选项即可。

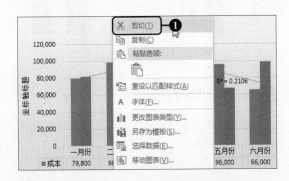

诀窍 2 只更改某个系列的图表类型

在设置图表的时候，改变图表类型往往都是默认改变整个图表的类型，但是有时却只想要改变其中一个系列的图表类型，就可以通过以下方法来实现。

❶选中图表中要更改图表类型的某个系列，❷切换到"图表工具 - 设计"选项卡，单击"类型"组中的"更改图表类型"按钮，如下左图所示。❸在弹出的"更改图表类型"对话框中选择要更改成的图表类型，如下中图所示。单击"确定"按钮，❹即可改变选定系列的图表类型，如下右图所示。

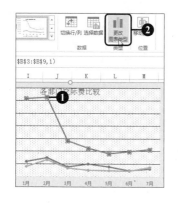 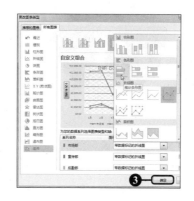 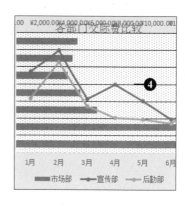

⬛3 将图表保存为模板供下次使用

在工作中，对于一个设置好的图表，可以将此图表保存为模板，在下次需要使用的时候，就可以直接插入已设置好的图表。

具体方法为：❶右击需要保存为模板的图表，在弹出的快捷菜单中单击"另存为模板选项"，如下左图所示。❷在弹出的"保存图表模板"对话框中设置好保存路径和名称，❸然后单击"保存"按钮，如下中图所示，即可将图表保存为模板，当下次要使用保存的模板时，在"插入"选项卡单击"图表"组中的对话框启动器，❹打开"插入图表"对话框，在"所有图表"下的列表框中单击"模板"选项，❺在右侧"我的模板"列表框中选择要使用的模板，❻单击"确定"按钮，如下右图所示，则可在工作表中插入模板图表。

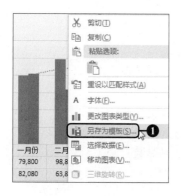  

第 11 章

11

使用数据透视表对数据进行分析

在了解了 Excel 2016 中运用常规图表表现数据的一些操作后，本章开始对 Excel 2016 中如何使用数据透视表和数据透视图分析数据进行学习。首先用户需要学会在工作簿中创建数据透视表和透视图的方法，其次需要懂得如何利用移动字段调整透视表布局、如何更改值的显示方式与汇总方式，在此基础上再进一步学习筛选、分组的高级分析统计功能。

11.1 使用数据透视表汇总数据
11.2 插入切片器筛选透视表数据
11.3 插入日程表筛选透视表数据
11.4 分段统计数据透视表项目
11.5 使用数据透视图直观查看数据

11.1 使用数据透视表汇总数据

在创建好的透视表中，根据需要为透视表添加不同的计算类型，对计算的结果值使用不同的值汇总方式和值显示方式排列，可达到利用数据透视表汇总大量数据的效果。

11.1.1 创建数据透视表

数据透视表是一种交互式的报表，当 Excel 工作表中拥有大量的数据时，一般都需要创建一个数据透视表，利用数据透视表可以快速地合并和比较大量的数据。

1 使用推荐功能创建数据透视表

对于刚刚接触数据透视表的用户来说，设置一个新的数据透视表似乎显得有些困难。而 Excel 2016 中的"推荐的数据透视表"功能能够帮助用户快速完成数据透视表的创建，大大降低了这一操作的难度。

◎ 原始文件：下载资源\实例文件\第11章\原始文件\销售分析表.xlsx
◎ 最终文件：下载资源\实例文件\第11章\最终文件\销售分析表.xlsx

❶ 插入推荐的数据透视表

打开原始文件，❶切换到"插入"选项卡，❷单击"表格"组中的"推荐的数据透视表"按钮，如下图所示。

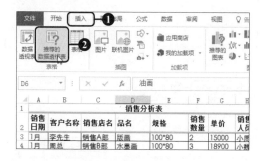

❷ 选择推荐的数据透视表

完成操作之后，弹出"推荐的数据透视表"对话框，显示出系统推荐的数据透视表，选择第1个数据透视表，如下图所示。

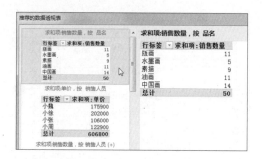

❸ 显示数据透视表效果

随后单击"确定"按钮，返回工作簿中，即可看到系统自动新建了一个工作表用来保存数据透视表，如右图所示。

2 创建空白数据透视表并添加字段

除了使用系统推荐的数据透视表以外，用户还可以根据自身需求创建任意的空白数据透视表。在创建空白数据透视表的时候，用户可以自由选择放置数据透视表的位置，可以将其放置于当前工作表中，也可以将其放置于新建的工作表中。用户还可以选择是否分析多个表，只需要在"创建数据透视表"对话框中勾选"将此数据添加到数据模型"即可。

◎ 原始文件：下载资源\实例文件\第11章\原始文件\销售分析表1.xlsx
◎ 最终文件：下载资源\实例文件\第11章\最终文件\销售分析表1.xlsx

❶ 插入数据透视表

打开原始文件，❶切换到"插入"选项卡，❷单击"表格"组中的"数据透视表"按钮，如下图所示。

❸ 选择分析数据的单元格区域

❶选择 A2:H25 单元格区域，❷单击单元格引用按钮，如下图所示。

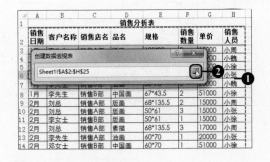

❺ 显示任务窗格

此时在指定的位置上创建了一个数据透视表框架，并且在工作表主界面的右侧出现一个"数据透视表字段"任务窗格，如右图所示。

❷ 单击单元格引用按钮

弹出"创建数据透视表"对话框，在"请选择要分析的数据"选项组中，单击"表/区域"右侧的单元格引用按钮，如下图所示。

❹ 设置数据透视表放置的位置

返回"创建数据透视表"对话框，❶单击"现有工作表"单选按钮，❷在"位置"文本框中输入"Sheet1!$I$3"，❸单击"确定"按钮，如下图所示。

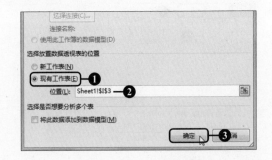

6 添加字段

在"数据透视表字段"窗格中的"选择要添加到报表的字段"列表框中勾选所有的字段复选框，如下图所示。

8 创建透视表的效果

最后即可在工作表中创建一个透视表，显示效果如右图所示。

7 显示添加的字段

此时可以看到，在"以下区域间拖动字段"组中，透视表根据字段的特点自动将每个字段添加到了相应的列表框中，如下图所示。

扩展 操 作

创建透视表的时候，除了可以引用当前工作簿中的数据区域，还可以通过导入外部数据库来创建。打开"创建数据透视表"对话框，单击选中"使用外部数据源"单选按钮，单击"选择连接"，弹出"现有连接"对话框，在"选择连接"列表框中选择要导入数据的外部数据文件，单击"打开"按钮后，即可使用外部数据创建数据透视表。

11.1.2 拖动字段调整数据透视表的布局

数据透视表中包含了工作表中所选表或区域的字段，通过拖动字段使字段摆放在不同的区域中，可以实现改变整个数据透视表的布局。

◎ 原始文件：下载资源\实例文件\第11章\原始文件\销售分析表2.xlsx
◎ 最终文件：下载资源\实例文件\第11章\最终文件\销售分析表2.xlsx

1 选择字段

打开原始文件，将鼠标指针指向"数据透视表字段"窗格中"行"列表框的"销售人员"字段，此时鼠标指针呈十字箭头形，如右图所示。

❷ 拖动字段

拖动鼠标至"筛选"列表框中，如下图所示。

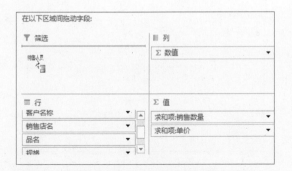

❸ 拖动字段后的效果

释放鼠标后，"销售人员"字段放置在"筛选"列表框中，重复上述操作，拖动"销售店名"字段至"列"标签列表框中，如下图所示。

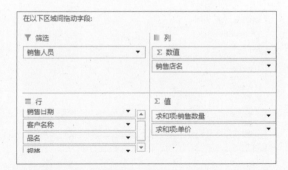

❹ 调整透视表布局的效果

此时工作表中的透视表布局发生了改变，在透视表的最上方出现一个关于"销售人员"字段的报表筛选，"销售店名"字段放置在了列标签处，如右图所示。

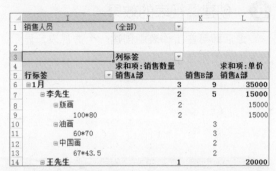

扩展 操 作

除了使用拖动字段的方法来调整字段放置的位置外，还可以单击列表中要移动的字段，在展开的列表中单击要移动到的位置选项，即可实现字段的移动。

11.1.3 为数据透视表添加计算字段

添加一个新的计算字段需要创建一个公式，而公式的创建一般需要利用数据源中的任何一种或多种字段。

◎ 原始文件：下载资源\实例文件\第11章\原始文件\销售分析表3.xlsx

◎ 最终文件：下载资源\实例文件\第11章\最终文件\销售分析表3.xlsx

❶ 单击"计算字段"选项

打开原始文件，选中透视表，切换到"数据透视表工具 - 分析"选项卡，❶单击"计算"组中的"字段、项目和集"按钮，❷在展开的下拉列表中单击"计算字段"选项，如右图所示。

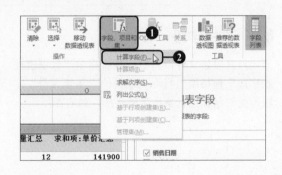

❷ 输入添加的字段名称

弹出"插入计算字段"对话框，❶在"名称"文本框中输入"销售金额"，❷在"公式"文本框中输入"="，❸单击"字段"列表框中的"销售数量"选项，❹最后单击"插入字段"按钮，如下图所示。

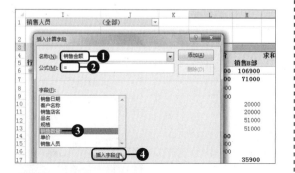

❹ 添加字段

此时在"公式"对话框中设置完计算公式，单击"添加"按钮，如下图所示。

❻ 添加计算字段的效果

返回透视表中，可以看见添加了一个计算字段为"求和项：销售金额"，如右图所示。

❸ 选择计算公式中的字段

❶在"公式"文本框中继续输入"*"，❷单击"字段"列表框中的"单价"选项，❸单击"插入字段"按钮，如下图所示。

❺ 单击"确定"按钮

❶完成操作之后，在"字段"列表框中显示了添加的字段，❷然后单击"确定"按钮，如下图所示。

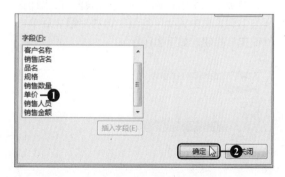

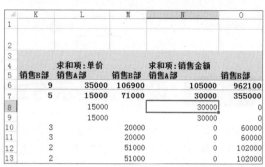

	K	L	M	N	O
1					
2					
3					
4		求和项:单价		求和项:销售金额	
5	销售B部	销售A部	销售B部	销售A部	销售B部
6	9	35000	106900	105000	962100
7	5	15000	71000	30000	355000
8			15000	30000	0
9			15000	30000	0
10	3		20000	0	60000
11	3		20000	0	60000
12	2		51000	0	102000
13	2		51000	0	102000

11.1.4 更改值汇总方式

Excel 数据透视表对数据区域中的数值字段一般默认为使用求和汇总，用户可以根据需要对数值汇总的方式进行改变。

1 单击"字段列表"按钮

打开原始文件，选中透视表，切换到"数据透视表工具-分析"选项卡，单击"显示"组中的"字段列表"按钮，如下图所示。

2 单击"值字段设置"选项

打开"数据透视表字段"窗格，❶单击"值"列表框中的"求和项：销售金额"字段，❷在展开的下拉列表中单击"值字段设置"选项，如下图所示。

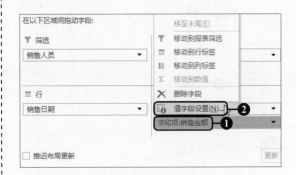

3 设置销售金额的汇总方式

弹出"值字段设置"对话框，❶单击"计算类型"列表框中的"平均值"选项，❷之后单击"确定"按钮，如下图所示。

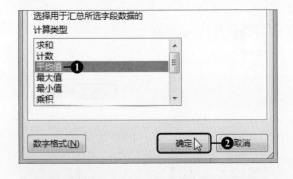

4 变更值汇总方式后的效果

返回工作表，在透视表中本来显示计算销售金额的和值变成了显示计算销售金额的每日平均值，如下图所示。

	E	F	G	H
1	销售人员	（全部）		
2				
3	行标签	求和项：销售数量	平均值项：销售金额	
4	2015/6/1	12	960	
5	2015/6/2	24	960	
6	2015/6/3	13	1040	
7	2015/6/4	26	1040	
8	2015/6/5	16	1280	
9	2015/6/6	12	960	
10	2015/6/7	16	1280	
11	2015/7/1	13	1040	
12	2015/7/2	11	880	

11.1.5 设置值显示方式

改变数据透视表值的显示方式一般都是指改变字段中的数值的显示方式，值显示方式包括无计算方式、各种类型的百分比的方式、升序降序和指数等。在创建新的数据透视表时，系统默认的值显示方式都为无计算的方式。

① 选择显示方式

打开原始文件，❶选中透视表 F 列中的任意单元格，❷切换到"数据透视表工具 - 分析"选项卡，❸单击"活动字段"组中的"字段设置"按钮，如下图所示。

② 设置显示方式

弹出"值字段设置"对话框，❶切换至"值显示方式"标签下，❷在"值显示方式"下拉列表中选择"总计的百分比"选项，如下图所示。

③ 更改值显示方式后的效果

单击"确定"按钮之后返回工作表中，即可看到更改后的值，以百分比的形式显示出来，如右图所示。

	E	F	G	H	I
1	销售人员	（全部）			
2					
3	行标签	求和项:销售数量	平均值项:销售金额		
4	2015/6/1	5.69%	960		
5	2015/6/2	11.37%	960		
6	2015/6/3	6.16%	1040		
7	2015/6/4	12.32%	1040		
8	2015/6/5	7.58%	1280		
9	2015/6/6	5.69%	960		
10	2015/6/7	7.58%	1280		

11.2 插入切片器筛选透视表数据

使用切片器筛选数据是数据透视表的一大特色，切片器不仅具有筛选数据的功能，还具有辅助美化整个工作表的功能，所以为了使整个透视表看起来更美观，可以对切片器的外观做出一定的更改。

11.2.1 插入切片器并筛选数据

切片器是显示在工作表中的浮动窗口，可根据具体情况任意移动位置，它是一种利用图形来筛选内容的方式。为了方便在数据透视表中筛选数据，可以为数据透视表插入切片器，在透视表中插入切片器后，不仅能轻松地对数据透视表进行筛选操作，还可以非常直观地查看筛选信息。

◎ 原始文件：下载资源\实例文件\第11章\原始文件\U盘销售统计2.xlsx
◎ 最终文件：下载资源\实例文件\第11章\最终文件\U盘销售统计2.xlsx

❶ 插入切片器

打开原始文件，选中透视表，❶切换到"数据透视表工具 - 分析"选项卡，❷单击"筛选"组中的"插入切片器"按钮，如下图所示。

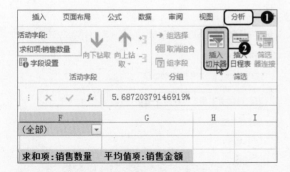

❷ 选择字段

弹出"插入切片器"对话框，❶在列表框中勾选需要插入切换器的字段，❷最后单击"确定"按钮，如下图所示。

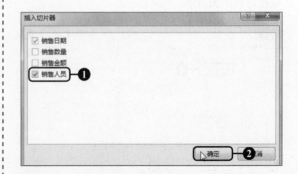

❸ 插入切片器效果

此时，插入了"销售人员"和"销售日期"字段的切片器，如下图所示。

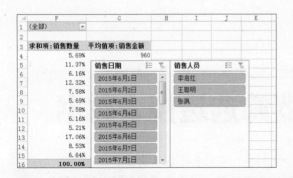

❹ 选择要筛选的字段

假定需要筛选销售人员王聪明在 2015 年 6 月 3 日时的销售明细，在切片器中单击需要筛选的字段"王聪明"和"2015 年 6 月 3 日"，如下图所示。

❺ 筛选后的效果

通过设置，在透视表中的数据已经进行了筛选，只显示了关于销售人员"王聪明"在 2015 年 6 月 3 日的销售统计情况，如下图所示。

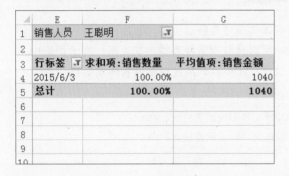

❻ 清除筛选

在进行数据的筛选后，切片器右上角的"清除筛选器"按钮呈现为可用状态，分别单击两个切片器上的"清除筛选器"按钮，如下图所示。

7 清除筛选后的效果

此时可以看到透视表中的数据取消了筛选，并且切片器底色全部呈现为蓝色，如右图所示。

11.2.2 美化切片器

如果想让切片器达到美观的效果，可以套用系统中现有的切片器样式，然后对其进行更改，还可以根据切片器适合的大小来改变切片器中按钮的列数。

◎ 原始文件：下载资源\实例文件\第11章\原始文件\U盘销售统计3.xlsx
◎ 最终文件：下载资源\实例文件\第11章\最终文件\U盘销售统计3.xlsx

1 单击快翻按钮

打开原始文件，❶选中"销售人员"字段的切片器，❷切换到"切片器工具 - 选项"选项卡，❸单击"切片器样式"组中的快翻按钮，如下图所示。

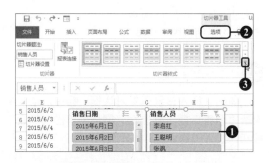

2 选中样式

在展开的样式库中选择"切片器样式深色2"样式，如下图所示。

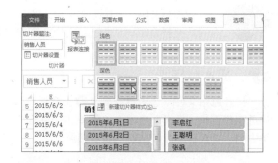

3 套用样式后的效果

此时可以看到"销售人员"字段的切片器样式发生了变化，显示效果如下图所示。

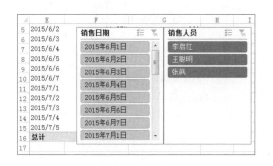

4 设置切片器按钮的列数

❶按住【Ctrl】键不放，分别选中所有字段的切片器，❷在"按钮"组中设置切片器按钮排列的列数为"2"，如下图所示。

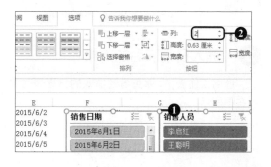

❺ 改变列数后的效果

此时可以看到切片器中的按钮以两列的形式
显示了，如右图所示。

11.3 插入日程表筛选透视表数据

筛选数据的方式有多种，除了在前面章节介绍过的使用切片器的方式来筛选数
据以外，在工作表中还可以通过插入日程表的方式来对数据进行筛选。在插入了日
程表以后，还可以改变日程表的外观来对工作表进行美化。

11.3.1 插入日程表并筛选数据

通过日程表筛选数据的好处在于，用户可以将日期作为依据来对数据进行分门别类，这种筛选
方式在统计一定的工作日的数据时有其不可代替的优势。

◎ 原始文件：下载资源\实例文件\第11章\原始文件\U盘销售统计4.xlsx
◎ 最终文件：下载资源\实例文件\第11章\最终文件\U盘销售统计4.xlsx

❶ 插入日程表

打开原始文件，选中透视表，❶切换到"数
据透视表工具 - 分析"选项卡，❷单击"筛选"
组中的"插入日程表"按钮，如下图所示。

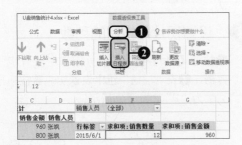

❷ 选择字段

弹出"插入日程表"对话框，❶在对话框中
勾选"销售日期"复选框，❷最后单击"确定"
按钮，如下图所示。

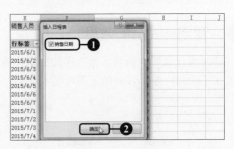

❸ 插入日程表后的效果

返回工作表中，即可看到插入的日程表效果，
如右图所示。

❹ 通过日程表筛选数据

❶单击日程表中"7月"对应的滑块，❷此时透视表中显示对应的筛选数据，如下图所示。

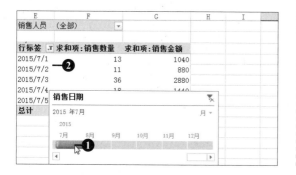

❺ 清除筛选

在进行数据的筛选后，单击日程表上的"清除筛选器"按钮，如下图所示。

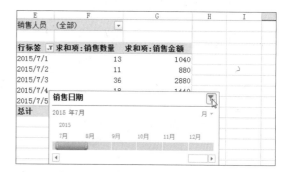

❻ 清除筛选效果

日程表中的滑块重新变为蓝底，透视表中的数据被取消了筛选，如右图所示。

11.3.2 美化日程表

如果想让日程表呈现更加美观的效果，可以套用系统中现有的日程表样式。用户还可以根据实际的筛选需要对日程表的时间级别进行设置。

◎ 原始文件：下载资源\实例文件\第11章\原始文件\U盘销售统计5.xlsx
◎ 最终文件：下载资源\实例文件\第11章\最终文件\U盘销售统计5.xlsx

❶ 单击快翻按钮

打开原始文件，❶选中日程表，❷单击"日程表样式"组中的快翻按钮，如下图所示。

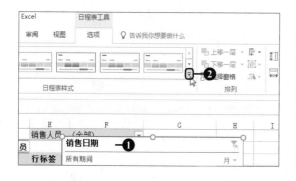

❷ 选择样式

在展开的样式库中选择"日程表样式浅色5"选项，如下图所示。

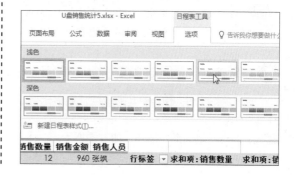

❸ 设置日程表时间级别

❶返回工作表中即可看到，日程表套用了选定的样式效果，❷单击日程表中的时间级别按钮，❸在展开的列表中单击"日"选项，如下图所示。

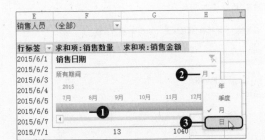

❹ 筛选日程表

❶拖动日程表中的滑块选择日期，❷单击日期对应的滑块，此时在透视表中筛选出了对应日期的数据，如下图所示。

扩展操作

在设置日程表的时间级别的时候不应盲目，应当首先明确透视表中数据的大概时间级别。例如，在透视表中的数据是以"日"来进行统计的，那么选择"日"作为日程表的时间级别标准为宜，如果选择季度或者年为时间级别，就会使日程表的表达效果大打折扣。

11.4 分段统计数据透视表项目

为了更清晰地分析含有大量数据的工作表，可以在数据透视表中为某个字段的内容进行分段统计，在分段的时候可以使用"分组"对话框自定义设置分组的条件，也可以直接选择要分组的内容，实现快速分组。

11.4.1 使用"分组"对话框分组

在透视表中的某个字段的数据中具有同一时间范围或同一类型范围的时候，可以把同级的数据分为一组来统计计算，通过使用"分组"对话框对数据进行分组，可以自定义设置数据的起点、终止点以及数据分组的步长。

◎ 原始文件：下载资源\实例文件\第11章\原始文件\各分店进货统计.xlsx
◎ 最终文件：下载资源\实例文件\第11章\最终文件\各分店进货统计.xlsx

❶ 单击"将所选内容分组"按钮

打开原始文件，❶选中 E 列中的任意单元格，❷在"数据透视表工具 - 分析"选项卡下单击"分组"组中的"组选择"按钮，如右图所示。

❷ 选择分组的步长

弹出"组合"对话框，单击"步长"列表框中的"月"选项，如下图所示。

❸ 分组统计数据的效果

单击"确定"按钮之后返回工作表，此时在透视表中可以看到进货金额总和以月为单位分组显示了，如下图所示。

11.4.2 按所选内容分组

按所选内容分组和使用"分组"对话框进行分组有所不同，当选择好某个单元格区域中的数据按要求进行分组时，系统会默认将其分为一个数据组。

◎ 原始文件：下载资源\实例文件\第11章\原始文件\各分店进货统计1.xlsx
◎ 最终文件：下载资源\实例文件\第11章\最终文件\各分店进货统计1.xlsx

❶ 取消组合

打开原始文件，❶选中 E4 单元格，❷在"数据透视表工具 - 分析"选项卡下单击"分组"组中的"取消组合"按钮，如下图所示。

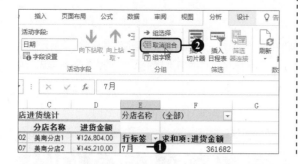

❸ 设置字段放置的区域

❶在弹出的任务窗格中将"日期"字段拖动到"筛选"列表框中，❷将"分店名称"字段拖动到"行"列表框中，如右图所示。

❷ 单击"字段列表"按钮

此时可见透视表中的分组被取消了，显示了所有的日期，右击 E 列含有数据的任意单元格，在弹出的快捷菜单中单击"显示字段列表"按钮，如下图所示。

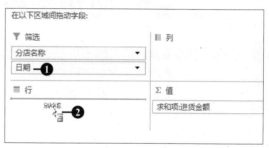

❹ 选择分组的内容

❶选择 E5:E7 单元格区域，❷单击"分组"组中的"组选择"按钮，如下图所示。

❺ 分组的效果

此时，选择的单元格区域中的内容被组合成了一个组，默认名称为"数据组1"，如下图所示。

	E	F	G	H
行标签	▼	求和项:进货金额		
⊟ 数据组1				
	美商分店1	126804		
	美商分店2	145210		
	美商分店3	136541		
⊟ 新世纪分店1				
	新世纪分店1	123651		
⊟ 新世纪分店2				
	新世纪分店2	145000		
⊟ 新世纪分店3				
	新世纪分店3	123010		
⊟ 正阳分店1				
	正阳分店1	111227		

❻ 隐藏数据组中的明细

重复上述操作，将透视表中的内容进行分组显示。根据需要查看数据组 1 的进货金额总和，单击"数据组 1"左侧的折叠按钮，如下图所示。

	E	F	G	H
行标签	▼	求和项:进货金额		
⊟ 数据组1				
	美商分店1	126804		
	美商分店2	145210		
	美商分店3	136541		
⊟ 数据组2				
	新世纪分店1	123651		
	新世纪分店2	145000		
	新世纪分店3	123010		
⊟ 数据组3				
	正阳分店1	111227		
	正阳分店2	145621		
	正阳分店3	100000		
总计		1157064		

❼ 显示数据组1的总和

将数据组 1 中的数据明细隐藏起来，显示数据组 1 的进货金额的总和，如下图所示。

	E	F	G
行标签	▼	求和项:进货金额	
⊞ 数据组1		408555	
⊟ 数据组2			
	新世纪分店1	123651	
	新世纪分店2	145000	
	新世纪分店3	123010	
⊟ 数据组3			
	正阳分店1	111227	
	正阳分店2	145621	
	正阳分店3	100000	
总计		1157064	

知识进阶 **套用数据表样式**

如果想要美化已经设置好的透视表，可以套用现有的透视表样式，切换到"数据透视表工具 - 设计"选项卡，单击"数据透视表样式"组中的"其他"快翻按钮，在展开的样式库中选择需要的数据透视表样式，即可对透视表套用新的样式，使数据透视表看起来更美观。

11.5 使用数据透视图直观查看数据

在查看数据的时候不仅可以插入数据透视表，还可以创建数据透视图。数据透视图会比数据透视表更直观地表现数据。对于插入的数据透视图，可以对其外观做适当的调整，在分析数据时也可以在数据透视图中直接对数据进行筛选，以此查看指定范围内的数据。

11.5.1 创建数据透视图

数据透视图和数据透视表都是表现数据的形式，不同的是，数据透视图是在数据透视表的基础上对数据透视表中显示的汇总数据实行图解的一种表示方法。

◎ 原始文件：下载资源\实例文件\第11章\原始文件\各分店进货统计2.xlsx
◎ 最终文件：下载资源\实例文件\第11章\最终文件\各分店进货统计2.xlsx

❶ 插入数据透视图

打开原始文件，选中透视表，单击"工具"组中的"数据透视图"按钮，如下图所示。

❷ 选择透视图类型

弹出"插入图表"对话框，❶单击"饼图"选项，❷在右侧的面板选项组中单击"三维饼图"选项，如下图所示。

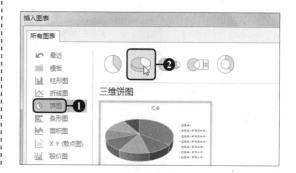

❸ 插入数据透视图的效果

单击"确定"按钮后，即可看到工作表中插入了数据透视饼图，效果如右图所示。

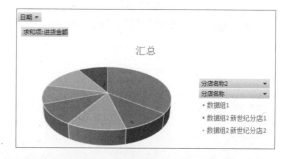

扩 展 操 作

除了可以根据已有的数据透视表创建数据透视图外，还可以根据工作表中的数据区域创建数据透视图。切换到"插入"选项卡，单击"图表"组中的"数据透视表"按钮，在展开的下拉列表中单击"数据透视图"选项，弹出"创建数据透视表及数据透视图"对话框，选择工作表中要分析的数据区域及数据透视图放置的位置，单击"确定"按钮后，即创建了一个数据透视图框架。

11.5.2 在数据透视图中筛选数据

数据透视图与常规的图表存在一些差异，其中最主要的不同之处就是在数据透视图中可以对数据进行筛选。创建一个数据透视图，以所选的字段为依据，在数据透视图中将显示出字段按钮，可以利用各种字段按钮的下拉列表快速筛选数据，从而达到使数据图形发生变化、进而从不同角度予以分析的目的。

◎ 原始文件：下载资源\实例文件\第11章\原始文件\各分店进货统计3.xlsx
◎ 最终文件：下载资源\实例文件\第11章\最终文件\各分店进货统计3.xlsx

❶ 筛选日期

打开原始文件，❶单击数据透视图中的"日期"按钮，❷在展开的下拉列表中勾选"选择多项"复选框，❸接着取消勾选"全选"复选框，并勾选前三项复选框，❹单击"确定"按钮，如下图所示。

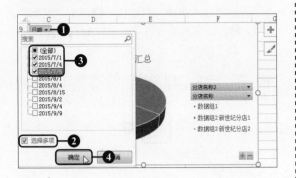

❷ 筛选后的效果

此时在图表右侧图例中可以看到所有在 7 月份内有进货记录的分店名称，且饼图中只显示了在选择的时间范围内的数据，此时可以分析比较在 7 月份内各分店的进货金额，如下图所示。

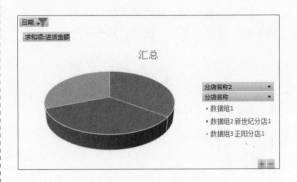

❸ 筛选需要比较的分店名称

❶单击"分店名称"按钮，❷在展开的下拉列表中勾选"美商分店 1"和"新世纪分店 1"复选框，❸单击"确定"按钮，如下图所示。

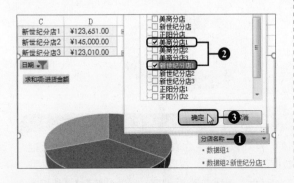

❹ 直接比较数据的效果

在饼图中显示了美商分店 1 和新世纪分店 1 在 7 月份中的进货金额，此时对两个店之间进行单独比较，可见看到美商分店 1 的进货金额稍大于新世纪分店 1 的进货金额，如下图所示。

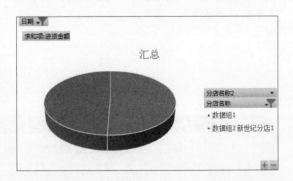

11.5.3 美化数据透视图

为了使数据透视图与整个工作表的布局样式匹配，可以对数据图进行美化，包括更改图表的布局、图表的样式、图表的形状样式和图表的形状效果等内容。

◎ 原始文件：下载资源\实例文件\第11章\原始文件\各分店进货统计4.xlsx
◎ 最终文件：下载资源\实例文件\第11章\最终文件\各分店进货统计4.xlsx

❶ 套用图表的布局

打开原始文件，❶选中工作表中的数据透视图，❷切换到"数据透视图工具 - 设计"选项卡，❸单击"图表布局"组中的"快速布局"按钮，❹在展开的列表中选择"布局6"，如下图所示。

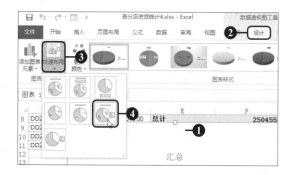

❷ 套用图表的样式

单击"图表样式"组中的快翻按钮，在展开的样式库中选择"样式5"，如下图所示。

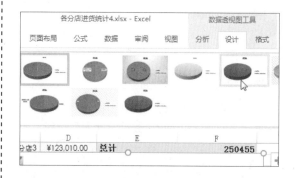

❸ 套用布局和样式后的效果

完成操作之后，返回工作表中即可看到为数据透视图应用了选择的布局和样式，显示效果如下图所示。

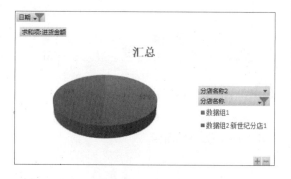

❹ 改变图表的形状样式

❶切换到"数据透视图工具 - 格式"选项卡，单击"形状样式"组中的快翻按钮，❷在展开的样式库中选择合适的样式，如下图所示。

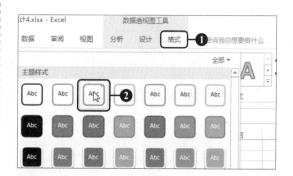

❺ 变更样式后的效果

此时改变了透视图的样式，为透视图添加了一个深红色的边框，选中图表标题，如下图所示。

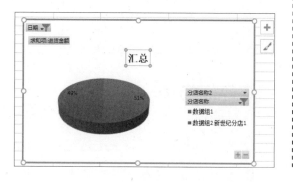

❻ 美化整个图表后的效果

将图表标题命名为"数据比较图"，完成整个图表的设置，如下图所示。

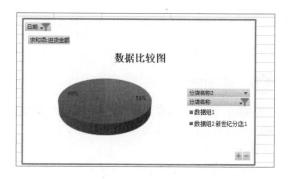

同步演练 透视分析不同类产品的销量及销售额

通过本章的学习，相信用户已经对 Excel 2016 中的数据透视表和数据透视图的一些基本操作有了初步的认识，能够通过数据透视表和数据透视图来查看和分析数据。为了加深用户对本章知识的理解，下面通过一个实例来融会贯通这些知识点。

◎ 原始文件：下载资源\实例文件\第11章\原始文件\产品销量.xlsx
◎ 最终文件：下载资源\实例文件\第11章\最终文件\产品销量.xlsx

❶ 插入数据透视表

打开原始文件，❶切换到"插入"选项卡，❷单击"表格"组中的"数据透视表"按钮，如下图所示。

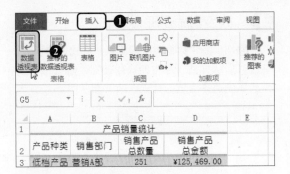

❷ 选择分析数据的区域

弹出"创建数据透视表"对话框，❶设置"表/区域"为A2:D17，❷单击"现有工作表"单选按钮，❸在"位置"文本框中输入"Sheet1!$E$3"，如下图所示。

❸ 选择添加的字段

此时创建了一个数据透视表框架，打开"数据透视表字段"窗格，在"选择要添加到报表的字段"列表框中勾选所有的字段，如下图所示。

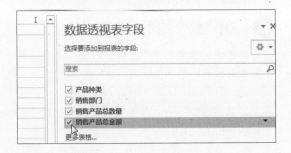

❹ 添加字段后的默认效果

系统根据字段名称，将字段默认放置在相应的区域中，如下图所示。

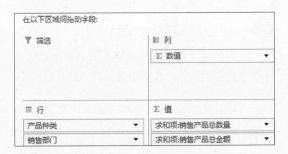

❺ 移动字段

❶在"行"列表框中单击"产品种类"字段，❷在展开的下拉列表中单击"移动到报表筛选"选项，如右图所示。

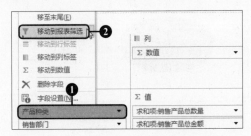

⑥ 创建透视表的效果

❶此时"产品种类"字段移动到了报表筛选区域中，❷在工作表中显示出创建好的数据透视表，如下图所示。

⑧ 选择分析数据的区域

弹出"创建数据透视表"对话框，❶将"表/区域"设置为 A2:D17，❷单击"现有工作表"单选按钮，❸在"位置"文本框中输入"Sheet1! $A$20"，如下图所示。

⑩ 创建透视图后的效果

此时创建好了数据透视表和数据透视图，数据图的类型默认为"簇状柱形图"，如下图所示。

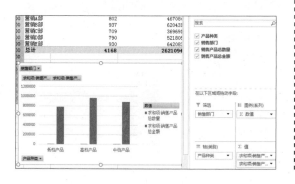

⑦ 插入数据透视图

选中其他任意空白单元格，切换到"插入"选项卡，❶单击"图表"组中的"数据透视图"下三角按钮，❷在展开的下拉列表中单击"数据透视图"选项，如下图所示。

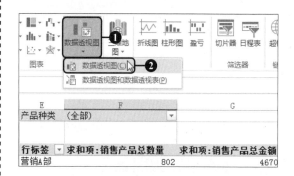

⑨ 设置字段放置位置

❶此时在工作表中创建了一个数据透视图框架，❷根据需要将各字段拖动到相应的区域，如下图所示。

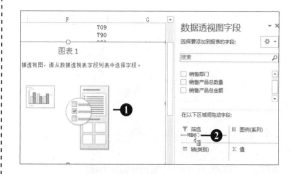

⑪ 插入切片器

选中数据透视图，❶切换到"数据透视图工具-分析"选项卡，❷单击"筛选"组中的"插入切片器"按钮，如下图所示。

⑫ 选择字段

弹出"插入切片器"对话框，❶勾选"产品种类"和"销售部门"复选框，❷最后单击"确定"按钮，如下图所示。

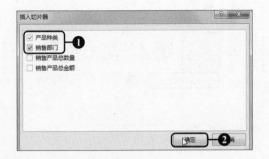

⑭ 选择连接的切片器

❶弹出"数据透视表连接（产品种类）"对话框，在列表框中勾选全部的复选框，❷单击"确定"按钮，如下图所示。

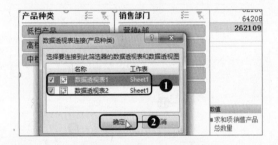

⑯ 两个数据表的筛选结果

❶此时可以在数据透视表中筛选出营销A部低档产品的销售统计，❷在数据透视图中的数据透视表中同样筛选出了相同的结果，如下图所示。

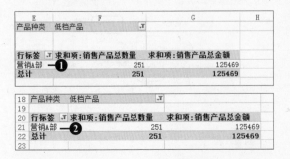

⑬ 链接切片器

返回工作表中，❶切换到"切片器工具-选项"选项卡，❷单击"切片器"组中的"报表连接"按钮，如下图所示。

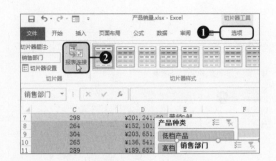

⑮ 使用切片器进行筛选

应用相同的方法对"销售部门"的切片器进行报表连接，此时就实现了使数据透视图中的所有字段的切片器和数据透视表相连，❶单击"销售部门"字段切片器中的"营销A部"选项，❷然后单击"产品种类"字段切片器中的"低档产品"选项，同时对这两个条件进行筛选，如下图所示。

⑰ 数据透视图的筛选结果

查看完工作表中的两个数据透视表后，继续查看插入工作表中的数据透视图，同样可以发现，数据透视图中也筛选出了营销A部低档产品的销售统计，即通过切片器的链接，使切片器能同时控制数据透视表和数据透视图的筛选，如下图所示。

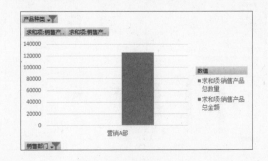

专家点拨 提高办公效率的诀窍

为了提高办公效率，用户一定希望知道使用数据透视表和数据透视图分析数据时有哪些技巧能快速达到目标效果。下面就介绍三种提高办公效率的诀窍。

诀窍1 更新数据源的信息

一般来说，工作表中数据源区域中的信息不会是一直不变的，很多时候会根据工作的需要在一定程度上修改数据源中的内容。在数据源中改变或加入文本内容后，数据透视表并不会随着数据源信息的改变而改变，此时可以采取刷新数据源的功能来实现数据透视表的变化。

具体方法为：❶切换到"数据透视表工具 - 分析"选项卡，❷单击"数据"组中的"刷新"按钮，❸在展开的列表中单击"刷新"选项，如右图所示。此时透视表将随着数据源信息的改变而改变。

诀窍2 删除字段

如果用户想使用一个切片器来控制多个数据透视表，可以选中需要连接的切片器。

除了可以直接在字段列表窗格中取消勾选该字段以外，❶还可以直接单击区域中的该字段，❷在展开的列表中单击"删除字段"选项，如下左图所示。❸随后即可看到删除字段后的效果，如下右图所示。

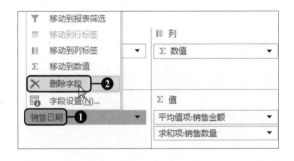 

诀窍3 隐藏数据透视表中的+/-按钮及字段标题

隐藏按钮和字段标题，❶可以切换到"数据透视表工具 - 分析"选项卡下，❷单击"显示"组中的"+/-"按钮和"字段标题"按钮，如下左图所示。❸随后即可看到隐藏按钮后的数据透视表效果，如下右图所示。

E	F	G
日期	(多项)	
	求和项：进货金额	
数据组1	126804	
数据组2		
新世纪分店1	123651	
总计	250455	

第 **12** 章

12

PowerPoint 2016初探

在了解了 Word 2016 和 Excel 2016 之后，从本章
开始进入使用 PowerPoint 2016 制作演示文稿的学习。
要达到成功制作一篇演示文稿的目的，首先需要熟悉
PowerPoint 2016 中的一些基本操作，包括新建各种版式
的幻灯片、制作幻灯片母版和为幻灯片插入音频文件、
视频文件等。

12.1 幻灯片的基本操作

在日常工作中常常需要利用 PowerPoint 制作演示文稿，在制作演示文稿时，需要进行的基本操作就是新建幻灯片，用于编辑文本内容。PowerPoint 提供了多种不同版式的幻灯片供用户选择。对于编辑好的幻灯片，用户可以进行移动或复制的操作，使每张幻灯片摆放在合适的位置上。

12.1.1 新建幻灯片并添加内容

PowerPoint 2016 中包含许多不同版式的幻灯片。在新建幻灯片时，既可以新建一个默认版式的幻灯片，也可以根据需要新建不同版式的幻灯片。对于新建好的幻灯片版式，可以在其中添加不同的文本内容。在幻灯片中输入文字很简单，和其他文本编辑工具输入的方法一样。当然，在幻灯片中不仅可以输入各种文字，还可以输入各类符号，以及为幻灯片添加和当前时间同步的日期时间等。

◎ 原始文件：无
◎ 最终文件：下载资源\实例文件\第12章\最终文件\办公室5S培训.pptx

1 新建默认版式的幻灯片

启动 PowerPoint 2016，在"开始"选项卡下单击"幻灯片"组中的"新建幻灯片"按钮，如下图所示。

2 新建幻灯片的效果

完成操作之后可以看到，在编辑区新建出一个默认版式的幻灯片，如下图所示。

3 输入文本内容

选中主标题占位符，在文本框中输入"办公室 5S 培训"，如右图所示。

④ 插入符号

切换到"插入"选项卡，单击"符号"组中的"符号"按钮，如下图所示。

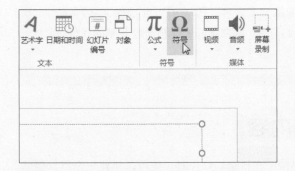

⑥ 插入符号后的效果

单击"关闭"按钮，返回文稿中，❶此时在幻灯片中插入了选择的符号，❷将光标定位在添加副标题的占位符中，如下图所示。

⑧ 选择日期格式

弹出"日期和时间"对话框，❶在"可用格式"列表框中单击"2016年5月4日星期三"选项，❷勾选"自动更新"复选框，如下图所示。

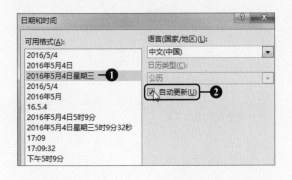

⑤ 选择要插入的符号

弹出"符号"对话框，❶在列表框中单击需要的符号，❷之后单击"插入"按钮，将符号插入标题栏中，如下图所示。

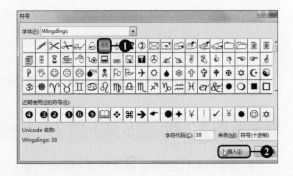

⑦ 插入日期和时间

根据需要为文稿添加当前时间，单击"文本"组中的"日期和时间"按钮，如下图所示。

⑨ 插入时间后的效果

单击"确定"按钮，返回演示文稿中，此时在幻灯片中就插入了当前时间，并且时间的显示会随着当前时间的改变自动更新，如下图所示。

办公室5S培训📖

• 2016年5月4日星期三

12.1.2 移动和复制幻灯片

移动幻灯片就是把已有的幻灯片从一个位置移动到另一个位置上显示，在调整演示文稿的布局时常常会用到。复制幻灯片不仅可以把已有的幻灯片从一个位置移动到另一个位置上，还可以使原有的幻灯片保持不变，仍然保留在原来的位置，这样的功能使得制作一些内容相同的幻灯片变得容易。

◎ 原始文件：下载资源\实例文件\第12章\原始文件\办公室5S培训1.pptx
◎ 最终文件：下载资源\实例文件\第12章\最终文件\办公室5S培训1.pptx

❶ 复制幻灯片

打开原始文件，❶选中幻灯片窗格中的第二张幻灯片，右击鼠标，❷在弹出的快捷菜单中单击"复制"命令，如下图所示。

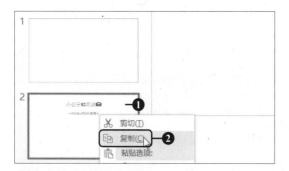

❸ 粘贴幻灯片

右击鼠标，在弹出的快捷菜单中单击"粘贴选项"组中的"使用目标主题"按钮，如下图所示。

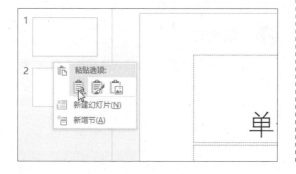

❺ 移动幻灯片

选中第三张幻灯片，拖动鼠标至要移动到的目标位置处，如右图所示。

❷ 选择目标位置

将鼠标指针定位在要复制到的目标位置处单击，如下图所示。

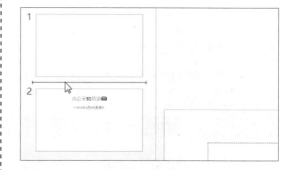

❹ 复制幻灯片后的效果

此时复制了一张和第二张幻灯片一样版式的幻灯片，系统自动编号为"2"，如下图所示。

6 移动幻灯片后的效果

释放鼠标后，幻灯片发生了移动，并且所有幻灯片的序号自动重新排列，如右图所示。

扩展操作

除了使用鼠标拖动幻灯片进行幻灯片的移动外，还可以在右键快捷菜单中单击"剪切"命令，然后通过粘贴功能将幻灯片移动到目标位置处。

12.2 使用节管理幻灯片

对于一个包含很多幻灯片的演示文稿，其幻灯片标题和编号往往很多，混杂在一起，常常使用户不知道自己选中的幻灯片位置。这时可以通过使用幻灯片节的功能来组织管理幻灯片。

12.2.1 新建幻灯片节并重命名

在一组幻灯片之前可以新建一个节，通过修改节的名字，为其命名带有标志性的名字，能使读者明确幻灯片组中的内容。

◎ 原始文件：下载资源\实例文件\第12章\原始文件\办公室5S培训2.pptx
◎ 最终文件：下载资源\实例文件\第12章\最终文件\办公室5S培训2.pptx

1 选择目标位置

打开原始文件，在幻灯片窗格中单击要插入幻灯片节的位置，如下图所示。

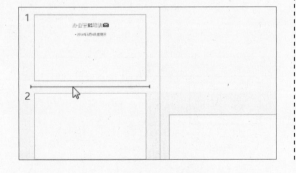

2 新增节

❶右击鼠标，❷在弹出的快捷菜单中单击"新增节"命令，如下图所示。

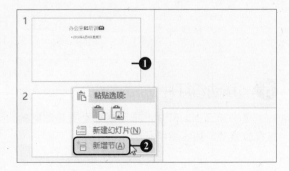

③ 新增节的效果

此时在选中的目标位置处添加了一个"无标题节"，并且在幻灯片窗格的最上方自动显示出一个"默认节"，如下图所示。

⑤ 设置节的名称

弹出"重命名节"对话框，❶在"节名称"文本框中输入"主题"，❷单击"重命名"按钮，如下图所示。

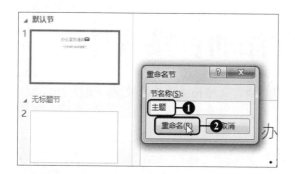

④ 重命名节

❶右击"默认节"，❷在弹出的快捷菜单中单击"重命名节"命令，如下图所示。

⑥ 重命名后的效果

❶此时默认节的名称被重命名成了"主题"，❷重复上述操作，将"无标题节"命名为"第一章"，如下图所示。

知识进阶 | **删除所有节**

当不需要使用节的时候，可以对节进行删除：右击幻灯片浏览窗格中的任意节，在弹出的快捷菜单中单击"删除所有节"命令即可。

12.2.2 折叠节信息

折叠节信息就是把一个节下面的所有幻灯片的浏览信息隐藏起来，通过折叠节信息直接列出演示文稿中的主要架构。

◎ 原始文件：下载资源\实例文件\第12章\原始文件\办公室5S培训3.pptx
◎ 最终文件：无

❶ 折叠节

打开原始文件，❶右击"第一章"节，❷在弹出的快捷菜单中单击"全部折叠"命令，如下图所示。

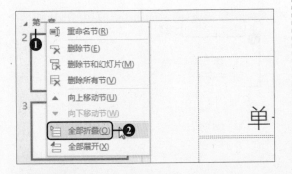

❷ 折叠节的效果

此时节下面的幻灯片信息就被折叠隐藏起来了，如下图所示。

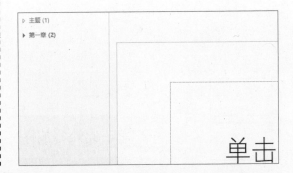

知识进阶 展开节信息

对于折叠起来的幻灯片节，如果想要再展示节信息，在右键快捷菜单中单击"全部展开"命令即可。

12.3 为幻灯片添加音频文件

为幻灯片中添加内容之后，为了增强幻灯片演示文稿在播放中的效果，使整个过程更精彩，让演示文稿的内容不那么单调，可以适当地为演示文稿插入一些音频文件。

12.3.1 插入计算机中的声音文件

在播放幻灯片时，如果需要大家处于轻松、欢愉的状态中，就可以为幻灯片插入一段悦耳的背景音乐来调节气氛。而严肃的会议模式中，演示文稿则不应插入背景音乐。

◎ 原始文件：下载资源\实例文件\第12章\原始文件\办公室5S培训4.pptx
◎ 最终文件：下载资源\实例文件\第12章\最终文件\办公室5S培训4.pptx

❶ 插入默认的音频

打开原始文件，选择第二张幻灯片，切换到"插入"选项卡，❶单击"媒体"组中的"音频"按钮，❷在展开的下拉列表中单击"PC上的音频"选项，如右图所示。

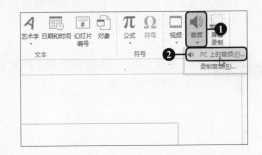

❷ 插入音频文件

弹出"插入音频"对话框，❶选择音频的保存位置，❷然后单击要插入的音频文件，❸最后单击"插入"按钮，如下图所示。

❸ 插入音频文件后的效果

返回幻灯片中，即可看到插入的音频文件，效果如下图所示。

12.3.2 控制音频文件的播放

在播放音频文件的时候，可以在音频文件的某个位置处添加书签，或者对音频文件的开始和结束时间进行剪裁，以此来控制音频文件的播放。

1 在音频中添加书签

书签就是在音频文件中切入一个插入点，当为音频文件添加多个书签后，就可以单击这些插入点，准确而快速地跳转到要播放的位置。

◎ 原始文件：下载资源\实例文件\第12章\原始文件\办公室5S培训5.pptx、热情.mp3
◎ 最终文件：下载资源\实例文件\第12章\最终文件\办公室5S培训5.pptx

❶ 播放音频

打开原始文件，单击插入音频的播放控制栏中的"播放"按钮，如下图所示。

❷ 添加书签

音频进入播放状态后，当播放到需要添加书签的位置时，在"音频工具 - 播放"选项卡下单击"书签"组中的"添加书签"按钮，如下图所示。

❸ 添加书签后的效果

此时在播放进度栏出现一个小圆点，表示在该位置处为声音添加书签，如下图所示。

❹ 添加书签后的整体效果

重复上述操作，在其他位置继续添加书签，每个书签的位置均以空心圆点作标记，如下图所示。

知识进阶　删除书签

如果不再需要文件的书签，可以将书签删除：单击要删除的书签，切换到"音频工具 - 播放"选项卡，单击"书签"组中的"删除书签"按钮即可。

2 剪裁音频

在播放音频文件的时候，插入的音频往往都比较长，有时候无法满足设计的需求。当播放幻灯片只是为了突出音乐内容或某些播放的重点时，可以将音频中的次要内容剪裁掉，最后只播放用户想要展现的内容。

❶ 剪裁音频

继续使用上面的演示文稿，在"音频工具 - 播放"选项卡下单击"编辑"组中的"剪裁音频"按钮，如下图所示。

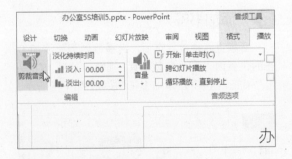

❷ 设置音频的开始时间

弹出"剪裁音频"对话框，向右拖动音频开始时间控制手柄，调整音频的开始时间，如下图所示。

❸ 设置音频的结束时间

向左拖动音频结束时间控制手柄，调整音频的结束时间，如右图所示。

④　预览效果

❶单击"播放"按钮，就可以预览剪裁后的音频文件播放效果了，如下图所示。❷如果对预览效果满意，可单击"确定"按钮，完成音频的剪裁。

⑤　显示剪裁音频后的音频书签效果

返回演示文稿中，即可看到剪裁音频后的书签位置与之前有很大的差别了，如下图所示。

扩展操作

除了通过拖动音频控制手柄来调节音频的开始时间或结束时间，还可以单击"开始时间"或"结束时间"微调按钮来对音频进行剪裁。

知识进阶　调节音频播放的音量

在音频工具栏中单击右侧的音量按钮，拖动滑块，可以根据需要自定义调节音频文件的播放音量。

12.4　在幻灯片中添加视频文件

为演示文稿添加了音频文件之后，还可以添加视频文件。视频文件的使用可以使演示文稿的内容更加丰富多彩，对产品发布和公司宣传片尤其有用。添加的视频文件也可以进行一些常用的设置，例如调整视频文件的画面效果、控制视频文件的播放效果等。

12.4.1　插入计算机中的视频文件

添加视频文件最常用的方法是在计算机中选择一个和文稿内容有关的已有视频文件，将视频文件添加到演示文稿中。

◎　原始文件：下载资源\实例文件\第12章\原始文件\办公室5S培训6.pptx、5S.wmv
◎　最终文件：下载资源\实例文件\第12章\最终文件\办公室5S培训6.pptx

❶ 插入文件中的视频文件

打开原始文件，❶切换到最后一张幻灯片，❷单击"开始"选项卡下的"新建幻灯片"按钮，如下图所示。

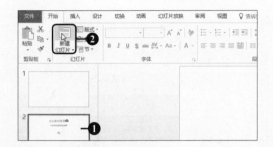

❸ 选择视频文件

弹出"插入视频文件"对话框，❶打开文件保存的路径，❷选择要插入的视频文件，❸单击"插入"按钮，如下图所示。

❷ 插入PC上的视频

切换到"插入"选项卡，❶单击"媒体"组中的"视频"按钮，❷在展开的下拉列表中单击"PC上的视频"选项，如下图所示。

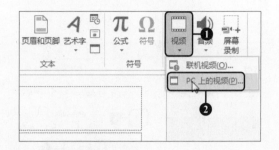

❹ 插入后的效果

返回演示文稿中即可看到，在新建的幻灯片中插入了视频文件，如果要查看视频的播放效果，可以在视频工具栏中单击"播放"按钮，如下图所示。

12.4.2 调整视频的画面效果

要使整个视频画面得到改变，就需要调整视频的画面显示效果，画面的显示效果包括画面大小的不同、画面颜色的多样性和视频样式的应用。在调整视频画面效果的时候应当谨慎，视频的画质会因此受到一定的影响，处理不当有可能会影响视频的表达效果，从而影响整个演示文稿的品质。

◎ 原始文件：下载资源\实例文件\第12章\原始文件\办公室5S培训7.pptx
◎ 最终文件：下载资源\实例文件\第12章\最终文件\办公室5S培训7.pptx

❶ 调整视频文件画面的大小

打开原始文件，切换至含有视频的幻灯片，将指针移至视频文件左上角边框，当鼠标指针呈双向的箭头符号时，向上拖动，在拖动过程中，鼠标指针变为了十字形，即可调整视频文件的大小，如右图所示。

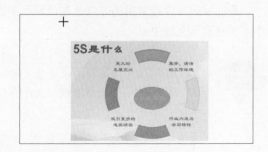

② 调整画面大小后的效果

拖动至合适位置后，释放鼠标，显示出改变画面大小后的视频文件，如下图所示。

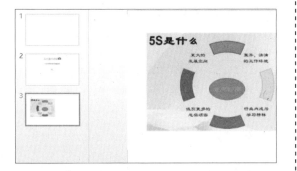

③ 调整画面的颜色

❶选中视频文件，切换到"视频工具 - 格式"选项卡，❷单击"调整"组中的"颜色"按钮，❸在展开的下拉列表中单击"褐色"选项，如下图所示。

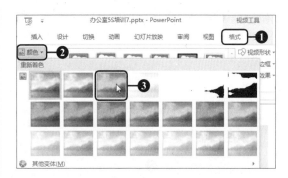

④ 重新着色后的效果

此时视频文件的画面色彩发生了改变，重新着色后变为了褐色，如下图所示。

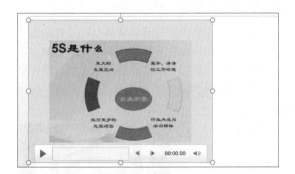

⑤ 套用视频样式

单击"视频样式"组中的快翻按钮，在展开的样式库中选择合适的样式，如下图所示。

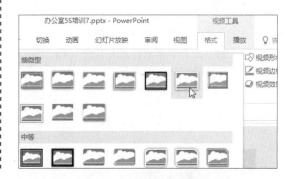

⑥ 改变样式后的效果

视频画面套用样式后，显示效果如右图所示。

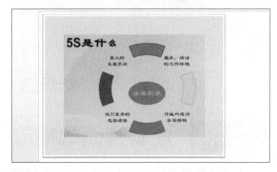

12.4.3 设置视频文件的标牌框架

在演示文稿中设置视频文件的标牌框架，就是为视频文件插入一个播放前的静态图片，简单来说，标牌框架的作用相当于视频文件的封面。为视频添加标牌框架后，在播放视频之前可为观众提供视频预览图像。标牌框架的来源可以是计算机中已经保存好的图片，也可以是视频中的某一张画面。

◎ 原始文件：下载资源\实例文件\第12章\原始文件\办公室5S培训8.pptx、5S画.wmf

◎ 最终文件：下载资源\实例文件\第12章\最终文件\办公室5S培训8.pptx

① 添加标牌框架

打开原始文件，切换到"视频工具 - 格式"选项卡，❶单击"调整"组中的"标牌框架"按钮，❷在展开的下拉列表中单击"文件中的图像"选项，如下图所示。

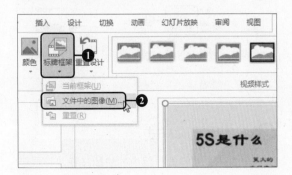

② 选择添加方式

在弹出的"插入图片"对话框中单击"来自文件"后的"浏览"按钮，如下图所示。

③ 选择文件

弹出"插入图片"对话框，❶打开文件的保存路径，❷单击需要插入的图片文件，❸之后单击"插入"按钮，如下图所示。

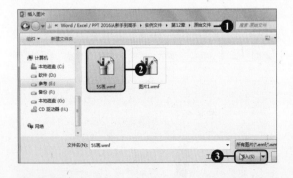

④ 添加标牌框架效果

完成操作之后返回演示文稿，可以看到此时为幻灯片中的视频文件添加了一个标牌框架，当视频还未播放的时候，文件封面以选定的图片显示，如下图所示。

12.4.4 控制视频的播放

控制视频播放的方式有很多，下面介绍通过设置视频的淡入和淡出时间来控制视频的播放。淡入是在视频播放前画面由暗变亮，最后完全清晰；淡出就是画面由亮转暗，最后完全消失的效果。

◎ 原始文件：下载资源\实例文件\第12章\原始文件\办公室5S培训9.pptx

◎ 最终文件：下载资源\实例文件\第12章\最终文件\办公室5S培训9.pptx

248　Word/Excel/PPT 2016从新手到高手

❶ 设置淡入持续时间

打开原始文件，❶切换到"视频工具-播放"选项卡，❷单击"编辑"组中的"淡入"文本框右侧的微调按钮，设置视频的淡入持续时间为"04:00"，如下图所示。

❷ 设置淡出持续时间

单击"编辑"组中的"淡出"文本框右侧的微调按钮，设置视频的淡出持续时间为"06:00"，如下图所示。

❸ 设置播放模式

在"视频选项"组中勾选"循环播放，直到停止"和"播完返回开头"复选框，如下图所示。

❹ 设置后的效果

返回播放视频文件，可以看见文件开始播放时的淡入效果，并且视频会一直循环播放，如下图所示。

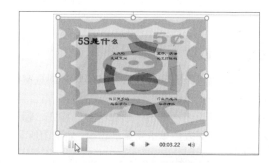

12.5 使用幻灯片母版统一演示文稿风格

在幻灯片母版的设计中，可以对文字的字形或大小做出相应的设置，也可以为母版添加一个图片来作为背景效果。应用幻灯片母版可以统一演示文稿中所有幻灯片的风格。

12.5.1 设置母版格式

在母版视图中，可以对母版的格式进行设置，具体而言，可以设置母版中文字的字体属性，为母版中的内容添加项目符号，以及为母版添加统一的时间，添加编号或者是在母版幻灯片中添加页眉和页脚的内容。

◎ 原始文件：下载资源\实例文件\第12章\原始文件\学习技术产品的使用.pptx
◎ 最终文件：下载资源\实例文件\第12章\最终文件\学习技术产品的使用.pptx

❶ 打开幻灯片母版视图

打开原始文件，❶切换到"视图"选项卡，❷单击"母版视图"组中的"幻灯片母版"按钮，如下图所示。

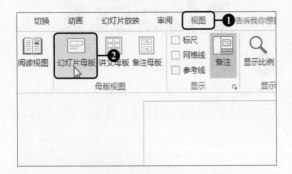

❷ 设置母版文字字体

此时切换到幻灯片母版视图中，❶系统自动切换到"幻灯片母版"选项卡，❷单击"背景"组中的"字体"按钮，❸在展开的下拉列表中单击"Office 2007-2010"选项，如下图所示。

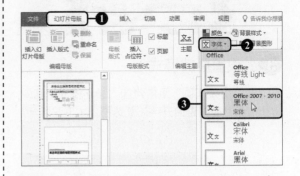

❸ 设置母版项目符号

切换到"开始"选项卡，在幻灯片浏览窗格中选中第一张母版幻灯片，单击"标题"占位符，❶在"段落"组中单击"项目符号"按钮，❷在展开的下拉列表中单击需要的选项，如下图所示。

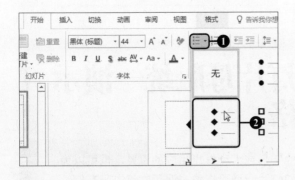

❹ 为母版插入页眉和页脚

❶选择"内容"占位符中的所有内容，在"段落"组中单击"项目符号"按钮，❷在展开的下拉列表中单击需要的项目符号选项，如下图所示。

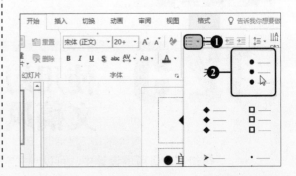

❺ 选择幻灯片中显示的内容

切换到"插入"选项卡，单击"文本"组中的"页眉和页脚"按钮，如右图所示。

⑥ 设置幻灯片编号

弹出"页眉和页脚"对话框，在"幻灯片"选项卡下，❶勾选"日期和时间""幻灯片编号"和"页脚"复选框，❷在"日期和时间"选项组中单击选中"自动更新"单选按钮，❸在"页脚"文本框中输入"×××有限公司"，❹最后单击"全部应用"按钮，如下图所示。

⑦ 设置母版后的整体效果

经过上述设置后，幻灯片母版格式显示效果如下图所示。

⑧ 关闭母版

切换到"幻灯片母版"选项卡，单击"关闭"组中的"关闭母版视图"按钮，如下图所示。

⑨ 显示统一演示文稿的效果

切换到普通视图中，选中第2张幻灯片，查看应用设置好的母版后的效果，如右图所示。

扩展操作

若想自定义幻灯片编号的位置，并在其中加入个性化的文字，可以这样操作：选中第一张母版幻灯片，在其中插入一个文本框，将光标置于文本框中，单击"插入"选项卡下的"幻灯片编号"按钮，文本框中会出现"<#>"标记，可继续在该标记的前后添加个性化文字，如"第 <#> 页"，最后将文本框移动到合适的位置。

12.5.2 为母版添加图片

当设置好母版的格式后，还可以为母版做一些其他方面的改变来增添一些精彩且富有趣味的元素。例如，可以为母版添加一些符合设计主题的图片。

◎ 原始文件：下载资源\实例文件\第12章\原始文件\学习技术产品的使用1.pptx、学习.bmp

◎ 最终文件：下载资源\实例文件\第12章\最终文件\学习技术产品的使用1.pptx

❶ 切换到母版视图

打开原始文件，❶切换到"视图"选项卡，❷单击"母版视图"组中的"幻灯片母版"按钮，如下图所示。

❷ 插入剪贴画

进入母版视图状态，❶切换到"插入"选项卡，❷单击"图像"组中的"图片"按钮，如下图所示。

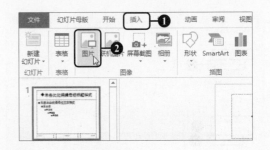

❸ 搜索图片

弹出"插入图片"对话框，❶选择好图片的路径，❷单击需要的图片，❸最后单击"插入"按钮，如下图所示。

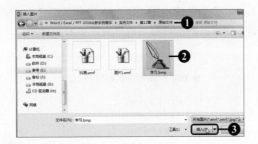

❹ 选择搜索图片

返回演示文稿中，单击"幻灯片母版"选项卡下的"关闭母版视图"按钮，如下图所示。

❺ 设置后的效果

关闭母版视图后，切换到普通视图，此时可以看到图片成功地应用到了每一张幻灯片中，如右图所示。

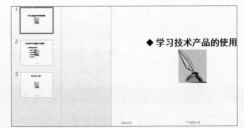

12.6 设置幻灯片背景和主题方案

一般来说，通过普通设置制作出来的幻灯片从整体效果上来看都是比较单调乏味的，要想使幻灯片的风格变得生动起来，就需要适当地为幻灯片添加一个背景样式或者设置一个主题方案。

12.6.1 快速应用幻灯片背景

PowerPoint 系统为用户提供了许多默认的背景样式，这些背景样式表现为颜色的填充。快速应用这些默认的幻灯片背景，不仅可以美化演示文稿，还可以突出幻灯片中的文字内容。

◎ 原始文件：下载资源\实例文件\第12章\原始文件\办公室5S培训10.pptx
◎ 最终文件：下载资源\实例文件\第12章\最终文件\办公室5S培训10.pptx

❶ 选择背景样式

打开原始文件，切换到"设计"选项卡，❶单击"变体"组中的快翻按钮，在展开的列表中指向"背景样式"，❷在展开的样式库中选择"样式10"，如下图所示。

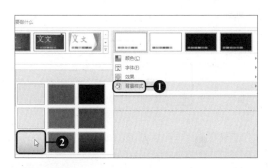

❷ 应用背景样式后的效果

此时为演示文稿中的所有幻灯片快速应用了幻灯片背景样式，显示效果如下图所示。

12.6.2 套用幻灯片主题样式

套用幻灯片的主题样式不仅可以为幻灯片应用一个好看的背景样式，还可以统一演示文稿中所有的文字格式和配色方案等。

◎ 原始文件：下载资源\实例文件\第12章\原始文件\办公室5S培训11.pptx
◎ 最终文件：下载资源\实例文件\第12章\最终文件\办公室5S培训11.pptx

❶ 选择主题样式

打开原始文件，❶切换到"设计"选项卡，❷单击"主题"组中的快翻按钮，在展开的样式库中选择样式，如下图所示。

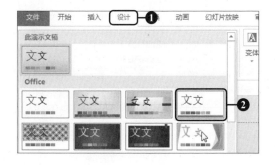

❷ 套用样式后的效果

此时为幻灯片套用了一个新的主题样式，显示效果如下图所示。

同步演练 制作产品发布会演示文稿

通过本章的学习，相信用户已经对 PowerPoint 2016 的一些基本操作有了初步的认识，已经能够通过创建幻灯片、设置幻灯片的格式和美化幻灯片来制作一个相当成功的演示文稿。为了加深用户对本章知识的理解，下面通过一个实例来融会贯通这些知识点。

◎ 原始文件：下载资源\实例文件\第12章\原始文件\图片1.wmf
◎ 最终文件：下载资源\实例文件\第12章\最终文件\产品发布会.pptx

❶ 打开母版视图

新建一个空白演示文稿，保存为"产品发布会"，❶切换到"视图"选项卡，❷单击"母版视图"组中的"幻灯片母版"按钮，如下图所示。

❷ 插入图片

此时切换到幻灯片母版视图中，❶在"幻灯片母版"选项卡中选中母版幻灯片，❷切换到"插入"选项卡，❸单击"图像"组中的"图片"按钮，如下图所示。

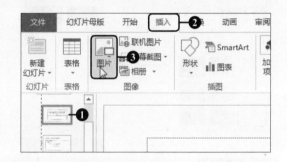

❸ 选择图片

弹出"插入图片"对话框，❶打开文件所在路径，❷单击需要插入的图片，❸之后单击"插入"按钮，如下图所示。

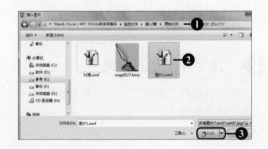

❹ 设置图片的放置

在母版中插入了图片，调整图片的大小后右击图片，在弹出的快捷菜单中单击"置于底层 > 置于底层"命令，如下图所示。

❺ 关闭母版视图

切换到"幻灯片母版"选项卡，单击"关闭"组中的"关闭母版视图"按钮，如右图所示。

⑥ 为幻灯片添加内容

此时返回到普通视图中，为第一张幻灯片添加标题内容，如下图所示。

⑧ 新幻灯片应用母版格式的效果

新建一张默认的幻灯片，可以看见插入的幻灯片也应用了母版的格式，在幻灯片中输入文本内容，如下图所示。

⑩ 选择音频

弹出"插入音频"对话框，❶找到音频文件的保存路径，❷双击要插入的音频文件，如下图所示。

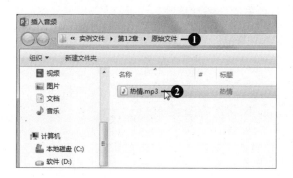

⑦ 新建幻灯片

❶在"开始"选项卡下单击"幻灯片"组中的"新建幻灯片"右侧的下三角按钮，❷在展开的列表中选择第一个主题幻灯片，如下图所示。

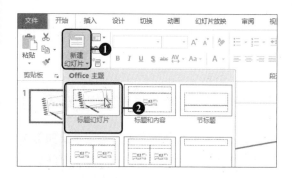

⑨ 插入音频

选中第一张幻灯片，切换到"插入"选项卡，❶单击"媒体"组中的"音频"按钮，❷在展开的下拉列表中单击"PC 上的音频"选项，如下图所示。

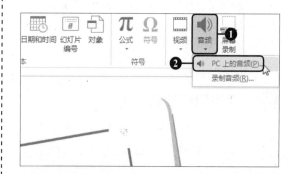

⑪ 应用背景

❶切换到"设计"选项卡，❷单击"主题"组中的快翻按钮，在展开的库中选择合适的主题样式，如下图所示。

⑫ 幻灯片完成后的效果

此时为幻灯片快速应用了幻灯片背景样式，完成了产品发布会演示文稿的制作，文稿整体效果如右图所示。

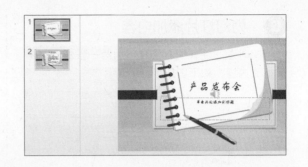

专家点拨 提高办公效率的诀窍

为了提高办公效率，用户一定希望知道制作演示文稿时有哪些技巧能够快速达到目标效果。下面就为用户介绍一些技巧。

诀窍 ① 让幻灯片自动适应窗口大小

在使用演示文稿时，一般情况下都是在全屏模式下开始进行幻灯片的播放，在某些情况下也需要让幻灯片自动适应窗口大小。

打开一个演示文稿，❶切换到"视图"选项卡下，❷单击"显示比例"组中的"适应窗口大小"按钮，如右图所示。幻灯片的大小将自动和窗口的大小匹配。

诀窍 ② 更换幻灯片的版式

在演示文稿中新建的幻灯片都需要先选择一个版式，如果没有选定版式，系统一般会默认设置一个"标题幻灯片"版式。对于一个已经设定好版式的幻灯片，还可以为其更换版式，使幻灯片的设计更加灵活。

打开一个已有的演示文稿，❶在需要更换版式的幻灯片缩略图上右击，❷在展开的快捷菜单中指向"版式"，❸在展开的库中罗列出许多幻灯片版式可供选择，单击任意一个，如下左图所示。完成操作之后，套用的幻灯片版式就会自动生效，如下右图所示。

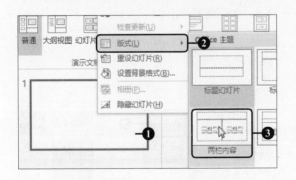

技巧 3 在母版中快速插入占位符

在幻灯片中常会看到一两个包含内容的点线边框的框，这就是占位符。在幻灯片中输入内容时，使用占位符输入更加方便快捷。除了"空白"版式之外，所有其他幻灯片版式都包含内容占位符。用户可以根据需要增加占位符的个数。

❶切换到"视图"选项卡，❷单击"母版视图"组的"幻灯片母版"按钮，如下左图所示。❸此时系统自动切换到母版视图状态下的"幻灯片母版"选项卡，单击要向其添加一个或多个占位符的母版版式，❹单击"母版版式"组的"插入占位符"按钮，❺在展开的下拉列表中单击需要插入的占位符类型，此处单击"内容（竖排）"选项，如下中图所示。❻最后在演示文稿中拖动鼠标即可插入竖排的占位符，如下右图所示。

 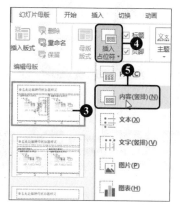 

技巧 4 插入自己录制的音频文件

在利用演示文稿做培训工作时，有时会需要插入培训老师讲课的声音，此时可以使用PowerPoint 来自己录制音频。

具体方法为：选中要插入音频文件的幻灯片，在"插入"选项卡下的"媒体"组中单击"音频"按钮，在展开的列表中单击"录制音频"选项。弹出"录音"对话框，单击红色的"录制"按钮开始录制，录制完毕后，单击蓝色的"停止"按钮完成录制，最后单击"确定"按钮，即可在幻灯片中插入自己录制的音频。

13

让幻灯片动起来

在了解了使用 PowerPoint 2016 制作演示文稿的一些基本操作后,本章开始在幻灯片中插入各种动画效果的学习。要达到使幻灯片动起来的目的,首先就需要学习为幻灯片添加转换效果,然后需要了解在幻灯片中添加各种动画效果的方式,最后需要掌握如何在幻灯片中插入超链接,使多个对象关联起来。

13.1 添加并设置幻灯片切换效果
13.2 添加并设置幻灯片对象的动画效果
13.3 为幻灯片插入超链接

13.1 添加并设置幻灯片切换效果

一般来说，编辑好的幻灯片都是静止的平面效果，如果此时用户为幻灯片添加一些三维图形的转换效果，那么在切换幻灯片的时候便能够使整个幻灯片动起来。

13.1.1 为幻灯片添加切换动画

为幻灯片添加切换动画，就是使整个幻灯片在进行切换的时候，能够以某种动态的效果进行显示。切换动画的方向可根据需要进行改变。

◎ 原始文件：下载资源\实例文件\第13章\原始文件\时间管理.pptx
◎ 最终文件：下载资源\实例文件\第13章\最终文件\时间管理.pptx

❶ 切换动画样式

打开原始文件，❶选中第一张幻灯片，❷切换到"切换"选项卡，❸单击"切换到此幻灯片"组中的快翻按钮，如下图所示。

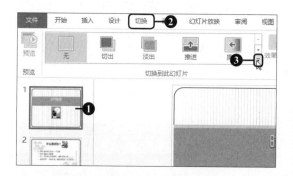

❷ 选择切换的动画样式

在展开的效果样式库中的"华丽型"组中选择"悬挂"效果，如下图所示。

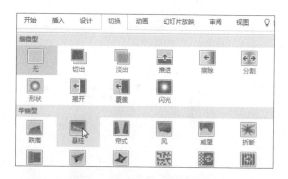

❸ 预览幻灯片效果

经过上述操作后，可以立即预览该幻灯片的切换动画效果，如下图所示。

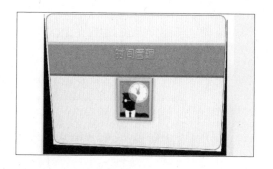

❹ 选择幻灯片的转换方向

❶单击"切换到此幻灯片"组中的"效果选项"按钮，❷在展开的下拉列表中单击"向右"选项，如下图所示。

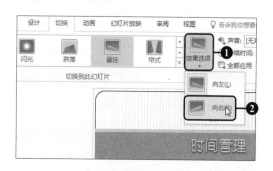

⑤ 幻灯片的预览效果

改变幻灯片的切换方向后，预览效果如右图所示。

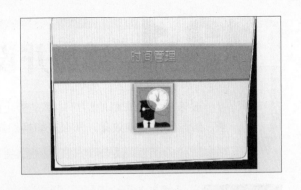

13.1.2 设置切换动画计时选项

在为幻灯片添加了切换动画之后，还可以对幻灯片的切换属性做一些设置，使其更加符合设计的需求。设置切换动画属性包括设置切换时播放的声音、切换的持续时间、切换的速度以及切换幻灯片的方式等。

◎ 原始文件：下载资源\实例文件\第13章\原始文件\时间管理1.pptx
◎ 最终文件：下载资源\实例文件\第13章\最终文件\时间管理1.pptx

❶ 设置切换时的声音

打开原始文件，选中第一张幻灯片，切换到"切换"选项卡，❶在"计时"组中单击"声音"右侧的下三角按钮，❷在展开的下拉列表中单击"风铃"选项，如下图所示。

❷ 设置切换持续时间

在"计时"组中单击"持续时间"右侧的微调按钮，设置切换的时间为"04.00"，如下图所示。

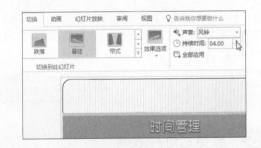

❸ 设置切换方式

❶在"计时"组中，勾选"设置自动换片时间"复选框，❷设置时间为"00:20.00"，如下图所示。

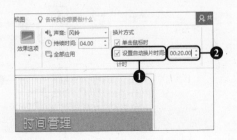

❹ 将设置应用到所有幻灯片中

在"计时"组中单击"全部应用"按钮，将以上设置应用到所有幻灯片中，如下图所示。

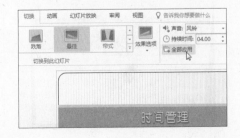

⑤ 设置幻灯片后的效果

在幻灯片浏览窗格中，每张幻灯片左方都出现了动画播放图标。播放幻灯片时，可以看到所有设置切换属性的效果，如右图所示。

13.2 添加并设置幻灯片对象的动画效果

在 PowerPoint 2016 中，动画效果的添加并不是切换幻灯片时所独有的。对于幻灯片中的每一个独立对象，用户也可以为其添加一些动画效果。为幻灯片对象添加动画效果可以让幻灯片的演示更加生动。动画效果包括进入动画效果、强调动画效果、退出动画效果和动作路径动画效果四大类。

13.2.1 添加动画效果

添加动画效果和添加幻灯片切换效果有所区别，为幻灯片添加动画效果一般都是针对幻灯片中的某个图片或某一个占位符。

1 添加进入动画效果

当幻灯片开始播放时，可以添加进入动画效果，进入动画效果的含义是指动画开始时的显示效果，即在演示文稿开始放映的过程中，文本或对象刚刚进入画面时所呈现的动画效果。

◎ 原始文件：下载资源\实例文件\第13章\原始文件\时间管理2.pptx
◎ 最终文件：下载资源\实例文件\第13章\最终文件\时间管理2.pptx

❶ 选择进入的动画效果

打开原始文件，❶选中第一张幻灯片中的图片，❷切换到"动画"选项卡，❸单击"动画"组中的快翻按钮，如下图所示。

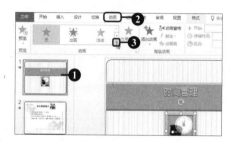

❷ 选择进入的动画

在展开的动画库中选择"进入"组中的"轮子"，如下图所示。

❸ 预览效果

此时，幻灯片的动画预览效果如下图所示。

❹ 选择轮辐图案

❶单击"动画"组中的"效果选项"按钮，❷在展开的下拉列表中单击"3 轮辐图案 (3)"，如下图所示。

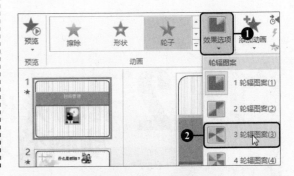

❺ 选择图案后的效果

改变轮子的轮辐图案后，预览效果如右图所示。

2 添加强调动画效果

设置强调动画效果，就是演示文稿在放映过程中，为幻灯片中已经显示出的文本或对象所设置的动画增强效果，目的是使其中的文本或对象突出显示。

◎ 原始文件：下载资源\实例文件\第13章\原始文件\时间管理3.pptx
◎ 最终文件：下载资源\实例文件\第13章\最终文件\时间管理3.pptx

❶ 选中占位符

打开原始文件，❶选中第二张幻灯片的内容占位符，❷切换到"动画"选项卡，❸单击"动画"组中的快翻按钮，如下图所示。

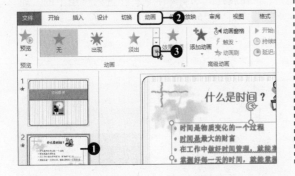

❷ 设置强调效果

在展开的下拉列表中单击"更多强调效果"选项，如下图所示。

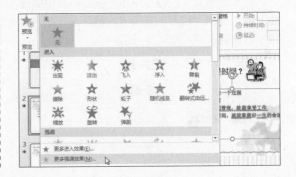

❸ 选择强调效果

弹出"更改强调效果"对话框，单击"基本型"组中的"陀螺旋"选项，如下图所示。

❺ 预览效果

此时所选内容占位符应用的强调动画效果如右图所示。

❹ 预览幻灯片

单击"确定"按钮后，返回幻灯片，单击"预览"组中的"预览"按钮，如下图所示。

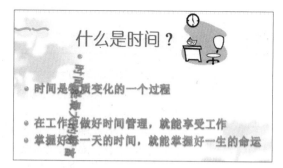

知识进阶	**删除动画效果**

如果想要删除设置好的动画效果，单击"动画"组中的快翻按钮，在展开的库中选择"无"样式即可。

---

3 添加退出动画效果

进入动画效果是放映幻灯片时文本或对象刚刚进入画面的动画效果，强调动画效果是文本或对象已经完全显示出来后的动画突出效果，那么退出动画效果就是文本或对象已经演示完毕后需要结束时的动画效果。

◎ 原始文件：下载资源\实例文件\第13章\原始文件\时间管理4.pptx

◎ 最终文件：下载资源\实例文件\第13章\最终文件\时间管理4.pptx

❶ 选择退出的动画效果

打开原始文件，❶选中第三张幻灯片的内容占位符，❷切换到"动画"选项卡，单击"动画"组中的快翻按钮，❸在展开的动画库中选择"退出"组中的"浮出"样式，如右图所示。

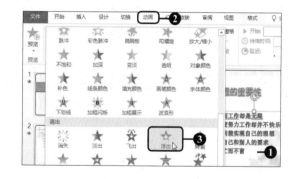

❷ 选择动画方向

❶单击"动画"组中的"效果选项"按钮，❷在展开的下拉列表中单击"上浮"选项，如下图所示。

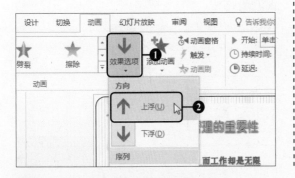

❸ 预览动画效果

设置完毕后，可以预览幻灯片退出的动画效果，如下图所示。

> • 滥用时间，即使努力工作却并不快乐
>
> • 通过一定的时间能实现自己的理想
> • 做事情能兼顾自己和别人的要求
> • 做到在工作中忙而不盲

4 添加动作路径动画效果

添加动作路径动画效果，就是为一个对象描绘出一条运动路径来，然后就可以让对象按照这个路径行动，适用于添加不规则运动路径的动画。

◎ 原始文件：下载资源\实例文件\第13章\原始文件\时间管理5.pptx
◎ 最终文件：下载资源\实例文件\第13章\最终文件\时间管理5.pptx

❶ 自定义路径

打开原始文件，❶选中第二张幻灯片中的图片，❷切换到"动画"选项卡，单击"动画"组中的快翻按钮，❸在展开的下拉列表中单击"动作路径"组中的"自定义路径"选项，如右图所示。

❷ 绘制动作路径

此时鼠标指针呈十字形，按住鼠标不放，绘制出图片的动作路径，如下图所示。

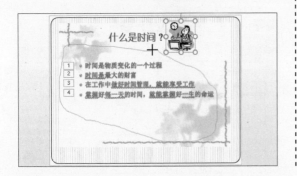

❸ 预览效果

释放鼠标后，可以预览自定义的动作路径效果，如下图所示。

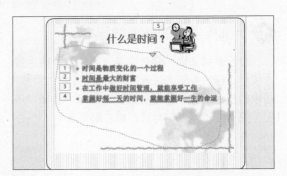

13.2.2 设置动画效果

为了让动画具有更好的播放效果，用户可以在添加的动画基础上设置新的动画效果，使动画的运动方式和声音等方面的效果更符合幻灯片的需要。

1 设置动画的运行方式

动画的运行方式是可以选择的，如果对象是文本，就可以选择整批出现，或按单个字出现；如果是图形，就会有细化的运行效果供用户选择。

◎ 原始文件：下载资源\实例文件\第13章\原始文件\时间管理6.pptx
◎ 最终文件：下载资源\实例文件\第13章\最终文件\时间管理6.pptx

❶ 单击"轮子"选项

打开原始文件，❶选中第一张幻灯片中的标题占位符，❷切换到"动画"选项卡，单击"动画"组中的快翻按钮，❸在展开的下拉列表中单击"轮子"选项，如下图所示。

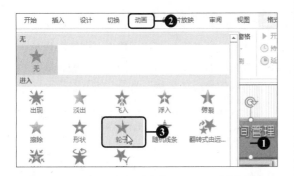

❸ 单击"效果选项"选项

在主界面右侧出现"动画窗格"面板，❶单击动画窗格中的标题对象右侧的下三角按钮，❷在展开的下拉列表中单击"效果选项"选项，如下图所示。

❷ 单击"动画窗格"按钮

在"动画"选项卡下单击"高级动画"组中的"动画窗格"按钮，如下图所示。

❹ 选择动画运动的方式

弹出"轮子"对话框，❶单击"动画文本"右侧的下三角按钮，❷在展开的下拉列表中单击"按字母"选项，如下图所示。

❺ 预览动画效果

单击"确定"按钮后，返回演示文稿中预览
动画，可以看到动画的播放以一个文字为单位，
四个文字同时开始以轮子的方式运动起来了，如
右图所示。

❷ 设置动画声音效果和播放后的效果

在播放幻灯片中的动画时，可以为动画设置一些声音，伴随着动画的播放而播放，在动画播放
完成后，也可以设置动画播放后的显示效果，提示观众动画已经播放完了。

◎ 原始文件：下载资源\实例文件\第13章\原始文件\时间管理7.pptx

◎ 最终文件：下载资源\实例文件\第13章\最终文件\时间管理7.pptx

❶ 单击"动画"组对话框启动器

打开原始文件，❶选中第一张幻灯片中的图
片，❷切换到"动画"选项卡，❸单击"动画"
组中的对话框启动器，如下图所示。

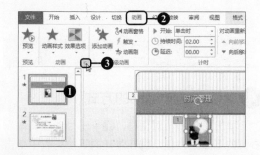

❷ 设置动画的声音

弹出"轮子"对话框，❶在"效果"选项卡
下单击"声音"右侧的下三角按钮，❷在展开的
下拉列表中单击"鼓掌"选项，如下图所示。

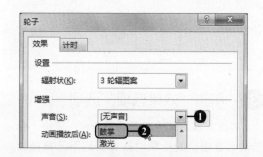

❸ 调节音量大小

❶单击"声音"图标，❷拖动滑块调整声音
的音量大小，如下图所示。

❹ 设置动画播放后的效果

❶单击"动画播放后"右侧的下三角按钮，
❷在展开的下拉列表中选择动画播放后显示的颜
色为"橙色"，如下图所示。

⑤ 预览效果

单击"确定"按钮，返回演示文稿中，此时对动画进行预览，可以听见设置的动画声音并且可以看见动画播放完毕后，图片自动显示为了橙色，如右图所示。

③ 使用触发器控制动画效果

使用触发器控制动画效果就是当单击某个对象时，即触发某种条件，从而执行一个程序。触发器就是一个特殊的存储动画效果的过程。

◎ 原始文件：下载资源\实例文件\第13章\原始文件\时间管理8.pptx
◎ 最终文件：下载资源\实例文件\第13章\最终文件\时间管理8.pptx

❶ 设置单击的对象

打开原始文件，❶选中第一张幻灯片中的图片，❷切换到"动画"选项卡，❸单击"高级动画"组中的"触发"按钮，❹在展开的下拉列表中单击"单击 > 标题 1"选项，如下图所示。

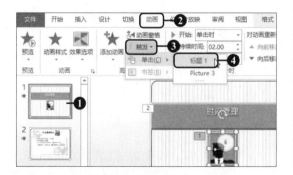

❷ 打开动画窗格

单击"高级动画"组中的"动画窗格"按钮，如下图所示。

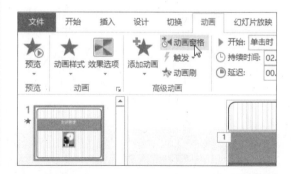

❸ 查看设置的触发器

在主界面右侧打开"动画窗格"面板，将鼠标指针指向设置的触发器，将在下方显示出单击时的动画内容，如右图所示。

13.2.3 设置动画的播放时间

对于添加在幻灯片中的动画，在动画播放前，用户可以根据需要对动画的播放时间做一些设置，例如设置动画开始的时间是单击时或是与上一动画同时，设置动画播放的持续、延迟时间等。

❶ 设置动画开始的方式

打开原始文件，❶选中第二张幻灯片中的图片，切换到"动画"选项卡，❷在"计时"组中单击"开始"右侧的下三角按钮，❸在展开的下拉列表中单击"与上一动画同时"选项，如下图所示。

❷ 设置动画持续时间

在"计时"组中单击"持续时间"右侧的微调按钮，调节动画的持续时间为"05.00"，如下图所示。

❸ 设置动画延迟时间

在"计时"组中单击"延迟"右侧的微调按钮，调节动画的延迟时间为"01.00"，如下图所示。

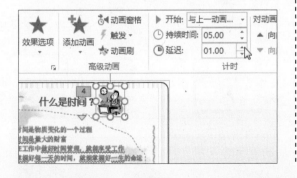

❹ 设置后的效果

对动画进行预览，此图片的动画与上一动画一起开始播放，如下图所示。

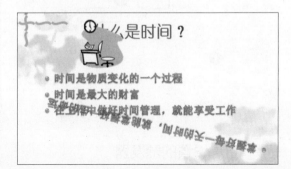

13.3 为幻灯片插入超链接

在演示文稿中，为了使一个对象和另一个对象建立一种相关的联系，可以在幻灯片中插入链接。插入链接的方式包括插入超链接和添加交互动作链接。插入超链接的对象可以是图片、图标和文字。超链接的意思就是实现两者之间的转换。在幻灯片中添加超链接，可以使幻灯片与幻灯片之间、幻灯片与其他外界文件或程序之间以及幻灯片与网络之间自由转换。下面主要介绍如何在幻灯片与幻灯片之间使用超链接。

◎ 原始文件：下载资源\实例文件\第13章\原始文件\时间管理10.pptx
◎ 最终文件：下载资源\实例文件\第13章\最终文件\时间管理10.pptx

❶ 选择要添加超链接的文本

打开原始文件，在第二张幻灯片中选择"时间是最大的财富"文本内容，如下图所示。

❷ 添加超链接

❶切换到"插入"选项卡，❷单击"链接"组中的"超链接"按钮，如下图所示。

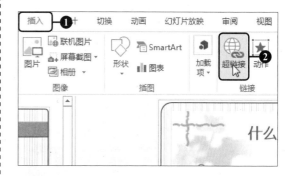

❸ 选择链接到的位置

弹出"插入超链接"对话框，❶在"链接到"列表框中单击"本文档中的位置"选项，❷在"请选择文档中的位置"列表框中选择"3. 时间管理的重要性"选项，❸最后单击"确定"按钮，如下图所示。

❹ 添加链接后的效果

返回到幻灯片中，此时文本已经插入了超链接，在文本下方显示出超链接的格式，即显示出一条下划线，如下图所示。插入超链接后，播放幻灯片时单击该链接，将直接链接到指定的第三张幻灯片。

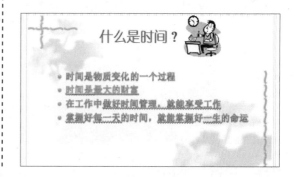

知识进阶　删除超链接

如果需要删除超链接，可以右击添加了超链接的文本，在弹出的快捷菜单中单击"取消超链接"命令，则可以删除超链接。

同步演练 为商业计划方案演示文稿设置动画效果

通过本章的学习，相信用户对于在幻灯片中添加动画的一些基本操作已经有了初步的认识，能够通过在幻灯片中添加动画，设置各种动画的效果，使演示文稿在播放时能呈现更精彩的效果。为了加深用户对本章知识的理解，下面通过一个实例来融会贯通这些知识点。

❶ 选择动画

打开原始文件，❶选中第一张幻灯片中的图片，❷切换到"动画"选项卡，单击"动画"组中的快翻按钮，❸在展开的动画库中选择"强调"组中的"陀螺旋"，如下图所示。

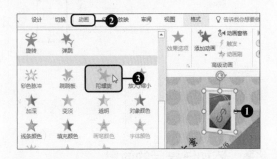

❸ 设置动画持续时间

在"计时"组中单击"持续时间"右侧的微调按钮，设置动画效果的持续时间为"04.00"，如下图所示。

❺ 设置动画声音

弹出"陀螺旋"对话框，在"效果"选项卡下，❶单击"声音"右侧的下三角按钮，❷在展开的下拉列表中单击"鼓声"选项，如下图所示。

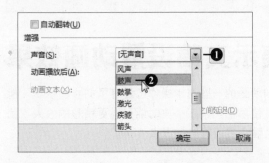

❷ 设置动画开始时间

❶在"计时"组中单击"开始"右侧的下三角按钮，❷在展开的下拉列表中单击"上一动画之后"选项，如下图所示。

❹ 单击"动画"组中的对话框启动器

在"动画"组中单击对话框启动器，如下图所示。

❻ 设置动画播放后的效果

❶单击"动画播放后"右侧的下三角按钮，❷在展开的下拉列表中单击"播放动画后隐藏"选项，如下图所示。

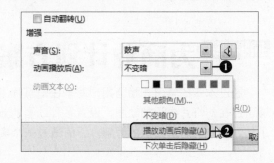

⑦ 使用动画刷

单击"确定"按钮后，❶选中图片，❷双击"高级动画"组中的"动画刷"按钮，如下图所示。

⑧ 复制动画

此时鼠标指针的右上方显示刷子形状，切换到第二张幻灯片，单击幻灯片中的图片，复制动画效果，如下图所示。

⑨ 复制动画

切换到第三张幻灯片，单击幻灯片中的图片，继续复制动画效果，如下图所示。

⑩ 取消动画刷

如果复制好动画效果后，想要取消动画刷，则可在"高级动画"组中单击"动画刷"按钮，如下图所示。

⑪ 预览动画效果

进行以上设置后，对动画效果进行预览，显示动画效果如右图所示。

专家点拨 提高办公效率的诀窍

为了提高办公效率，用户一定希望知道在 PowerPoint 中插入动画效果的时候使用哪些技巧能够快速达到目标效果。下面就为用户介绍两个动画效果操作的诀窍。

① 调整动画播放的顺序

在一个设置有多个动画效果的演示文稿中，动画的播放顺序都默认为设置动画效果的顺序，即先设置动画效果的对象就先进行播放，那么如何能更改这些动画的播放顺序呢？

具体方法为：打开一个已经设置多个动画效果的演示文稿，❶切换到"动画"选项卡，单击"高级动画"组中的"动画窗格"按钮，如下左图所示。❷在主界面的右侧出现"动画窗格"面板，❸单击需要调整的动画效果，拖动鼠标将其放置到合适的位置上，如下中图所示。❹释放鼠标后，动画播放的顺序就被调整了，如下右图所示。

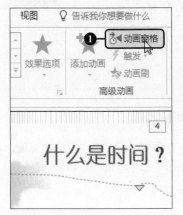  

② 实现多个动画同时运动

如果在一个 PowerPoint 演示文稿中的同一张幻灯片上设置了多个动画效果，在设置好动作后播放，就可以发现多个效果只能一个一个地显示出来，要想让多个动画效果同时运动，可以通过以下方法来实现。

具体方法为：单击"动画"选项卡下的"动画窗格"按钮，在演示文稿的右侧弹出"动画窗格"面板，❶选中任意一个设置好的动画对象，然后单击右侧的下三角按钮，❷在展开的下拉列表中单击"从上一项开始"命令，如右图所示。随后即可使用相同的方法设置其他动画的播放效果。

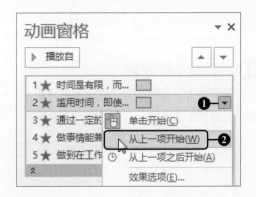

14

放映与控制幻灯片

在了解了如何在幻灯片中插入动画让幻灯片动起来之后，本章开始进入对放映和控制幻灯片的学习。要达到成功放映幻灯片的目的，首先就需要对幻灯片进行预演，包括录制幻灯片放映的时间和在幻灯片中录制一些旁白。然后需要在幻灯片放映之前设置幻灯片的放映类型，最后需要在幻灯片放映的过程中了解如何控制幻灯片的放映。

14.1　预演幻灯片
14.2　自定义放映演示文稿
14.3　随心所欲控制放映幻灯片
14.4　放映幻灯片

14.1 预演幻灯片

要想确保幻灯片的整个放映过程顺利，当然不能忘记在放映前对幻灯片进行一次预演。预演幻灯片时不仅可以记录每张幻灯片的排练时间，还可以为每张幻灯片录制旁白。

14.1.1 排练计时

排练计时就是在演示文稿正式播放之前先对演示文稿进行排练，在排练时记录下每张幻灯片播放需要的时间。这样的好处在于，当正式播放演示文稿的时候，演示者可以根据排练计时自动换片。

◎ 原始文件：下载资源\实例文件\第14章\原始文件\应急小常识.pptx
◎ 最终文件：下载资源\实例文件\第14章\最终文件\应急小常识.pptx

① 使用排练计时功能

打开原始文件，❶切换到"幻灯片放映"选项卡，❷单击"设置"组中的"排练计时"按钮，如下图所示。

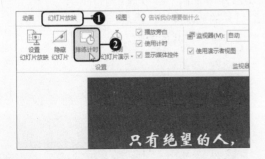

② 暂停录制

此时进入幻灯片放映状态，❶弹出"录制"工具栏，显示出当前幻灯片放映的时间，❷如果需要暂停计时，可以单击"暂停录制"按钮，如下图所示。

③ 继续录制

弹出提示对话框，单击"继续录制"按钮后可对幻灯片继续进行计时，如下图所示。

④ 切换幻灯片

对下一张幻灯片计时，则单击"下一项"按钮，如下图所示。

⑤ 继续录制

此时切换到下一张幻灯片中，继续对第二张幻灯片进行计时，单击"下一项"按钮，对后面的幻灯片进行计时，直到最后一张幻灯片，如下图所示。

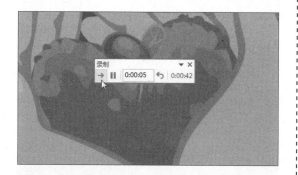

⑦ 确定保存

弹出提示框，提示用户整个幻灯片放映共需要的时间和是否保留幻灯片排练的时间，此时单击"是"按钮，如下图所示。

⑨ 浏览录制时间

切换到幻灯片浏览视图中，可以在缩略图的右下角看到相应的幻灯片放映时间，如右图所示。

⑥ 关闭录制

当对最后一张幻灯片计时结束后，就可以单击"关闭"按钮，完成整个演示文稿的计时，如下图所示。

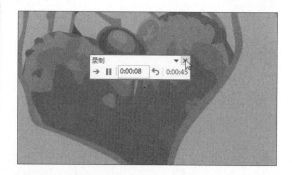

⑧ 切换演示文稿的视图效果

❶切换到"视图"选项卡，❷在"演示文稿视图"组中单击"幻灯片浏览"按钮，如下图所示。

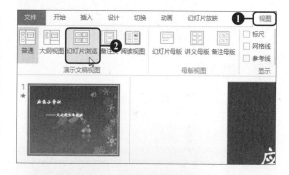

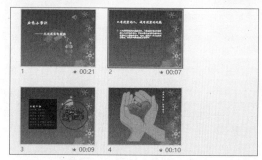

14.1.2 录制旁白

在放映幻灯片时可以事先录制好一些旁白（旁白可以是一些视频画面附加的语音注释）。通过录制旁白，整个演讲过程能达到更好的效果。录制旁白可以从幻灯片的开头开始录制，也可以从选中的当前幻灯片开始录制。

1 从头开始录制

从头开始录制旁白就是在幻灯片播放开始的时候就进行旁白的录制，一直录制到幻灯片放映结束。采用这样的录制方式可以为每张幻灯片都插入旁白，让演示文稿的旁白连贯而又统一。

◎ 原始文件：下载资源\实例文件\第14章\原始文件\应急小常识1.pptx
◎ 最终文件：下载资源\实例文件\第14章\最终文件\应急小常识1.pptx

❶ 从头开始录制

打开原始文件，❶切换到"幻灯片放映"选项卡，❷单击"设置"组中的"录制幻灯片演示"按钮，❸在展开的下拉列表中单击"从头开始录制"选项，如下图所示。

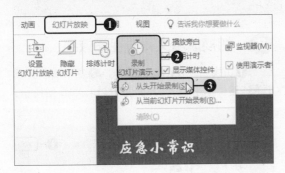

❷ 开始录制

弹出"录制幻灯片演示"对话框，❶勾选"旁白、墨迹和激光笔"复选框，❷单击"开始录制"按钮，如下图所示。

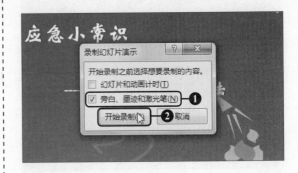

❸ 继续录制

此时进入第一张幻灯片的录制中，单击"下一项"按钮，对下一个动画或下一张幻灯片进行录制，直到最后一张幻灯片为止，如下图所示。

❹ 关闭录制

当完成了最后一张幻灯片的录制工作，单击"关闭"按钮，完成录制，此时自动保存录制的旁白，如下图所示。

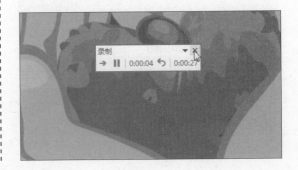

2 从当前幻灯片开始录制

从当前幻灯片开始录制，就是有针对性地在演示文稿中选择某一张重要的幻灯片开始旁白的录制，不需要从幻灯片的开头开始录制。

◎ 原始文件：下载资源\实例文件\第14章\原始文件\应急小常识2.pptx
◎ 最终文件：下载资源\实例文件\第14章\最终文件\应急小常识2.pptx

❶ 从当前幻灯片开始录制

打开原始文件，选中第2张幻灯片，❶切换到"幻灯片放映"选项卡，❷单击"设置"组中的"录制幻灯片演示"按钮，❸在下拉列表中单击"从当前幻灯片开始录制"选项，如右图所示。

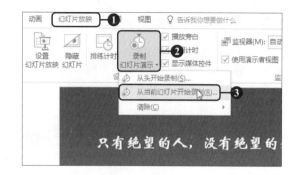

❷ 开始录制

弹出"录制幻灯片演示"对话框，❶勾选"旁白、墨迹和激光笔"复选框，❷单击"开始录制"按钮，如下图所示。

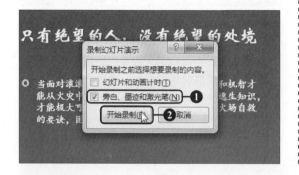

❸ 关闭录制

完成第2张幻灯片的重新录制后，单击"关闭"按钮，如下图所示。此时系统自动保存录制的旁白。

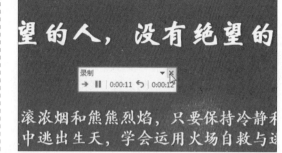

知识进阶 清除计时和旁白

在演示文稿中录制了旁白和计时后，如果需要删除旁白，单击"录制幻灯片演示"按钮，在展开的下拉列表中单击"清除＞清除当前幻灯片中的旁白"选项；如果需要删除计时，在展开的下拉列表中单击"清除＞清除当前幻灯片中的计时"选项。

14.2 自定义放映演示文稿

幻灯片放映除了按默认的演示文稿内容进行放映外，还可以根据演示文稿中的幻灯片创建一个新的演示内容自定义放映。

对于一个包含有许多幻灯片的演示文稿，针对不同的观众，可以选择不同的幻灯片，放映不同部分的内容。要实现这样的效果，就需要自定义创建一组能够单独放映的幻灯片，将不需要放映的幻灯片暂时剔除。

◎ 原始文件：下载资源\实例文件\第14章\原始文件\应急小常识3.pptx
◎ 最终文件：下载资源\实例文件\第14章\最终文件\应急小常识3.pptx

① 自定义放映幻灯片

打开原始文件，❶切换到"幻灯片放映"选项卡，❷单击"开始放映幻灯片"组中的"自定义幻灯片放映"按钮，❸在展开的下拉列表中单击"自定义放映"选项，如下图所示。

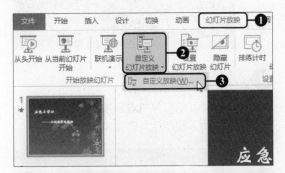

② 单击"新建"按钮

弹出"自定义放映"对话框，单击"新建"按钮，如下图所示。

③ 添加要放映的幻灯片

弹出"定义自定义放映"对话框，❶在"幻灯片放映名称"文本框中输入"自救口诀"，❷在"在演示文稿中的幻灯片"列表框中单击"3.自救口诀"复选框，❸单击"添加"按钮，如下图所示。

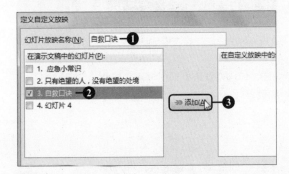

④ 完成添加

❶此时在"在自定义放映中的幻灯片"列表框中添加了要放映的幻灯片，重复上述操作，添加另一张要放映的幻灯片，❷单击"确定"按钮，如下图所示。

⑤ 完成设置

返回"自定义放映"对话框，单击"关闭"按钮，完成自定义放映的设置，如下图所示。

⑥ 放映自定义的幻灯片

❶单击"自定义幻灯片放映"按钮，❷在展开的下拉列表中出现了自定义放映幻灯片的名称，如下图所示。单击"自救口诀"，幻灯片将自动进入放映状态，只播放这部分内容。

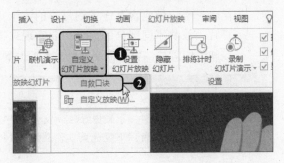

14.3 随心所欲控制放映幻灯片

当一个演示文稿制作完成之后，在对演示文稿进行放映之前，用户可以做一些必要的设置来控制放映幻灯片，例如改变幻灯片的放映类型，或者根据一些特定的需要使某些幻灯片处于隐藏状态，不被放映出来。

14.3.1 设置幻灯片放映类型

根据不同的需要可以选择不同的放映类型，幻灯片放映的类型包括三种，分别为演讲者放映类型、观众自行浏览放映类型和在展台浏览放映类型。在不同的放映类型中，幻灯片放映状态下的显示效果也有所不同。

◎ 原始文件：下载资源\实例文件\第14章\原始文件\应急小常识4.pptx
◎ 最终文件：下载资源\实例文件\第14章\最终文件\应急小常识4.pptx

❶ 设置幻灯片放映

打开原始文件，❶切换到"幻灯片放映"选项卡，❷单击"设置"组中的"设置幻灯片放映"按钮，如下图所示。

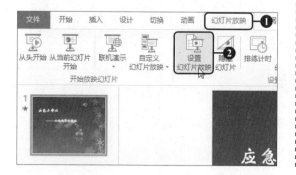

❷ 选择演讲者放映类型

弹出"设置放映方式"对话框，❶在"放映类型"组中单击"演讲者放映"单选按钮，❷在"放映选项"组中勾选"放映时不加旁白"复选框，❸在"换片方式"组中单击"手动"单选按钮，如下图所示。

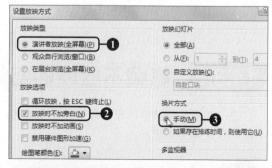

❸ 放映效果

单击"确定"按钮后，放映幻灯片，此时进入演讲者放映全屏模式，在幻灯片的左下角出现一排控制按钮，用于控制幻灯片的放映，如右图所示。

❹ 选择观众自行浏览放映类型

打开"设置放映方式"对话框，❶单击"观众自行浏览（窗口）"单选按钮，❷勾选"循环放映，按 ESC 键终止"复选框，❸单击"手动"单选按钮，如下图所示。

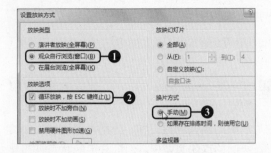

❺ 放映效果

此时进入观众自行浏览放映窗口，用户可在不关闭放映窗口的状态下进行其他程序的操作，如下图所示。

❻ 选择在展台浏览放映类型

打开"设置放映方式"对话框，在"放映类型"组中单击"在展台浏览"单选按钮，如下图所示。

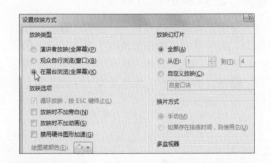

❼ 放映效果

单击"确定"按钮，返回演示文稿中，此时对幻灯片进行放映，将进入在展台放映类型模式。在此放映状态下，幻灯片上并没有任何控制按钮，并且用户不能对幻灯片进行任何操作，如下图所示。

14.3.2 隐藏不放映的幻灯片

在一个演示文稿中，或许会存在一张或多张暂时不需要放映的幻灯片。对于这些幻灯片，用户可以将其设置为隐藏状态。

◎ 原始文件：下载资源\实例文件\第14章\原始文件\应急小常识5.pptx
◎ 最终文件：下载资源\实例文件\第14章\最终文件\应急小常识5.pptx

❶ 隐藏幻灯片

打开原始文件，❶选中不需要放映的幻灯片，例如第 2 张幻灯片，❷切换到"幻灯片放映"选项卡，❸单击"设置"组中的"隐藏幻灯片"按钮，如右图所示。

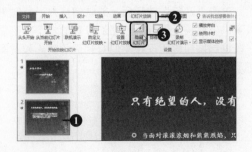

② 隐藏幻灯片的效果

此时选中的幻灯片被隐藏了起来，在浏览窗格中可以看到幻灯片的编号发生了变化，且该幻灯片变为了灰色，如右图所示。

14.4 放映幻灯片

制作演示文稿的目的就是希望将演示文稿放映出来以供分享，所以放映幻灯片是成功完成整个演示文稿的最后一步，包括启动幻灯片的放映、控制幻灯片的放映过程等。

14.4.1 启动幻灯片放映

要想让幻灯片进入放映状态，首先需要的就是启动幻灯片放映。启动幻灯片放映包括使幻灯片从头开始放映和使幻灯片从当前幻灯片开始放映。

◎ 原始文件：下载资源\实例文件\第14章\原始文件\应急小常识6.pptx
◎ 最终文件：无

① 从头开始放映

打开原始文件，❶切换到"幻灯片放映"选项卡，❷单击"开始放映幻灯片"组中的"从头开始"按钮，如下图所示。

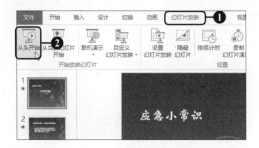

② 放映效果

此时将从演示文稿中的第一张幻灯片开始放映，放映的类型默认为"演讲者放映"，如下图所示。

③ 从当前幻灯片开始放映

选中最后一张幻灯片，❶切换到"幻灯片放映"选项卡，❷单击"开始放映幻灯片"组中的"从当前幻灯片开始"按钮，如右图所示。

④ 放映效果

此时可以看到直接从选中的当前幻灯片开始放映了，如右图所示。

14.4.2 控制幻灯片放映

在放映幻灯片的过程中，需要对幻灯片进行控制才能达到更好的放映效果。最基本的控制幻灯片操作包括在放映过程中切换幻灯片、定位幻灯片和结束幻灯片放映这几方面。

◎ 原始文件：下载资源\实例文件\第14章\原始文件\应急小常识6.pptx
◎ 最终文件：无

① 切换到下一张幻灯片

打开原始文件，进入幻灯片放映状态下，❶右击鼠标，❷在弹出的快捷菜单中单击"下一张"命令，如下图所示。

② 控制按钮切换幻灯片

此时可以切换到下一张幻灯片放映，除此之外，用户还可以直接单击"下一张"控制按钮切换到下一张幻灯片中，如下图所示。

③ 结束放映

当观看了所有的幻灯片后，可以结束放映。❶右击鼠标，❷在弹出的快捷菜单中单击"结束放映"命令，如右图所示，将退出放映视图。

> **扩展操作**
>
> 除了可以在右键菜单中单击命令结束放映外，还可以直接按键盘上的"Esc"键来快速关闭幻灯片。

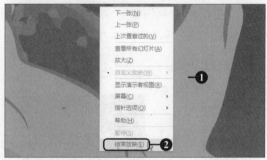

14.4.3 使用笔对幻灯片重点进行标识

当利用演示文稿进行培训或授课时，往往需要将一些重点的内容标注出来，使观众能明确内容中的重点，使用幻灯片中的标记笔即可对内容中的重点部分进行标示。

◎ 原始文件：下载资源\实例文件\第14章\原始文件\应急小常识7.pptx
◎ 最终文件：下载资源\实例文件\第14章\最终文件\应急小常识7.pptx

❶ 使用荧光笔

打开原始文件，开始放映后，❶单击"标记笔"按钮，❷在弹出的快捷菜单中单击"荧光笔"命令，如下图所示。

❸ 使用笔

❶单击"标记笔"控制按钮，❷在弹出的快捷菜单中单击"笔"命令，如下图所示。

❺ 擦除墨迹

当幻灯片放映结束，可以删除幻灯片中的标记，❶单击"标记笔"按钮，❷在弹出的快捷菜单中单击"擦除幻灯片上的所有墨迹"命令，如下图所示。

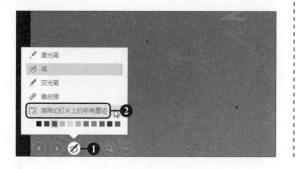

❷ 标识重点

此时鼠标指针呈荧光笔形状，拖动鼠标将文本内容"自救法"上色，标示成重点，如下图所示。

❹ 标识重点

此时鼠标指针呈小红圆点，拖动鼠标可以以画线的形式标记重点，如下图所示。

❻ 清除标记后的效果

此时在幻灯片中的所有标记都被清除了，如下图所示。若是要单独擦除某一处标记，则可利用上一步中的"橡皮擦"擦除。

同步演练 在会议上放映企业财务投资报告

通过本章的学习，相信用户已经对幻灯片的放映有了初步的认识，能够更好地控制幻灯片的放映。为了加深用户对本章知识的理解，下面通过介绍在年会上放映年度销售报告的实例来融会贯通这些知识点。

◎ 原始文件：下载资源\实例文件\第14章\原始文件\企业财务投资报告.pptx

◎ 最终文件：下载资源\实例文件\第14章\最终文件\企业财务投资报告.pptx

❶ 设置幻灯片放映类型

打开原始文件，❶切换到"幻灯片放映"选项卡，❷单击"设置"组中的"设置幻灯片放映"按钮，如下图所示。

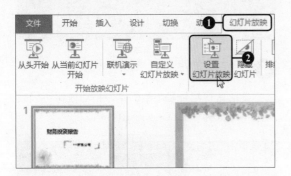

❷ 选择演讲者放映类型

弹出"设置放映方式"对话框，❶单击"演讲者放映"单选按钮，❷在"放映选项"组中勾选"循环放映，按 ESC 键终止"复选框，❸在"换片方式"组中单击"手动"单选按钮，如下图所示。

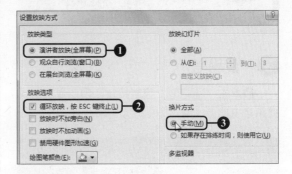

❸ 从头开始放映幻灯片

单击"开始放映幻灯片"组中的"从头开始"按钮，如下图所示。

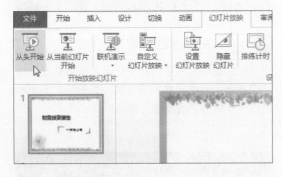

❹ 切换到下一张幻灯片

此时将从演示文稿中的第一张幻灯片开始放映，放映的类型为"演讲者放映"，单击"下一张"控制按钮，如下图所示。

❺ 改变墨迹颜色

进入到第 3 张幻灯片中，右击鼠标，在弹出的快捷菜单中单击"指针选项 > 墨迹颜色 > 白色"命令，如右图所示。

⑥ 勾画重点内容

按住鼠标不放，使用标记笔勾画重点部分的内容，显示效果如下图所示。

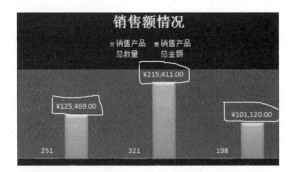

⑦ 结束放映

当幻灯片放映完毕后，❶右击鼠标，❷在弹出的快捷菜单中单击"结束放映"命令，如下图所示。

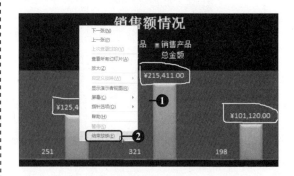

⑧ 保留墨迹

此时即可退出幻灯片的放映。在退出幻灯片放映时，弹出对话框，提示用户是否保留墨迹，可单击"保留"按钮，如下图所示。若不保留墨迹，则可单击"放弃"按钮。

⑨ 显示保留墨迹后的幻灯片效果

结束放映后，返回普通视图的演示文稿中，即可看到保留墨迹后的幻灯片显示效果，如下图所示。

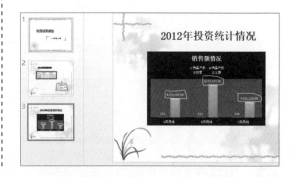

专家点拨 提高办公效率的诀窍

为了提高演示文稿的放映熟练度，用户一定希望知道在放映幻灯片的过程中使用哪些技巧能够快速达到目标效果，使幻灯片的放映更加顺利。下面就为用户介绍三种在控制幻灯片放映过程中会使用到的诀窍。

❶ 联机演示放映演示文稿

要使用联机演示功能，首先需要有 Internet 支持。

具体方法为：打开需要联机演示的演示文稿，❶切换到"幻灯片放映"选项卡，❷单击"开始放映"组中的"联机演示"按钮，如下左图所示。❸弹出"联机演示"对话框，单击对话框底部的"连接"按钮，如下中图所示。❹接着在切换至的界面中记录下了生成的链接地址，❺然后单击"开始演示"按钮，如下右图所示，即可确认开启演示文稿的联机演示功能。

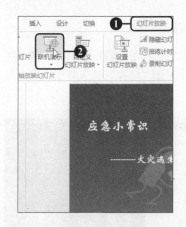 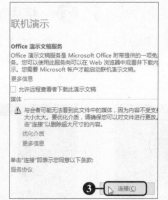 

② 在演示者视图模式下预览演示文稿

在使用演示者视图之前，需要准备两台监视器并设置多显示器支持。设置完成后即可在 PowerPoint 2016 中打开需要放映的演示文稿。

❶切换至"幻灯片放映"选项卡，❷单击"设置"组中的"设置幻灯片放映"按钮，如下左图所示。弹出"设置放映方式"对话框，❸然后勾选"多监视器"组中的"使用演示者视图"复选框，如下右图所示。最后单击"确定"按钮，即可开始在演示者视图模式下预览演示文稿。

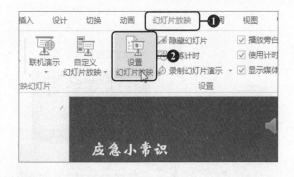 

③ 设置在放映过程中显示任务栏

当展示了一张精彩的幻灯片后，如果需要切换到操作系统中的任务栏，可以在右键快捷菜单中进行设置。

进入幻灯片放映模式后，❶右击鼠标，❷在弹出的快捷菜单中单击"屏幕"选项，❸之后在展开的列表中单击"显示任务栏"选项，如下左图所示。❹之后任务栏就显示在放映的下方，如下右图所示。

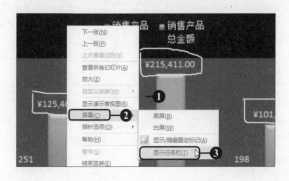 

15

保护与共享演示文稿

在了解了制作和美化 PowerPoint 演示文稿的操作后，本章开始进入对编辑好的演示文稿进行保护和共享的学习。首先需要学习标记文稿、加密文稿和为演示文稿设置人员限制权限来保护文稿的方法，其次需要学习如何将演示文稿转换为指定的文件类型。将演示文稿发送到幻灯片库中和使用联机演示来达到共享演示文稿的目的也很实用。

15.1 保护演示文稿
15.2 将演示文稿输出为其他类型
15.3 与他人共享演示文稿

15.1 保护演示文稿

当制作好一个演示文稿后,往往需要给演示文稿加一个"保护层",不让别人修改文稿或窥视文稿中的保密信息。保护演示文稿的方法有将演示文稿标记为最终状态、为演示文稿设置密码和设置人员限制权限几种。

15.1.1 将演示文稿标记为最终状态

如果想要让演示文稿的状态改变为只读状态,防止用户在不经意间将内容修改,可以把演示文稿标记为最终状态。当用户打开最终状态的演示文稿时,在界面的上方会浮动一个工具栏进行 提示。

◎ 原始文件:下载资源\实例文件\第15章\原始文件\上古寺旅游记.pptx
◎ 最终文件:下载资源\实例文件\第15章\最终文件\上古寺旅游记.pptx

❶ 单击"文件"按钮

打开原始文件,然后单击"文件"按钮,如下图所示。

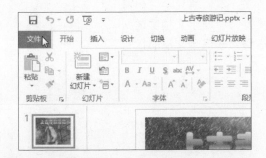

❷ 标记为最终状态

❶在弹出的菜单中单击"信息"命令,❷在右侧面板中单击"保护演示文稿"按钮,❸在展开的下拉列表中单击"标记为最终状态"选项,如下图所示。

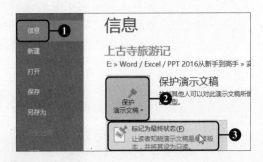

❸ 保存文稿

此时弹出一个提示框,提示用户"该演示文稿将先被标记为最终版本,然后保存",此时单击"确定"按钮,如下图所示。

❹ 确定设置

弹出提示对话框,单击"确定"按钮,完成设置,如下图所示。

❺ 标记为最终状态的效果

返回主界面，此时文档出现提示框，提示已经被标记为最终状态，此状态下不能进行修改等操作，如右图所示。如果用户还是想要进行修改，可单击"仍然编辑"按钮。

15.1.2 用密码对演示文稿进行加密

对于一些机密的文稿，不希望无关人员看见的，可以为演示文稿设置一个密码，就可以达到保护演示文稿的目的。除了用户自己知道设置的密码以外，其他人不清楚密码是什么，无法打开演示文稿。

◎ 原始文件：下载资源\实例文件\第15章\原始文件\上古寺旅游记1.pptx
◎ 最终文件：下载资源\实例文件\第15章\最终文件\上古寺旅游记1.pptx

❶ 给文稿加密

打开原始文件，单击"文件"按钮，❶在弹出的菜单中单击"信息"命令，❷单击右侧面板中的"保护演示文稿"按钮，❸在展开的下拉列表中单击"用密码进行加密"选项，如下图所示。

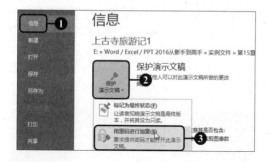

❸ 确认密码

弹出"确认密码"对话框，❶在"重新输入密码"文本框中重新输入一遍密码"123456"，❷单击"确定"按钮，如下图所示。

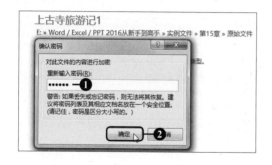

❷ 设置密码

弹出"加密文档"对话框，为文档设置密码，❶例如此处在"密码"文本框中输入密码为"123456"，❷单击"确定"按钮，如下图所示。

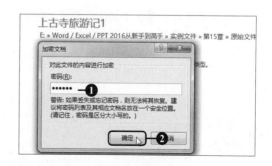

❹ 设置密码后的效果

此时在"保护演示文稿"按钮右侧显示了演示文稿的状态，提示用户打开此演示文稿需要密码，如下图所示。

❺ 输入密码打开文稿

将文档进行保存后，再次打开文档，可以发现文档不能被直接打开，此时会弹出一个"密码"对话框，❶在对话框中输入设置的密码"123456"，❷单击"确定"按钮，如右图所示，才能打开演示文稿。

知识进阶 删除密码

单击"信息"选项面板中的"保护演示文稿"按钮，在展开的下拉列表中单击"用密码进行加密"选项，弹出"加密文档"对话框，删除"密码"文本框中已有的密码后，单击"确定"按钮。

15.1.3 为演示文稿添加数字签名

保护文稿的另一个方式是为文稿添加数字签名。在设置添加数字签名之前，用户应该拥有一个数字签名，如果没有此账号，就需要在数字签名提供商处申请一个。

◎ 原始文件：下载资源\实例文件\第15章\原始文件\上古寺旅游记2.pptx
◎ 最终文件：下载资源\实例文件\第15章\最终文件\上古寺旅游记2.pptx

❶ 添加数字签名

打开原始文件，单击"文件"按钮，再单击"信息"命令，❶单击右侧面板中的"保护演示文稿"按钮，❷在展开的下拉列表中单击"添加数字签名"选项，如下图所示。

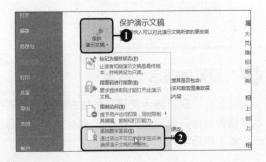

❷ 选择签名

此时需要用户已经安装有一个数字签名。弹出"签名"对话框，❶在"承诺类型"下拉列表中选择"创建和批准此文档"选项，❷在"签署此文档的目的"文本框中输入"分享游记"，❸最后单击"签名"按钮，如下图所示。

❸ 使用此证书

弹出提示框提示用户是否使用此证书，此时单击"是"按钮，如右图所示。

❹ 签名确认

弹出"签名确认"对话框，提示用户已经将签名和文档一起保存，单击"确定"按钮完成操作，如下图所示。

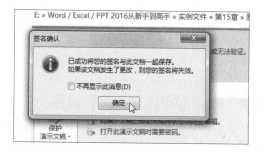

❺ 查看添加数字签名的设置效果

此时可看到在保护演示文稿的上方出现了一个查看签名的按钮，如下图所示。

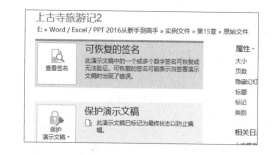

❻ 删除签名

返回演示文稿中即可看到，在文稿的上方浮动出一个工具栏，单击工具栏中的"仍然编辑"按钮，如下图所示。

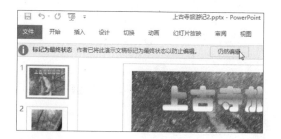

❼ 设置删除签名

在弹出的对话框中单击"是"按钮，如下图所示。

❽ 删除签名效果

完成操作之后，返回演示文稿中，可发现文稿又可以进行编辑了，如右图所示。

| 知识进阶 | 签署数字签名的目的 |

已经签署了数字签名的文档不可更改，强行更改文档会删除已有的数字签名，从而破坏文档的完整性。

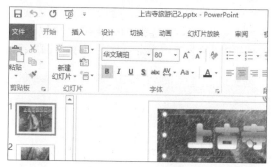

15.2 将演示文稿输出为其他类型

一般来说，默认的演示文稿的文件类型都为 PowerPoint 演示文稿类型。有时候，这种文件类型并不能满足工作中的需要，此时用户可以通过设置来改变演示文稿输出的类型。常用的文件类型有 PDF/XPS 文档和视频文件。

15.2.1 将演示文稿创建为PDF/XPS文档

如果想要更正确地保存源文件中的字体、格式、颜色和图片等，就可以将演示文稿创建为一个PDF/XPS 文档。使用 PDF/XPS 文档，能让文件轻易地跨越应用程序和系统平台的限制，而且还能有效防止内容的随意更改。而打开 PDF/XPS 文档需要专用的 PDF 阅读器。

◎ 原始文件：下载资源\实例文件\第15章\原始文件\上古寺旅游记3.pptx
◎ 最终文件：下载资源\实例文件\第15章\最终文件\上古寺旅游记3.pdf

① 创建PDF/XPS文档

打开原始文件，单击"文件"按钮，❶在弹出的菜单中单击"导出"命令，❷单击右侧面板中的"创建 PDF/XPS 文档"选项，❸然后单击"创建 PDF/XPS"按钮，如下图所示。

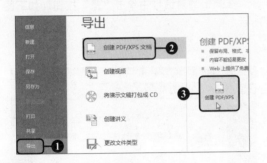

③ 设置发布选项

弹出"选项"对话框，❶在"范围"选项组中单击选中"全部"单选按钮，❷在"发布选项"选项组中选择发布内容为"幻灯片"，如下图所示。

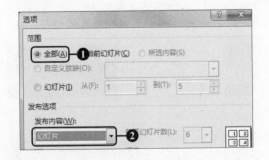

⑤ 显示发布进度

此时返回到文稿主界面，出现"正在发布"的进度条，如右图所示。

② 设置保存路径和文档名称

弹出"发布为 PDF 或 XPS"对话框，❶选择 PDF 的保存路径，❷在"文件名"文本框中输入 PDF 的名称"上古寺旅游记3"，❸单击"选项"按钮，如下图所示。

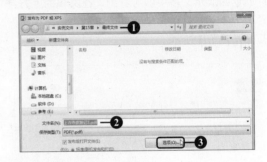

④ 确定发布

单击"确定"按钮后，返回到"发布为 PDF 或 XPS"对话框，单击"发布"按钮，效果如下图所示。

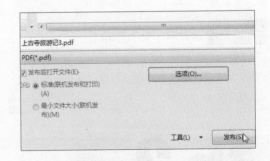

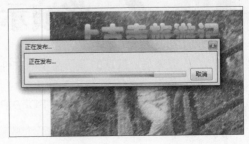

⑥ 显示PDF格式的演示文稿

发布完成后，系统将用默认的 PDF 阅读器自动打开创建好的 PDF 文档，可以看到文档的后缀已经变成了".pdf"，显示效果如右图所示。

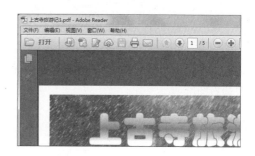

知识进阶 发布其他内容

若要将演示文稿发布为 PDF 格式，在设置发布选项的时候，则可以选择发布演示文稿的讲义、备注页、大纲视图，还可以为幻灯片加框，以及将隐藏的幻灯片一起发布。如果对幻灯片中的批注和墨迹标记也有要求，勾选对话框中对应的复选框即可完成同步发布。

15.2.2 将演示文稿创建为视频

在 PowerPoint 2016 中，可以将演示文稿转换为视频。视频格式的演示文稿不仅不易修改，还能随意在有媒体软件的计算机上播放，在分发给观众时更放心。

◎ 原始文件：下载资源\实例文件\第15章\原始文件\上古寺旅游记4.pptx
◎ 最终文件：下载资源\实例文件\第15章\最终文件\上古寺旅游记4.mp4

❶ 创建视频

打开原始文件，单击"文件"按钮，❶在弹出的菜单中单击"导出"命令，❷单击右侧面板中的"创建视频"选项，❸然后单击"创建视频"按钮，如下图所示。

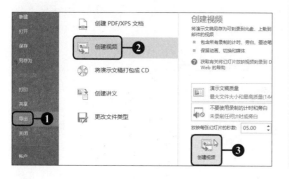

❷ 保存视频

❶弹出"另存为"对话框，选择视频保存的路径，❷在"文件名"文本框中输入视频的名称为"上古寺旅游记4"，❸之后单击"保存"按钮，如下图所示。

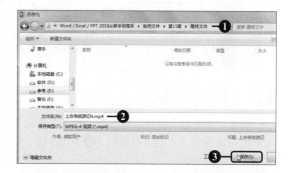

❸ 显示制作视频的进度

完成操作之后，返回演示文稿，在底部的状态栏中显示出了制作视频的进度，如右图所示。

④ 播放视频的效果

完成视频创建后，在保存位置双击视频文件，利用默认的视频播放器可打开创建的视频，播放效果如右图所示。

15.2.3 将演示文稿打包成CD

无论是将演示文稿创建为 PDF/XPS 文档或是创建为一个视频，演示文稿都是保存在计算机中的。在工作中，要将一个演示文稿交给客户时，除了可以通过一些相应的移动存储设备将演示文稿复制后交给客户之外，还可以将演示文稿打包成 CD。通过打包演示文件的方式，即便客户的计算机中没有安装 PowerPoint 程序，也能通过打包后文件中的播放程序轻松播放。

◎ 原始文件：下载资源\实例文件\第15章\原始文件\上古寺旅游记5.pptx
◎ 最终文件：下载资源\实例文件\第15章\最终文件\上古寺旅游记

① 打包演示文稿

打开原始文件，单击"文件"按钮，❶在弹出的菜单中单击"导出"命令，❷单击右侧面板中的"将演示文稿打包成 CD"选项，❸然后单击"打包成 CD"按钮，如下图所示。

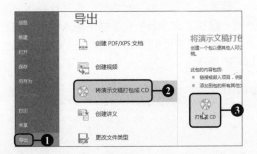

② 设置CD名称

弹出"打包成 CD"对话框，❶在"将 CD 命名为"文本框中输入"上古寺旅游记"，若是希望刻录到 CD，则可准备 CD 后单击"复制到 CD"按钮，❷在本实例中单击"复制到文件夹"按钮，如下图所示。

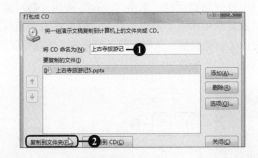

③ 选择保存路径

弹出"复制到文件夹"对话框，❶在"位置"文本框中设置好文件的保存路径，❷单击"确定"按钮，如下图所示。

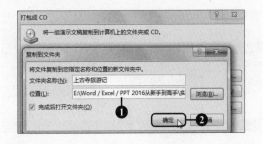

④ 确定包含链接文件

弹出提示框，提示用户是否要包含链接文件，单击"是"按钮，如下图所示。

❺ 复制进度

弹出"正在将文件复制到文件夹"对话框，提示用户复制的进度，如下图所示。

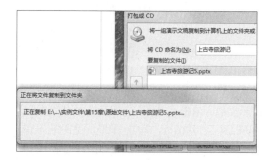

❻ 显示打包的CD文件夹

此时自动弹出打包成 CD 的文件夹效果对话框，如下图所示。

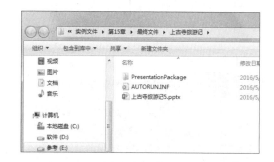

❼ 单击"关闭"按钮

完成复制后，返回到"打包成 CD"对话框，单击"关闭"按钮，如右图所示。

15.3 与他人共享演示文稿

当用户制作完成了一个精美的演示文稿后，可以通过电子邮件发送文稿、将幻灯片发布到幻灯片库中、邀请他人共享演示文稿这三种方法将制作的演示文稿与他人共享。

15.3.1 使用电子邮件发送演示文稿

除了打开一个已有的邮箱发送演示文稿外，还可以直接在 PowerPoint 2016 中通过特定的功能选项来发送演示文稿。

◎ 原始文件：下载资源\实例文件\第15章\原始文件\上古寺旅游记6.pptx
◎ 最终文件：无

❶ 发送文稿

打开原始文件，❶在"文件"菜单中单击"共享"命令，❷在右侧的界面中单击"电子邮件"选项，❸然后单击"作为附件发送"按钮，如右图所示。

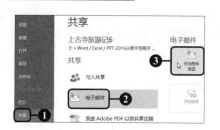

❷ 单击"发送"按钮

　　打开发送邮件窗口，❶在"收件人"文本框中输入收件人的邮箱地址，❷单击"发送"按钮，如右图所示，即可通过电子邮件发送文稿。

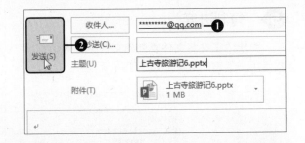

知识进阶　使用联机演示共享演示文稿

　　利用联机演示可以让其他用户和自己共享计算机中的演示文稿。单击"共享"选项面板中的"联机演示"选项，在展开的列表中单击"联机演示"按钮，弹出"联机演示"对话框，等待一段时间的联机准备，连接成功后，将对话框中的链接地址发送给其他用户，之后单击"启动演示文稿"按钮，当其他用户打开链接地址时，即可播放幻灯片。

15.3.2　将幻灯片发布到幻灯片库进行共享

　　将幻灯片发布到幻灯片库中是使幻灯片处于共享状态的另一种方式，发布幻灯片不需要创建一个链接，只需要将幻灯片储存在共享的位置上即可。

◎　原始文件：下载资源\实例文件\第15章\原始文件\上古寺旅游记7.pptx
◎　最终文件：下载资源\实例文件\第15章\最终文件\发布幻灯片

❶ 发布幻灯片

　　打开原始文件，❶单击"共享"选项面板中的"发布幻灯片"选项，❷然后单击"发布幻灯片"按钮，如下图所示。

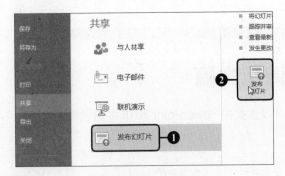

❷ 选择幻灯片

　　弹出"发布幻灯片"对话框，单击"全选"按钮，如下图所示。

❸ 单击"浏览"按钮

　　❶此时演示文稿中的幻灯片全部选中，❷然后单击"浏览"按钮，如右图所示。

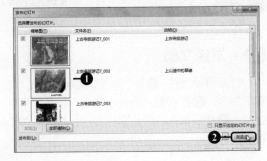

④ 选择放置幻灯片的位置

弹出"选择幻灯片库"对话框，❶选择幻灯片的保存路径，❷然后单击"选择"按钮，如下图所示。

⑤ 单击"发布"按钮

返回到"发布幻灯片"对话框中，单击"发布"按钮，如下图所示。

⑥ 发布幻灯片的效果

打开"发布幻灯片"文件夹后，可看到发布的幻灯片明细，如右图所示。

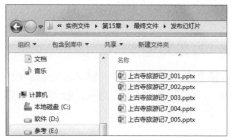

同步演练 保护并打包商业计划书

通过本章的学习，相信用户已经对在 PowerPoint 2016 中如何保护演示文稿、共享演示文稿的设置有了初步的认识，既能够通过为文稿设置密码和限制权限来保护文稿，也能够通过发送电子邮件或邀请的形式来共享文稿。为了加深用户对本章知识的理解，下面通过一个实例来融会贯通这些知识点。

◎ 原始文件：下载资源\实例文件\第15章\原始文件\商业计划书.pptx
◎ 最终文件：下载资源\实例文件\第15章\最终文件\商业计划书.pptx、商业计划书CD

❶ 给文稿加密

打开原始文件，单击"文件"按钮，❶在弹出的菜单中单击"信息"命令，❷单击右侧面板中的"保护演示文稿"选项，❸在展开的下拉列表中单击"用密码进行加密"选项，如下图所示。

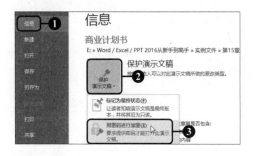

❷ 设置密码

弹出"加密文档"对话框，❶在"密码"文本框中输入密码，如"000"，❷单击"确定"按钮，如下图所示。

❸ 确认密码

弹出"确认密码"对话框，❶在"重新输入密码"文本框中输入密码"000"，❷单击"确定"按钮，如下图所示。

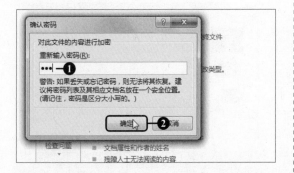

❺ 打包文稿

❶单击"导出"命令，❷单击右侧面板中的"将演示文稿打包成 CD"选项，❸然后单击"打包成 CD"按钮，如下图所示。

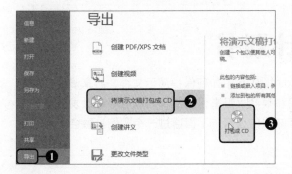

❼ 选择保存路径

弹出"复制到文件夹"对话框，❶在"位置"文本框中设置好文件保存的路径，❷单击"确定"按钮，如下图所示。

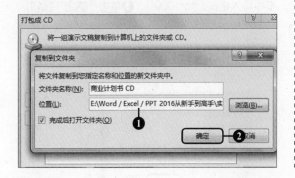

❹ 显示权限内容

此时在"保护演示文稿"按钮右侧显示了文档的状态，提示用户打开此文档需要密码，如下图所示。

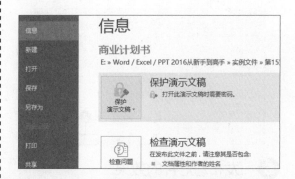

❻ 单击"复制到文件夹"按钮

弹出"打包成 CD"对话框，❶在"将 CD 命名为"文本框中输入"商业计划书 CD"，❷单击"复制到文件夹"按钮，如下图所示。

❽ 确定包含链接文件

弹出提示框，提示用户是否要包含链接文件，单击"是"按钮，如下图所示。

9 查看打包的文稿

此时开始将文稿复制到文件夹中，当复制完成后，系统将自动打开打包文稿保存的路径。用户可以从中查看到打包的文稿，如右图所示。

提高办公效率的诀窍

为了提高办公效率，用户一定希望知道在对演示文稿进行保护和共享的时候，有哪些技巧能够帮助快速达到目标效果。下面就为用户介绍一些保护和共享演示文稿时可以使用的诀窍。

诀窍1 快速清除设置的演示文稿保护密码

在为演示文稿创建了一个密码之后，如果需要将其清除，可以直接在打开的加密文档中单击"文件"按钮，❶在弹出的菜单中单击"信息"命令，❷单击右侧面板中的"保护演示文稿"选项，❸在展开的下拉列表中单击"用密码进行加密"选项，如下左图所示。❹在弹出的"加密文档"对话框中将密码清空，❺最后单击"确定"按钮，如下右图所示。

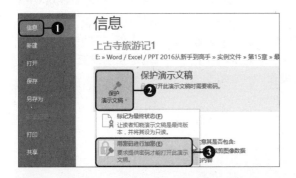

诀窍2 将演示文稿保存为纯图片型演示文稿

在保存演示文稿的时候，用户还可以直接将其保存为纯图片。

具体方法为：❶保存演示文稿的时候，在"另存为"对话框中单击"保存类型"下三角按钮，在展开的列表中选择图片格式，❷单击"保存"按钮，如下左图所示。❸在弹出的对话框中单击"所有幻灯片"按钮，如下右图所示。

❸ 提取演示文稿中的图片

在工作中，如果需要将演示文稿中的图片应用在其他场合，则可以通过以下两种方法将图片提取出来。

如果只需提取一张或少量图片，则打开演示文稿，❶右击要提取的图片，在弹出的快捷菜单中选择"另存为图片"命令，如下左图所示。❷在弹出的"另存为图片"对话框中设置图片的保存位置、文件名和保存类型，最后单击"保存"按钮，如下中图所示。❸在保存的位置双击图片，可看到图片查看器中打开的图片效果，如下右图所示。

  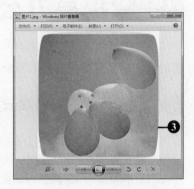

当演示文稿中的图片很多且想一次提取所有图片时，可先将演示文稿关闭，然后在 Windows 环境中对演示文稿文件进行重命名，将扩展名".pptx"修改为压缩文件格式的扩展名".zip"或".rar"，在弹出的对话框中单击"是"按钮。对得到的压缩文件进行解压缩，在解压出的"ppt/media"文件夹下即包含演示文稿中的所有图片和媒体文件。需注意的是，由于这一方法是强制改变文件属性，可能会导致文件损坏，所以最好先备份源文件后再操作。

第**16**章

16

融会贯通Word、Excel和 PowerPoint三大组件

在利用 Office 系列组件完成实际任务的过程中，
可能会遇到需要将 Word 中的数据调用到 Excel 或
PowerPoint 中的情况。Office 2016 为各组件提供了相
互协作的功能，其中包括使用频繁的三大组件 Word、
Excel、PowerPoint，让它们之间的资源能够共享及相互
调用，以提高工作效率。

16.1 Word与Excel的协作
16.2 Word与PowerPoint的协作
16.3 Excel与PowerPoint的协作

16.1 Word与Excel的协作

在 Office 2016 的系列组件中，可以使用多种方法完成 Word 与 Excel 的协作。可以将 Word 文档中的数据插入或者导入到 Excel 工作簿中，还可以将 Word 表格转换为 Excel 表格，同时，可以将 Excel 工作簿中的数据导入到 Word 文档中。

16.1.1 在Word中插入Excel表格

在 Word 文档中既可以插入普通表格，也可以插入空白的 Excel 表格，还可以在 Word 文档中对表格进行编辑。

◎ 原始文件：下载资源\实例文件\第16章\原始文件\员工档案.docx
◎ 最终文件：下载资源\实例文件\第16章\最终文件\员工档案.docx

❶ 插入Excel电子表格

打开原始文件，❶选中要插入 Excel 表格的位置，❷切换至"插入"选项卡下，❸单击"表格"下三角按钮，❹在展开的下拉列表中单击"Excel 电子表格"选项，如下图所示。

❷ 插入Excel电子表格后的效果

随后，在光标插入点插入一个 Excel 电子表格，如下图所示。可以在表格中对数据进行编辑。

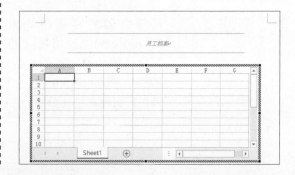

16.1.2 在Word中导入Excel文件

使用"对象"功能可以在 Word 文档中导入已经存在的 Excel 工作簿。导入文件后，双击文件，使文件呈可编辑状态，即可编辑文件。

◎ 原始文件：下载资源\实例文件\第16章\原始文件\公司收款收据.xlsx
◎ 最终文件：下载资源\实例文件\第16章\最终文件\公司收款收据.docx

❶ 单击"对象"选项

新建 Word 文档，❶单击"插入"选项卡下"文本"组中的"对象"下三角按钮，❷在展开的下拉列表中单击"对象"选项，如下图所示。

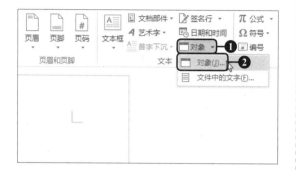

❷ 单击"浏览"按钮

弹出"对象"对话框，❶切换至"由文件创建"选项卡，❷单击"浏览"按钮，如下图所示。

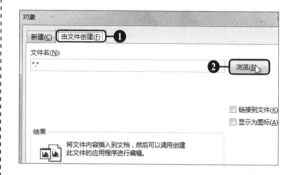

❸ 选择文件

❶弹出"浏览"对话框，在导航栏中选择 Excel 文件所在的位置，❷单击选中文件，❸之后单击"插入"按钮，如下图所示。

❹ 确定插入对象

随后，在"文件名"文本框中可以看到文件的位置，如下图所示。因为这里没有勾选"链接到文件"复选框，所以源文件更改不会反馈到 Word 文档中。

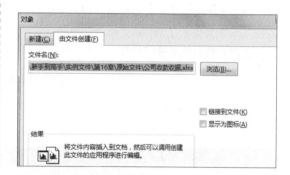

❺ 成功导入Excel文件

单击"确定"按钮，随后在 Word 文档中可以看到导入 Excel 工作簿后的效果，如右图所示。Excel 文件导入成功。双击该文件，还可以打开 Excel 工作簿，对文件进行编辑等操作。

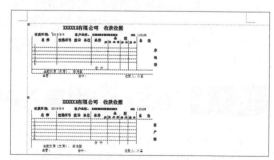

16.1.3 将Word表格转换为Excel表格

按照常规的操作方法，需要先将 Word 表格转换成 TXT 文档，再在 Excel 中导入 TXT 文档。在 Office 2016 中，使用"复制粘贴"功能可以将 Word 文档中的表格直接复制粘贴到 Excel 工作簿中。

❶ 单击"复制"命令

打开原始文件，❶在 Word 文档中选中全部表格并右击鼠标，❷在弹出的快捷菜单中单击"复制"命令，如下图所示。

❷ 粘贴表格

新建空白工作簿，在空白工作簿中，❶选中单元格 A1，❷在"开始"选项卡下单击"粘贴"下三角按钮，❸在展开的下拉列表中单击"保留源格式"选项，如下图所示。

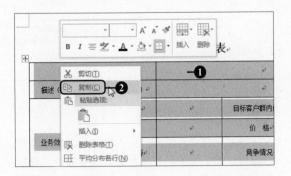

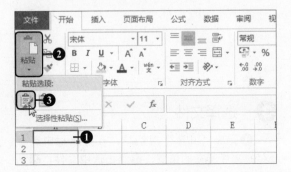

❸ 粘贴后的效果

随后在工作簿中可以看到粘贴后的效果，如右图所示。其保留了 Word 文档中的格式，可以进一步对内容和格式进行调整。

扩 展 操 作

如果需要将复制的表格粘贴为其他形式，或者只粘贴为链接，在复制表格后，在"开始"选项卡下单击"粘贴"下三角按钮，在展开的下拉列表中单击"选择性粘贴"选项，弹出"选择性粘贴"对话框，单击选中合适的粘贴类型单选按钮，再选择粘贴方式，单击"确定"按钮即可完成粘贴。

16.1.4 在Excel中导入Word文件

在 Word 文档中可以使用"对象"功能导入 Excel 工作簿，同样，在 Excel 工作簿中也可以使用该功能导入 Word 文档。并且在"对象"对话框中，勾选"链接到文件"复选框后，当源文件发生更改时，就会反映到目标文件夹中。

❶ 单击"对象"按钮

新建空白工作簿，在"插入"选项卡单击"文本"组中的"对象"按钮，如下图所示。

❷ 单击"浏览"按钮

弹出"对象"对话框，❶切换至"由文件创建"选项卡，❷单击"浏览"按钮，如下图所示。

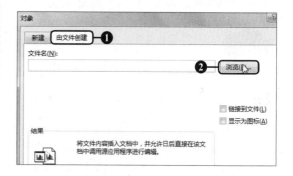

❸ 选择文件

❶在弹出的"浏览"对话框中选择导入的Word 文件所在的位置，❷单击选中文件，❸单击"插入"按钮，如下图所示。

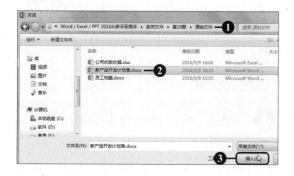

❹ 勾选"链接到文件"复选框

返回"对象"对话框，勾选"链接到文件"复选框，如下图所示。

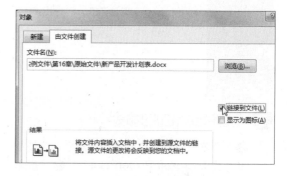

❺ 导入后的效果

单击"确定"按钮，完成操作之后，可以看到 Word 文档导入到 Excel 工作簿中的效果，如右图所示。

	A	B	C	D	E	F	G	H
1								
2			新产品开发计划表					
3								
4		暂定品名/规格						
5								
6		描述（包括主要功能、外型及重量）						
7								
8		目标客户群/规模			目标客户群内份额			
9								
10	业务效益	对客户的价值			价　格			
11								
12		与竞争对手的差异			竞争情况			
13								
14		与整体战略的物合度			预计收入			
15								
16		预计成本			人　员			
17								

16.2 Word与PowerPoint的协作

作为 Office 家族中的两个成员，Word 与 PowerPoint 之间可以"亲密"协作，如将 Word 文档转换为 PowerPoint 演示文稿，将 PowerPoint 转换为 Word 讲义。

16.2.1 将Word文档转换为PowerPoint演示文稿

虽然在 PowerPoint 演示文稿中制作幻灯片很方便，但是有时也需要将现有的 Word 文档变成 PowerPoint 演示文稿，以减少重复录入大量文字耗费的时间。

◎ 原始文件：下载资源\实例文件\第16章\原始文件\产品推广策划方案.docx
◎ 最终文件：下载资源\实例文件\第16章\最终文件\产品推广策划方案.pptx

❶ 单击"选项"命令

打开原始文件，需要注意的是，这里需要将 Word 文档设置为"大纲"方式显示。单击"文件"按钮，在弹出的菜单中单击"选项"命令，如下图所示。

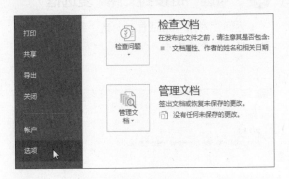

❷ 单击"不在功能区中的命令"选项

弹出"Word 选项"对话框，❶切换至"快速访问工具栏"选项卡，❷单击"从下列位置选择命令"下三角按钮，❸在展开的下拉列表中单击"不在功能区中的命令"选项，如下图所示。

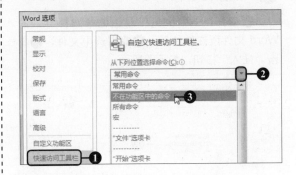

❸ 选择要添加的命令

❶在列表框中选择需要添加的命令，此处单击"发送到 Microsoft PowerPoint"，❷然后单击"添加"按钮，如下图所示。

❹ 单击"Microsoft PowerPoint"按钮

添加成功后，单击"确定"按钮，返回 Word 主界面中，此时在快速访问工具栏单击"发送到 Microsoft PowerPoint"按钮，如下图所示。

❺ 转换成功后的效果

系统自动打开 PowerPoint 组件，打开后显示 Word 文档转换后的效果，如右图所示。完成 Word 文档转化为 PowerPoint 演示文稿的操作。

16.2.2 将PowerPoint演示文稿转换为纯文字讲义

在使用 Office 三大组件进行办公的时候，用户不仅可以将 Word 文档转换为 PowerPoint 演示文稿，还可以在 PowerPoint 中将幻灯片的备注、讲义或者大纲转化成 Word 文档讲义，其中，将大纲转换成 Word 纯文字讲义只将大纲文字发送到 Word 中。

◎ 原始文件：下载资源\实例文件\第16章\原始文件\优质品质.pptx
◎ 最终文件：下载资源\实例文件\第16章\最终文件\优质品质.docx

❶ 单击"创建讲义"按钮

打开原始文件，单击"文件"按钮，❶在弹出的菜单中单击"导出"命令，❷单击"创建讲义"命令，❸然后单击"创建讲义"按钮，如下图所示。

❷ 设置使用的版本

❶弹出"发送到 Microsoft Word"对话框，单击"只使用大纲"单选按钮，❷单击"确定"按钮，如下图所示。

❸ 文字讲义效果

随后在 Word 文档中显示了 PowerPoint 幻灯片中的大纲内容，如右图所示。

扩 展 操 作

如果需要将 PowerPoint 幻灯片中的内容直接粘贴到 Word 文档中，就在弹出的"发送到 Microsoft Word"对话框中单击选中使用的版式中的单选按钮，再单击选中"粘贴"单选按钮，最后单击"确定"按钮，即可在 Word 文档中打开粘贴的幻灯片内容。

> 留下这些品质
> 三大品质
> 梦想
> 童心
> 创造力

16.3 Excel与PowerPoint的协作

除了 Excel 与 Word 之间以及 PowerPoint 与 Word 之间的相互协作，Excel 与 PowerPoint 之间也可以相互协作：既可以在 PowerPoint 中插入 Excel 工作表，也可以在 Excel 中插入 PowerPoint 链接。

16.3.1 在PowerPoint中插入Excel工作表

在PowerPoint演示文稿中可以通过新建对象的方法插入多种类型对象,其中包括Excel工作表。与由文件创建对象不同的是,这个创建的表格没有与外部文件链接,但是可以在PowerPoint中使用Excel的编辑数据功能。

◎ 原始文件:下载资源\实例文件\第16章\原始文件\周末安排统计表.pptx
◎ 最终文件:下载资源\实例文件\第16章\最终文件\周末安排统计表.pptx

1 单击"对象"按钮

打开原始文件,在"插入"选项卡下的"文本"组中单击"对象"按钮,如下图所示。

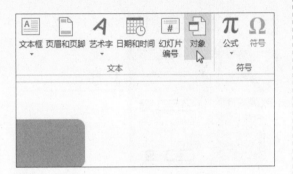

2 选择插入的对象

弹出"插入对象"对话框,❶单击"新建"单选按钮,❷选择"Microsoft Excel Chart"对象类型,❸单击"确定"按钮,如下图所示。

3 显示插入的工作表效果

随后在PowerPoint幻灯片中就会插入Excel工作表和图表,然后单击"Sheet1"工作表标签,如下图所示。

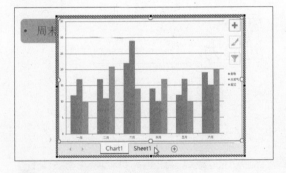

4 编辑数据

切换至Sheet1工作表,然后在该工作表中编辑数据,如下图所示。

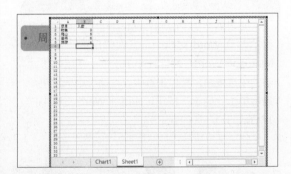

5 更改工作表的大小

将鼠标放置在工作表的边框中心处,当鼠标呈双向的箭头形状时拖动鼠标,即可更改工作表的大小,如右图所示。

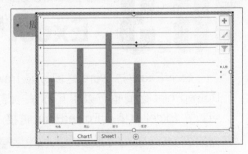

6 显示插入的工作表最终效果

根据需要，将工作表调整至合适的大小，可以看到编辑数据后的图表显示效果，如右图所示。

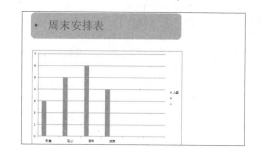

16.3.2　在PowerPoint中插入Excel文件

除了使用"对象"功能在 PowerPoint 中插入工作表以外，还可以在 PowerPoint 中插入 Excel 文件。这与插入 Excel 工作表的方法是一样的，只是与外部文件有了联系。

◎ 原始文件：下载资源\实例文件\第16章\原始文件\新产品开发计划表.xlsx、新产品开发计划表.pptx

◎ 最终文件：下载资源\实例文件\第16章\最终文件\新产品开发计划表.pptx

1 单击"对象"按钮

打开原始文件，选择要插入表格文件的位置，在"插入"选项卡下单击"文本"组的"对象"按钮，如下图所示。

3 选择文件

❶弹出"浏览"对话框，选择文件所在的位置路径，❷单击选中 Excel 文件，❸最终单击"确定"按钮，如右图所示。

2 单击"浏览"按钮

❶弹出"插入对象"对话框，单击"由文件创建"单选按钮，❷然后单击"浏览"按钮，如下图所示。

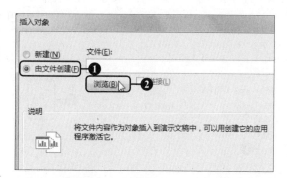

④ 确定插入对象

返回"插入对象"对话框中，❶在"文件"文本框中可以看到文件的地址，❷然后单击"确定"按钮，如下图所示。

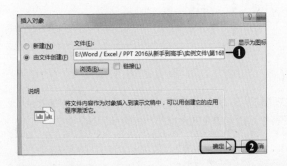

⑤ 插入后的效果

随后可以看到插入 Excel 文件后的效果，如下图所示。若要编辑 Excel 文件中的内容，则可双击使其呈编辑状态，然后对其进行修改。

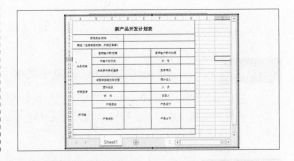

16.3.3 在Excel中插入PowerPoint链接

除了在 PowerPoint 中插入 Excel 工作表和文件以外，还可以直接在 Excel 中以超链接的形式打开 PowerPoint 演示文稿。这样的功能让文件与文件之间的互通性更强，使得用 Office 组件进行办公更加快捷简便。

◎ 原始文件：下载资源\实例文件\第16章\原始文件\员工工资单.xlsx、工作时间与最低
  工资标准.pptx
◎ 最终文件：下载资源\实例文件\第16章\最终文件\员工工资单.xlsx

❶ 单击"超链接"按钮

打开原始文件，❶选中单元格 A1，❷在"插入"选项卡下单击"超链接"按钮，如下图所示。

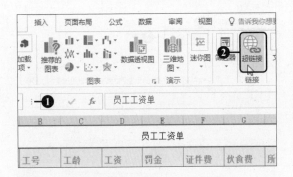

❷ 选择要插入的超链接

弹出"插入超链接"对话框，❶单击"现有文件或网页"选项，❷在"查找范围"中选择插入的 PPT 文件的位置，❸在"当前文件夹"中单击文件，❹单击"确定"按钮，如下图所示。

❸ 单击超链接

返回工作表，可以看到插入演示文稿文件超链接后的文字，以蓝色下划线显示，将鼠标指针移动到插入超链接的位置，当鼠标指针变成小手形状时单击，如右图所示。

④ 打开演示文稿后的效果

完成操作之后，系统自动打开链接到的演示文稿，如右图所示。

为商品清单表插入详细介绍链接

通过本章的学习，相信用户已经对 Word、Excel、PowerPoint 三大组件之间的协作有了初步的认识，能够在这三个组件之间进行协作了。为了加深用户对本章知识的理解，下面通过一个实例来融会贯通这些知识点。

◎ 原始文件：下载资源\实例文件\第16章\原始文件\商品清单表.pptx、商品清单表.xlsx、商品详细信息.docx

◎ 最终文件：下载资源\实例文件\第16章\最终文件\商品清单表.pptx、商品清单表.xlsx

① 单击"对象"按钮

打开原始文件，在"插入"选项卡中单击"文本"组中的"对象"按钮，如下图所示。

② 单击"浏览"按钮

弹出"插入对象"对话框，❶单击选中"由文件创建"单选按钮，❷单击"浏览"按钮，如下图所示。

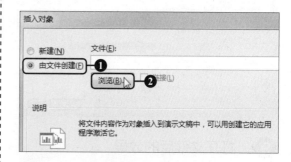

③ 选择文件

弹出"浏览"对话框，❶选择文件所在的位置，❷单击选中文件，❸最后单击"确定"按钮，如下图所示。

④ 单击"确定"按钮

返回"插入对象"对话框，❶勾选"链接"复选框，❷最后单击"确定"按钮，如下图所示。

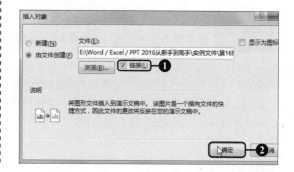

⑤ 插入对象后的效果

返回幻灯片中，调整工作表的大小和位置，退出编辑状态，可看到插入工作表后的效果，如下图所示。

⑥ 单击"超链接"按钮

双击幻灯片中的 Excel 文件，打开 Excel 工作簿。❶选中单元格 D5，❷在"插入"选项卡下单击"链接"组中的"超链接"按钮，如下图所示。

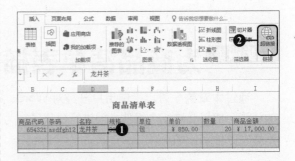

⑦ 选择要插入的超链接

❶弹出"插入超链接"对话框，单击"现有文件或网页"选项，❷选择文件所在的位置，❸单击选中文件，❹单击"确定"按钮，如下图所示。

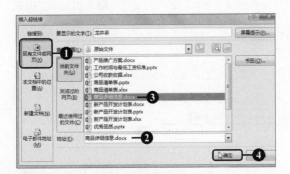

⑧ 单击超链接

返回工作表，可以看到插入超链接后的文字，以蓝色下划线显示，将鼠标指针移动到插入超链接的位置，当鼠标指针变成小手形状时单击，如下图所示。

	A	B	C	D	E	F
1						
2					商品清单表	
3						
4	所属订单	商品代码	条码	名称	规格	单位
5	123456	654321	asdfgh12	龙井茶	30g	包
6						
7						
8						
9						
10						
11						
12						
13						

【产品名称】：龙井茶
【产品规格】：30g
【产品介绍】：龙井茶是中国著名绿茶。产于浙江杭州西湖一带，已有一千二百余年历史。龙井茶色泽翠绿，香气浓郁，甘醇爽口，形如雀舌，即有"色绿、香郁、味甘、形美"四绝的特点。龙井茶得名于龙井。龙井位于西湖之西翁家山的西北麓的龙井村。龙井茶因其产地不同，分为西湖龙井、钱塘龙井、越州龙井三种，除了西湖产区 168 平方公里的茶叶叫作西湖龙井外，其它两地产的俗称为浙江龙井茶。

⑨ 打开文件后的效果

随后在 Word 中打开文档，如右图所示。返回 PowerPoint 文档中，可以看到 Excel 表格中的数据同时更新。

知识进阶 使用屏幕剪辑在Word中插入Excel表格

打开要插入 Excel 表格的文件和 Excel 表格，确保 Excel 表格在 Word 文档的下方显示。在 Word 文件中切换至"插入"选项卡下，单击"屏幕截图"下三角按钮，在展开的下拉列表中单击"屏幕剪辑"选项，随后以反白显示 Excel 文件，拖动鼠标，选择需要插入的表格部分，释放鼠标，在 Word 文件中可以看到插入的表格，以图片的形式显示出来。

专家点拨 提高办公效率的诀窍

为了提高办公效率，用户一定希望知道在融会贯通 Word、Excel、PowerPoint 三大组件时有哪些技巧能够快速达到目标效果。下面就为用户介绍三种在融会贯通 Word、Excel、PowerPoint 三大组件时提高办公效率的诀窍。

诀窍 ❶ 在Word中快速插入其他文件的文字

在 Word 2016 中有插入其他文件的文字的功能，在"对象"下拉列表中单击"对象"下三角按钮即可看到。

新建 Word 文档，❶在"插入"选项卡中单击"文本"组的"对象"下三角按钮，❷在展开的下拉列表中单击"文件中的文字"选项，如下左图所示。弹出"插入文件"对话框，❸选择文件所在的位置，❹单击选中文件，如下右图所示，最后单击"插入"按钮。返回文档中，可以看到插入文字后的效果。

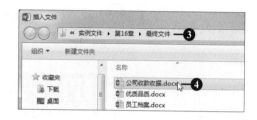

诀窍 ❷ 将链接的文件显示为图标形式

在使用"对象"功能插入文件后，可以将文件以图标的形式显示。

在"插入"选项卡下单击"对象"按钮，❶在弹出的"对象"对话框中选择好文件，❷勾选"显示为图标"复选框，如下左图所示。最后单击"确定"按钮，❸即可以图标形式显示链接的文件，如下右图所示。

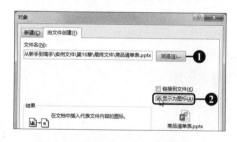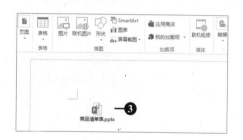

诀窍 ❸ 更改所链接文件的图标

将链接的文件设置为以图标形式显示后，还可以更改所链接文件的图标。在"对象"对话框中，❶勾选"显示为图标"复选框，❷单击"更改图标"按钮，如下左图所示。❸在弹出的"更改图标"对话框中选择需要的图标样式，❹单击"确定"按钮，如下右图所示，即可更改所链接文件的图标。

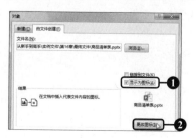

第**17**章

17

网络化办公

随着网络的发展，在网络中可以完成更多的办公操作。利用网络办公，首先要将计算机接入到网络中，使其能够与网络中的其他人或程序通信，实现办公共享。将多台计算机使用网线组建为局域网也可以实现办公共享，还可以与局域网中的其他成员编辑数据。若不组建局域网，多台计算机都接入网络中，仍然可以实现在网络中共享数据，并且还可以使用多用户协同编辑数据，甚至可以使用网络版 Office 直接在网络上创建文件。

17.1　接入网络实现网络化办公
17.2　使用局域网共享办公
17.3　保存并共享OneDrive中的Office文件

17.1 接入网络实现网络化办公

要将计算机接入网络实现网络化办公，首先需要准备好上网的硬件，然后再选择上网的方式，如宽带拨号上网。接入网络后，还可以使用路由器实现多台计算机共享上网以及使用无线路由器无线上网。

17.1.1 实现上网的硬件准备

根据上网方式的不同，需要的硬件也不同。一般情况下，除了有计算机以外，要实现上网还需要准备网卡、网线、ADSL MODEM 和路由器。

1 网卡

计算机与外界网络连接使用的是主机箱内的网络适配器或者在笔记本型计算机中的 PCMICA 卡。我们通常将网络适配器和 PCMICA 卡简称为网卡。按照存在的形式，网卡可以分为集成网卡和独立网卡。随着无线技术的发展，无线网卡在生活中应用的越来越多。具有无线网卡的计算机能够连接到具有无线功能的 ADSL MODEM 或者无线路由器中。

集成网卡是集成在主板上的，如下图所示，可以将网线插入主板上的网卡插口中。

独立网卡是单独存在的，如下图所示，需要插入计算机的主板插槽中才能正常工作。

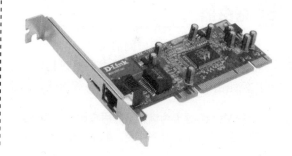

2 网线

在没有无线网络的情况下，网线是必不可少的。办公室局域网使用的网线通常是双绞线，将它的两头与水晶头连接，方便插入到连接网卡接口以及路由器或者 ADSL MODEL 相应的接口中。

一般情况下，在购买网线时，水晶头已经在网线上了，如右图所示。若是在购买时商家才剪裁的网线，可要求商家为用户连接上水晶头。

在计算机主机的背面有很多插孔，其中形状和水晶头形状相似的就是网线插孔，如右图所示。将网线插入其中，就可以连接网卡和网线了。

3 ADSL MODEM

ADSL MODEM 是为 ADSL 提供调制数据和解调数据的机器。当选择使用 ADSL 方式上网时，便需要用 ADSL MODEM 将接入办公室中的电话信号转换为数字信号。在首次申请办理 ADSL 业务时，供应商会提供 ADSL MODEM，并在安装 ADSL 时为用户连接好线路。常用的 ADSL MODEM 包括有线 ADSL MODEM 和无线 ADSL MODEM。

一般情况下，在申请 ADSL 宽带业务时，使用的都是不带无线功能的 ADSL MODEM，如下图所示。这种机器只能使用网线连接到计算机。

无线 ADSL MODEM 是随着无线技术的发展而产生的，如下图所示。它能够使用无线电波连接到有无线网卡的计算机，使计算机能够拨号上网。

4 路由器

路由器是连接各局域网的设备，它的作用有两个：连接不同的网络和选择信息传送的线路。在办公室或家庭网络中，使用路由器可以构建办公或家庭局域网。目前，在办公室网络或家庭网络中常见的路由器有两种：宽带路由器和无线路由器。

宽带路由器是专为满足家庭用户和小型办公室上网需要而设计的，经济实用、配置简单，外观如下图所示。

无线路由器是带有无线覆盖功能的路由器，主要应用于用户上网和无线覆盖，外观如下图所示。

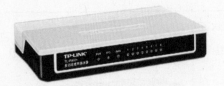 

> **知识进阶** 路由器和交换机的区别
>
> 路由器有交换的功能，而交换机没有路由的功能。可以使用交换机创建局域网，但是需要手动设置 IP 地址，同时需要局域网中的一台计算机拨号上网。如果使用路由器创建局域网，直接使用路由器就可以拨号上网，并且能够自动分配 IP 地址。

常见的上网方式有宽带拨号上网、小区上网和无线上网。其中，宽带拨号上网是现在覆盖最广且使用最多的上网方式。要实现宽带拨号上网，首先需要到服务供应商处提出安装 ADSL 宽带的申请，如中国电信。申请成功后，在 7 个工作日内将有工作人员上门安装，即将电话线接入办公室或家中，并将所有硬件连接起来。

接入办公室或家中后，使用分离器将电话线分成两根，一根接电话，一根接 ADSL MODEM，再使用网线将计算机和 ADSL MODEM 连接起来，如右图所示。若要共享上网，则可将 ADSL MODEM 连接到路由器上，再使用路由器连接多台计算机。

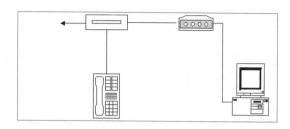

将所有的硬件连接好后，需要在计算机上创建拨号连接才能够实现拨号上网。下面介绍创建拨号连接的具体操作步骤。

❶ 单击"打开网络和共享中心"链接

❶在桌面的右下角单击网络连接图标，❷在展开的面板中单击"打开网络和共享中心"链接，如下图所示。

❷ 单击"设置新的连接或网络"链接

弹出一个对话框，单击"更改网络设置"选项组下的"设置新的连接或网络"链接，如下图所示。

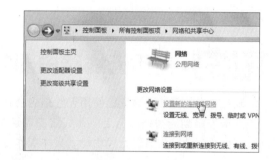

❸ 选择连接选项

弹出"设置连接或网络"对话框，❶单击"连接到 Internet"选项，❷单击"下一步"按钮，如下图所示。

❹ 选择连接方式

进入"连接到 Internet"界面，单击"宽带（PPPoE）（R）"选项，如下图所示。

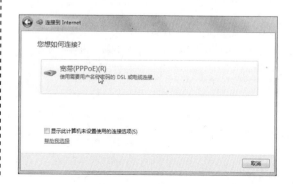

⑤ 设置用户名和密码

进入"键入您的Internet服务提供商（ISP）提供的信息"界面，❶输入用户名和密码，❷输入连接名称，❸最后单击"连接"按钮，如右图所示。

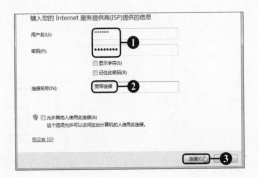

⑥ 连接到宽带连接

随后进入"正在连接到宽带连接"界面，显示如下图所示。

⑦ 连接成功

经过一段时间后，成功连接到Internet，如右图所示，最后单击右上角的"关闭"按钮。

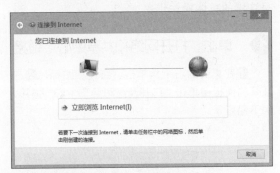

17.1.3 使用无线路由器实现无线上网

现在常说的无线上网是指使用无线路由器在家庭或办公室中创建的无线局域网，即计算机上的无线网卡连接到无线路由器上，无线路由器连接到ADSL MODEM上网的方式。在使用无线路由器时，需要启动路由器的无线功能，具体操作方法如下。

❶ 进入无线路由器的地址

打开浏览器，在搜索框中输入无线路由器的地址"192.168.1.1"（一般都是这个地址），如下图所示。

❷ 输入用户名和密码

❶在弹出的提示框中输入"用户名"和"密码"，❷然后单击"登录"按钮，如下图所示。

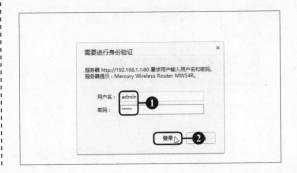

❸ 单击WAN口设置选项

在打开的页面右侧单击"网络参数>WAN口设置"选项,如下图所示。

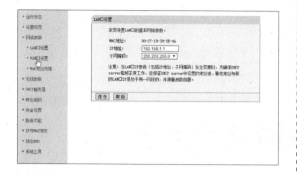

❺ 设置上网账号和连接方式

❶继续在"WAN口设置"下设置好"上网账号"和"上网口令",❷单击"正常拨号模式"单选按钮,❸单击选中合适的连接方式,如下图所示。

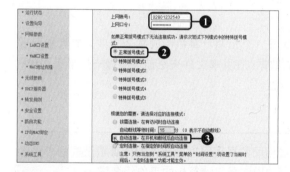

❼ 保存设置

随后单击"保存"按钮,如下图所示,即可完成网络参数的设置。

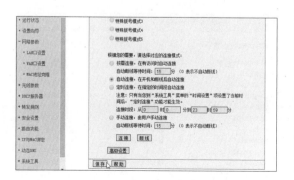

❹ 设置WAN口连接类型

❶在"WAN口设置"下单击"WAN口连接类型"右侧的下三角按钮,❷在展开的列表中单击"PPPoE"选项,如下图所示。

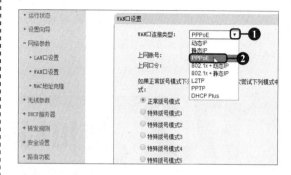

❻ 连接广域网

设置好网络参数后,单击"连接"按钮,如下图所示。

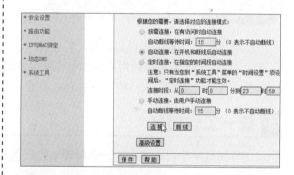

❽ 开启无线功能

❶单击页面右侧中的"无线参数>基本设置"选项,❷在"无线网络基本设置"下勾选"开启无线功能"复选框,如下图所示。

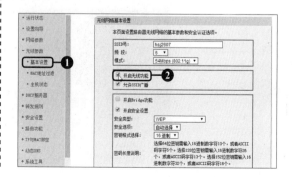

❾ 保存无线参数的设置

设置好"安全类型""安全选项"等参数后，单击"保存"按钮，如右图所示。

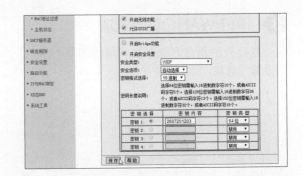

17.2 使用局域网共享办公

局域网可以实现文件管理、应用软件共享、打印机共享等功能。在办公室内的几台甚至几十台计算机都可以组建局域网。组建局域网后，局域网之间的各台计算机可以实现数据的共享，在 Office 程序中还可以实现多个用户同时编辑数据。

17.2.1 共享办公数据

要共享数据，首先要对局域网中的计算机进行设置，然后将计算机中的某个文件夹或者整个磁盘共享，让其他计算机中的用户获取共享文件夹中的数据。在共享文件夹之前需要做一些准备工作：统一局域网中计算机的工作组名，并进行高级共享设置。

1 统一工作组名

工作组是一个由许多在同一个物理地点，而且被相同的局域网连接起来的计算机组成的小组，以方便管理。为了方便在局域网中查找计算机，常用的做法是将计算机的工作组名统一。

❶ 单击"控制面板"选项

单击"开始"按钮，在展开的快捷菜单中单击"控制面板"选项，如下图所示。

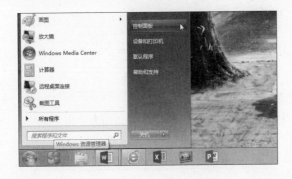

❷ 单击"系统"命令

弹出一个面板，单击"系统"命令，如下图所示。

❸ 单击"高级系统设置"链接

打开"系统"窗口,单击左侧的"高级系统设置"链接,如下图所示。

❺ 输入工作组名

弹出"计算机名/域更改"对话框,❶更改"计算机名",❷在"工作组"下面的文本框中输入工作组名,❸单击"确定"按钮,如下图所示。

❹ 单击"更改"按钮

弹出"系统属性"对话框,❶切换至"计算机名"选项卡下,❷单击"更改"按钮,如下图所示。

❻ 更改成功

弹出"计算机名/域更改"提示框,在对话框中提示"必须重新启动计算机才能应用这些更改",单击"确定"按钮,如下图所示。

2 更改高级共享选项

工作组名设置好后,还需要设置 Windows 系统下的共享选项。只有设置了选项,才能实现数据的共享。

❶ 单击"更改高级共享设置"链接

按照17.1.2中的方法打开"网络和共享中心"窗口,在左侧单击"更改高级共享设置"链接,如下图所示。

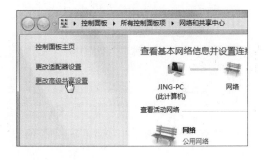

❷ 设置密码保护的共享选项

弹出"高级共享设置"窗口,❶在"所有网络"工作组中单击"密码保护的共享"组中的"关闭密码保护共享"单选按钮,该工作组中的其他选项设置为启用。❷单击"保存修改"按钮,如下图所示。

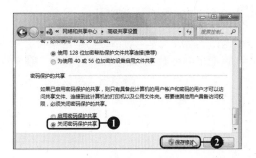

3 共享文件夹

统一工作组和更改共享选项都设置完毕后可以实现打印机的共享。要相互共享数据，还需要通过共享文件夹来实现。下面介绍具体的操作步骤。

◎ 原始文件：下载资源\实例文件\第17章\原始文件\办公数据
◎ 最终文件：无

❶ 单击"属性"命令

❶右击要共享的文件夹，这里右击"办公数据"文件夹，❷在弹出的快捷菜单中单击"属性"命令，如下图所示。

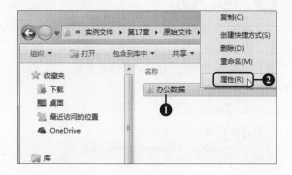

❷ 单击"高级共享"按钮

弹出"办公数据 属性"对话框，❶切换至"共享"选项卡，❷单击"高级共享"按钮，如下图所示。

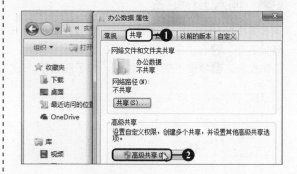

❸ 单击"权限"按钮

弹出"高级共享"对话框，❶勾选"共享此文件夹"复选框，❷单击"权限"按钮，如下图所示。

❹ 设置权限

弹出"办公数据 的权限"对话框，❶在"允许"下勾选相应的权限，❷单击"确定"按钮，如下图所示。

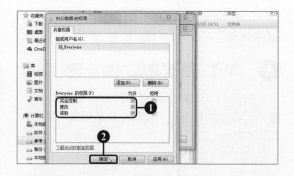

❺ 单击"编辑"按钮

返回"高级共享"对话框，单击"确定"按钮。返回"办公数据 属性"对话框中，❶切换至"安全"选项卡下，❷单击"组或用户名"中合适的选项，❸单击"编辑"按钮，如右图所示。

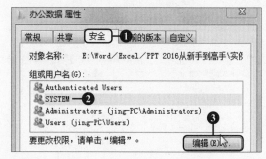

6 单击"添加"按钮

弹出"办公数据的权限"对话框，❶选择合适的组或用户名，❷单击"添加"按钮，如下图所示。

7 输入对象名称

弹出"选择用户或组"对话框，❶在"输入对象名称来选择"下的文本框中输入名称"guest"，❷单击"确定"按钮，如下图所示。

8 设置权限

返回"办公数据的权限"对话框中，勾选相应的权限复选框，最后单击"确定"按钮。依次单击各对话框的"确定"按钮完成共享。按照同样的方法，在其他计算机上共享文件夹，在本地计算机上可以查看其他计算机上共享的文件夹，如右图所示。

扩展操作

若忘记对象名称，则可以在"选择用户或组"对话框中单击"高级"按钮，在弹出的对话框中单击"立刻查找"按钮，即可查找出符合要求的所有对象，单击选择。若不确定拼写，还可以在"选择用户或组"对话框中单击"检查名称"按钮，检查是否有输入的名称。

17.2.2 启用修订并共享办公数据

在局域网中共享数据后，局域网中的用户只能查看共享文件夹中的内容，不能多人同时对文件夹中的数据进行编辑。在 Office 中使用"启用修订并共享办公数据"功能后，可以让局域网中的多个用户同时编辑数据。下面以 Excel 为例介绍操作的具体步骤。

◎ 原始文件：下载资源\实例文件\第17章\原始文件\新产品开发计划表.xlsx
◎ 最终文件：无

1 单击"共享工作簿"按钮

打开原始文件，在"审阅"选项卡下单击"更改"组中的"共享工作簿"按钮，如右图所示。

❷ 设置共享

弹出"共享工作簿"对话框，❶勾选"编辑"选项卡下的复选框，❷然后单击"高级"标签，如下图所示。

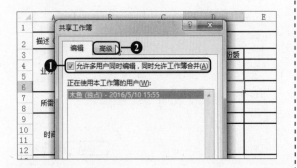

❸ 设置高级选项

❶根据用户自身需求设置修订、更新、用户间的修订冲突、视图选项，❷设置完毕后单击"确定"按钮，如下图所示。

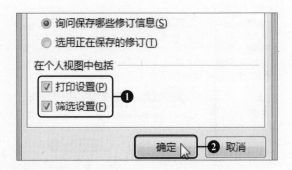

❹ 继续操作

弹出"Microsoft Excel"提示框，提示"此操作将导致保存文档，是否继续？"，单击"确定"按钮，如下图所示。

❺ 设置成功

随后在工作簿标题处显示"共享"字样，如下图所示，说明共享成功并保存了工作簿。

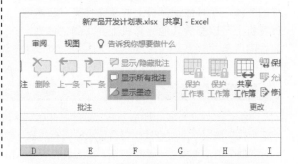

❻ 保存到共享文件夹中

将工作簿复制到共享的文件夹中，如右图所示，局域网中的用户就可以使用该工作簿了。

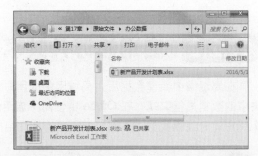

扩 展 操 作

在"审阅"选项卡下单击"更改"组中的"共享工作簿"按钮，在弹出的"共享工作簿"对话框的"编辑"选项卡的文本列表中可以看到正在编辑该工作簿的用户。

知识进阶　设置突出显示修订

在共享工作簿后可以设置突出显示修订，在多次更新数据后仍然可以进行设置。工作簿中的数据会根据设置的选项发生变化。

17.3 保存并共享OneDrive中的Office文件

Office 2016 与 OneDrive 网盘携手创建了 Office 网络版，使得在 Office 2016 中可以将数据直接保存在 OneDrive 中。用户可以登录 OneDrive 和多用户协同处理办公数据。

17.3.1 将Office文件保存到OneDrive中

在 Office 2016 中，可以将办公数据直接保存到 OneDrive 中，方便用户从任何计算机访问保存到 OneDrive 中的文档或者与其他人共享文档。在使用 OneDrive 之前，首先需要拥有一个 Windows Live ID。若用户已经有一个申请好的 Windows Live ID，在使用 Office 办公组件的时候，在页面中直接保存即可。下面以 Word 为例进行介绍。

◎ 原始文件：下载资源\实例文件\第17章\原始文件\商品详细信息.docx
◎ 最终文件：无

❶ 单击"浏览"按钮

打开原始文件，单击"文件"按钮，❶在弹出的菜单中单击"另存为"命令，❷在右侧的面板中单击"OneDrive"选项，❸之后单击面板中的"登录"按钮，如下图所示。

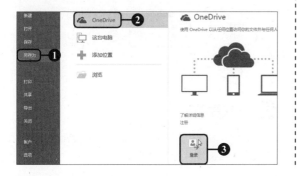

❷ 输入电子邮件地址

弹出"登录"对话框，❶输入申请好的电子邮件地址，❷单击"下一步"按钮，如下图所示。

❸ 输入电子邮件密码

❶继续在"登录"的对话框中输入已有的电子邮件密码，❷之后单击"登录"按钮，如右图所示。

④ 选择要保存的文件夹

完成操作之后，在页面中显示个人文件夹信息，在"另存为"面板中单击"XX 的 OneDrive"选项，如下图所示。

⑤ 保存工作簿

弹出"另存为"对话框，❶输入文件名，❷单击"保存"按钮，如下图所示。经过一段时间后，工作簿便保存到用户的 OneDrive 账户当中。

17.3.2 共享OneDrive中的文件

在 OneDrive 网站中可以使用部分 Office 组件，如 Word 文档、Excel 工作簿，与他人协同处理数据。使用 Windows Live ID 登录到 OneDrive 网站中，便可以实现共享。下面介绍登录的操作步骤。

① 进入OneDrive首页

❶在浏览器中输入 http://onedrive.live.com/，按【Enter】键，❷打开登录界面，单击"登录"按钮，如下图所示。

② 登录OneDrive

❶在切换的页面中输入要登录的账户邮箱地址，❷然后单击"下一步"按钮，如下图所示。

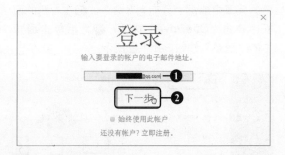

③ 输入密码

❶在切换的页面中输入密码，❷然后单击"登录"按钮，如下图所示。

④ 共享文件

在"文件"选项下可以看到创建的 Word 文档、Excel 工作簿等，如下图所示。

同步演练 共享员工福利体系管理方案初版

通过本章的学习，相信用户已经对网络化办公有了初步的认识，能够通过局域网和 Internet 网络完成资料的共享和协同编辑。为了加深用户对本章知识的理解，下面通过一个实例来融会贯通这些知识点。

◎ 原始文件：下载资源\实例文件\第17章\原始文件\员工福利体系管理方案初版.xlsx
◎ 最终文件：下载资源\实例文件\第17章\最终文件\员工福利体系管理方案初版.xlsx

❶ 单击"共享工作簿"按钮

打开原始文件，❶切换至"审阅"选项卡下，❷单击"更改"组中的"保护并共享工作簿"按钮，如下图所示。

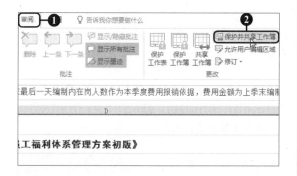

❷ 共享工作簿

❶弹出"保护共享工作簿"对话框，在"保护工作簿"选项组下勾选"以跟踪修订方式共享"复选框，❷在"密码"下的文本框中输入密码，如"123"，❸然后单击"确定"按钮，如下图所示。

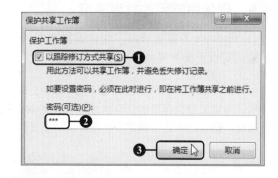

❸ 确认密码

弹出"确认密码"对话框，❶在"重新输入密码"文本框中输入"123"，❷最后单击"确定"按钮，如下图所示。

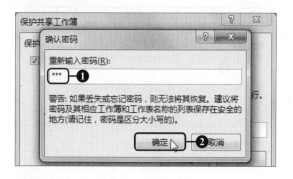

❹ 确定继续

弹出 Microsoft Excel 提示框，提示"此操作将导致保存文档。是否继续？"，单击"确定"按钮，如下图所示。

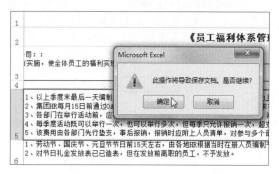

❺ 共享后的工作簿

随后在工作簿标题上显示"共享"字样，如右图所示。

专家点拨 提高办公效率的诀窍

为了提高办公效率，用户一定希望知道在网络化办公时使用哪些技巧能够快速达到目标效果。下面就为用户介绍两种网络化办公时提高办公效率的诀窍。

诀窍① 为无线局域网设置保护密码

在使用无线路由器来无线上网的时候，如果没有为路由器设置无线密码，那么接入路由器的无线设备是不受限制的。这个时候，设置一个无线局域网的保护密码就变得非常实用了。

具体方法为：登录路由器的设备管理界面，单击左侧工具栏中的"无线参数"选项，单击"基本设置"按钮。此时在界面中显示"无线网络基本设置"面板，勾选其中的"开启安全设置"复选框，设置好相应的安全类型、安全选项、密匙格式选择之后，在"密匙内容"文本框中输入需要设置的密码，完成操作之后单击"保存"按钮即可。

诀窍② 优化局域网的共享速度

Windows 7 系统增加了脱机设置功能，可以把要共享的文件放到本地硬盘中。启用脱机设置功能，可以大大提高共享连接的性能。

打开"高级共享"对话框，❶单击"缓存"按钮，如下左图所示。弹出"脱机设置"对话框，❷单击"用户从该共享文件夹打开的所有文件和程序自动在脱机状态下可用"单选按钮，❸勾选"进行性能优化"复选框，❹最后单击"确定"按钮，如下右图所示，即可提高共享连接的性能。

 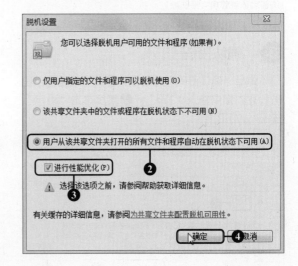